彩图 1　CK6136I 数控车床

彩图 2　FTC-10 斜床身数控车床

彩图 3　HV-40A 立式铣削加工中心

"十三五"职业教育国家规划教材
"十二五"江苏省高等学校重点教材

典型机械零件数控加工项目教程
——首件加工与调试

编　著　吴少华　顾　涛　石皋莲　季业益
　　　　杨洪涛　周　挺　郑　伟　石勇军
　　　　段　林
主　审　吴泰来

机械工业出版社

本书是"十二五"江苏省高等学校重点教材，编号为2015-2-104。

本书是作者团队从事机械零件首件加工工作和教学多年来的经验总结和知识积累，书中案例均源自企业真实产品，具有很强的专业性和实用性，是典型的产教融合教材实例。

本书采用模块化、项目式编写体例，内容设置体现职业教育特色，所选案例典型丰富，代表性和指导性强。案例讲解深入浅出，大大降低了学习门槛，易学易懂。书中内容与企业生产流程完全对接，并大量引入企业新技术、新工艺、新规范，具有很强的实用性。

全书共3个模块，模块1通过4个车削加工项目案例，重点介绍了车削类零件的数控加工工艺、编程、加工、检测和优化方法；模块2通过4个铣削加工项目案例，重点介绍了铣削类零件的数控加工工艺、编程、加工、检测和优化方法；模块3通过4个车铣复合加工项目案例，重点介绍了车铣复合类零件的数控加工工艺、编程、加工、检测和优化方法。

引入信息化资源配置，书中针对各项目设置了微课和录屏资料，扫描相应二维码可观看。同时，配套提供案例模型文件、实训工作页和讲义。本书不仅可以作为职业院校数控技术专业、机械设计与制造专业、数字化设计与制造技术专业、机械制造与自动化专业及相关专业学生的教学用书，还可以作为"1+X车铣加工"职业技能培训认证的参考用书。

本书配备电子课件、实训工作页、模型文件等教学资源，凡选用本书作为教材的教师，均可登录机械工业出版社教育服务网 www.cmpedu.com，注册后免费下载，咨询电话010-88379375。

图书在版编目（CIP）数据

典型机械零件数控加工项目教程：首件加工与调试/吴少华等编著．—北京：机械工业出版社，2017.6（2023.1重印）
ISBN 978-7-111-48925-2

Ⅰ．①典… Ⅱ．①吴… Ⅲ．①机械元件–数控机床–加工–高等职业教育–教材 Ⅳ．①TG659

中国版本图书馆 CIP 数据核字（2014）第 291561 号

机械工业出版社（北京市百万庄大街22号 邮政编码100037）
策划编辑：边 萌 责任编辑：边 萌
责任校对：张晓蓉 封面设计：鞠 杨
责任印制：单爱军
北京虎彩文化传播有限公司印刷
2023 年 1 月第 1 版第 8 次印刷
184mm×260mm · 23.75 印张 · 1 插页 · 552 千字
标准书号：ISBN 978-7-111-48925-2
定价：56.00 元

电话服务	网络服务
客服电话：010–88361066	机 工 官 网：www.cmpbook.com
010–88379833	机 工 官 博：weibo.com/cmp1952
010–68326294	金 书 网：www.golden–book.com
封底无防伪标均为盗版	机工教育服务网：www.cmpedu.com

关于"十三五"职业教育国家规划教材的出版说明

2019 年 10 月,教育部职业教育与成人教育司颁布了《关于组织开展"十三五"职业教育国家规划教材建设工作的通知》(教职成司函〔2019〕94 号),正式启动"十三五"职业教育国家规划教材遴选、建设工作。我社按照通知要求,积极认真组织相关申报工作,对照申报原则和条件,组织专门力量对教材的思想性、科学性、适宜性进行全面审核把关,遴选了一批突出职业教育特色、反映新技术发展、满足行业需求的教材进行申报。经单位申报、形式审查、专家评审、面向社会公示等严格程序,2020 年 12 月教育部办公厅正式公布了"十三五"职业教育国家规划教材(以下简称"十三五"国规教材)书目,同时要求各教材编写单位、主编和出版单位要注重吸收产业升级和行业发展的新知识、新技术、新工艺、新方法,对入选的"十三五"国规教材内容进行每年动态更新完善,并不断丰富相应数字化教学资源,提供优质服务。

经过严格的遴选程序,机械工业出版社共有 227 种教材获评为"十三五"国规教材。按照教育部相关要求,机械工业出版社将坚持以习近平新时代中国特色社会主义思想为指导,积极贯彻党中央、国务院关于加强和改进新形势下大中小学教材建设的意见,严格落实《国家职业教育改革实施方案》《职业院校教材管理办法》的具体要求,秉承机械工业出版社传播工业技术、工匠技能、工业文化的使命担当,配备业务水平过硬的编审力量,加强与编写团队的沟通,持续加强"十三五"国规教材的建设工作,扎实推进习近平新时代中国特色社会主义思想进课程教材,全面落实立德树人根本任务。同时突显职业教育类型特征,遵循技术技能人才成长规律和学生身心发展规律,落实根据行业发展和教学需求及时对教材内容进行更新的要求;充分发挥信息技术的作用,不断丰富完善数字化教学资源,不断提升教材质量,确保优质教材进课堂;通过线上线下多种方式组织教师培训,为广大专业教师提供教材及教学资源的使用方法培训及交流平台。

教材建设需要各方面的共同努力,也欢迎相关使用院校的师生反馈教材使用意见和建议,我们将组织力量进行认真研究,在后续重印及再版时吸收改进,联系电话:010 – 88379375,联系邮箱:cmpgaozhi@sina.com。

机械工业出版社

前　言

本书是"十二五"江苏省高等学校重点教材，编号为 2015 - 2 - 104。

本书是作者团队从事机械零件首件加工工作和教学多年来的经验总结和知识积累，书中案例均源自于企业真实产品，具有很强的专业性和实用性，是典型的产教融合教材实例。本书不仅可以作为职业院校数控技术专业、机械设计与制造专业、数字化设计与制造技术专业、机械制造与自动化专业及相关专业学生的教学用书，还可以作为"1 + X车铣加工"职业技能培训认证的参考用书。

本书采用模块化、项目式编写体例，内容设置体现了职业教育特色，所选案例典型丰富，代表性和指导性强；对接企业生产流程，实用性强。全书共 3 个模块 12 个学习项目，模块 1 主要以安全销、堵头、轴承套、单向轴套 4 个车削加工项目案例，重点介绍车削类零件的数控加工工艺、编程、加工、检测和优化方法；模块 2 主要以侧导向块、齿形压板、滑槽板、锁紧板 4 个铣削加工项目案例，重点介绍铣削类零件的数控加工工艺、编程、加工、检测和优化方法；模块 3 主要以锁紧螺钉、连接环、方头轴、蓄能器连接块 4 个车铣复合加工项目案例，重点介绍车铣复合类零件的数控加工工艺、编程、加工、检测和优化方法。充分体现以学生为中心，理实一体的职业教育特点，注重提高学生的岗位能力和职业素养。在每个模块前设置了学前见闻栏目，介绍数控行业内的劳模工匠和龙头企业的典型事迹，激发学生的专业自豪感，帮助学生树立技能报国的信念。

本书每个项目中都包括了教学目标、项目导读、项目任务、专家点拨、课后训练。在项目任务中重点讲解加工工艺制定、加工程序编制、零件加工及检测等，便于读者进行有针对性的操作，从而掌握学习重点和难点。每个项目后面都配有专家点拨、课后训练，提示和辅助读者加深理解操作的要领、使用技巧和注意事项。

书中引入信息化资源配置，针对各项目设置了微课和录屏资料，扫描相应二维可即可观看。同时，为方便教学，配套提供了案例模型文件、实训工作页和电子课件，供教师选择。

本书由校企人员联合创作编写。模块 1 的项目 1.1、1.2、1.3 由季业益撰写；项目1.4 和模块 2 的项目 2.1、2.2 由吴少华撰写；项目 2.3、2.4 和模块 3 的项目 3.1 由顾涛撰写；项目 3.2、3.3、3.4 由石皋莲撰写；苏州扬明实业有限公司的技术总监杨洪涛、艾蒂盟斯（苏州）压铸电子技术有限公司的技术经理周挺、苏州精技机电有限公司的技术总监郑伟、昂拓科技（苏州）有限公司的技术总监段林、苏州意可机电有限公司的技术总监石勇军等企业的工程技术人员参与了本书各项目的工艺制定、程序编制及操作视频等撰写工作。吴少华和顾涛负责统一教材的要求、编写大纲并进行统稿工作。强生（苏州）医疗器械有限公司的吴泰来生产运营厂长担任本书的主审。

本书的撰写得到江苏高校品牌专业建设工程项目（PPZY2015B186）和江苏省高等学校重点教材建设项目的资助，也得到机械工业出版社的大力支持，在此一并表示感谢。

限于编者水平，书中如有欠妥之处，恳请专家和广大读者批评指正，并欢迎与编者进行交流。

编著者

二维码索引表

目　　录

模块 1　车削零件加工与调试

学前见闻　世界技能大赛数控车项目冠军黄晓呈的成长

项目 1.1　安全销的加工与调试

1.1.1　教学目标

【能力目标】能编制安全销的加工工艺

能使用 NX 6.0 软件编制安全销的加工程序

能使用数控车床加工安全销

能检测加工完成的安全销

【知识目标】掌握安全销的加工工艺

掌握安全销的程序编制方法

掌握安全销的加工方法

掌握安全销的检测方法

【素质目标】激发学生的学习兴趣，培养团队合作和创新精神

1.1.2　项目导读

安全销是机械结构中常见的一类零件，这类零件的特点是结构比较简单，零件整体外形为台阶轴，零件的加工精度要求比较高。零件上一般会有台阶圆、外沟槽、倒角等特征，特征与特征之间的几何精度要求高，粗糙度要求也比较高。在编程与加工过程中要特别注意外圆的尺寸精度、粗糙度和几何精度。

1.1.3　项目任务

学生以企业制造工程师的身份投入工作，分析安全销的零件图样，明确加工内容和加工要求，对加工内容进行合理的工序划分，确定加工路线，选用加工设备，选用刀具和夹具，制定加工工艺卡；运用 NX 软件编制安全销的加工程序并进行仿真加工，使用数控车床加工安全销，对加工成品进行检测，并根据检测结果对整个加工工艺和加工程序提出修改建议。

1. 制定加工工艺

（1）图样分析　安全销零件图样如图 1-1-1 所示，该安全销结构比较简单，主要由台阶、外圆、沟槽、倒角特征组成。

零件材料为 42CrMo。材料硬度要求为 28 ~ 32HRC，属于中等硬度，可以采用切削加工。安全销主要加工内容如表 1-1-1 所示。

此安全销的主要加工难点为 ϕ30h7 外圆的直径尺寸，ϕ38h9 外圆相对基准 A 和 B 的位置度，左端面相对基准 B 的垂直度，ϕ30h7 外圆、左端面、右端面的粗糙度。

（2）制定工艺路线

1）备料。直径 40mm 的 42CrMo 棒料，长 1000mm。

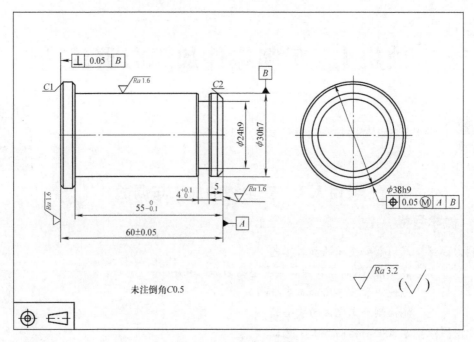

图 1-1-1　安全销零件图

表 1-1-1　加工内容

内容	要求	备注
φ30h7 外圆	外圆直径为 φ30 $_{-0.021}^{0}$ mm；外圆长度为 55 $_{-0.1}^{0}$ mm	
φ24×4 外沟槽	槽底直径为 φ24 $_{-0.052}^{0}$ mm；槽宽为 4 $_{0}^{+0.1}$ mm；沟槽距右端面距离为 5mm	
φ38h9 外圆	外圆直径为 φ38 $_{-0.062}^{0}$ mm	
零件总长	总长 60 ± 0.05mm	
粗糙度	φ30mm 外圆、左端面、右端面的粗糙度为 Ra1.6μm，其余加工面粗糙度为 Ra3.2μm	
几何精度	φ38mm 外圆相对基准 A 和 B 的位置度为 0.05；左端面相对基准 B 的垂直度为 0.05	

2）热处理。调质，毛坯硬度为 28～32HRC。

3）粗车右端。自定心卡盘夹毛坯左端，车零件右端面；粗车 φ30h7、φ38h9 外圆及倒角，留 0.5mm 精车余量。

4）精车右端。精车 φ30h7、φ38h9 外圆及倒角至图样尺寸。

5）切槽。切 φ24mm×4mm 外沟槽至图样尺寸。

6）切断。切断零件，总长留 1mm 余量。

7）精车左端。零件掉头装夹，精车左端面及倒角，保证总长。

（3）选用加工设备　选用济南第一机床厂产的 CK6136I 数控车床作为加工设备，此机床为整体床身，刚性较好，性价比高，适合一般零件的大批量生产，机床主要技术参数和外观如表 1-1-2 所示。

（4）选用毛坯　零件材料为 42CrMo，此材料为合金结构钢，切削性能较好。根据零件尺寸和机床性能，选用直径为 40mm，长度为 1000mm 的棒料作为毛坯，并对毛坯进行调质热处理，调质后要求材料硬度为 28～32HRC。毛坯如图 1-1-2 所示。

表 1-1-2　机床主要技术参数和外观

主要技术参数		机床外观
最大工件回转直径/mm	360	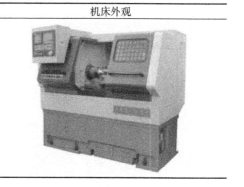
机床顶尖距/mm	570	
主轴头/内孔锥度	A2 – 5/MT5	
主轴转速范围/（r/min）	150 ~ 3000	
主轴电动机功率/kW	变频：4.0	
通孔/拉管直径/mm	52	
刀架形式	电动四方刀架	
数控系统	FANUC：0i Mate – TC	

（5）选用夹具　零件加工分 2 次
装夹，加工右端时，以毛坯外圆作为
基准，选用自定心卡盘装夹，零件伸
出量为 68mm ~ 72mm，装夹简图如图
1-1-3 所示。加工零件左端时，采用
已经加工完毕的 ϕ30h7 外圆及其台阶

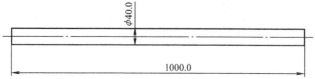

图 1-1-2　毛坯

作为定位基准，为保护已加工面上粗糙度 Ra1.6μm 不被破坏，为保证左端面相对基准 B 有 0.05
的垂直度，加工时采用弹性套加自定心卡盘的装夹形式，装夹示意图如图 1-1-4 所示。

弹性套是一种在车削加工时常用的夹具，它主要能起到提高零件装夹时与车床主轴的同轴
度的作用，并且能保护已加工表面不受到破坏，弹性套制作简单，一般就是一个开口的薄壁圆
筒，此零件所用弹性套如图 1-1-5 所示。

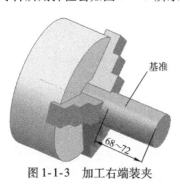

图 1-1-3　加工右端装夹

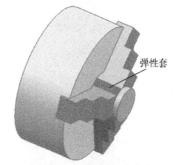

图 1-1-4　加工左端装夹

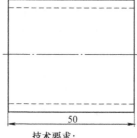

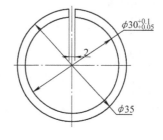

技术要求：
1. 材料:45钢
2. 未注尺寸偏差±0.25mm
3. 粗糙度 Ra 3.2μm
4. 去锐边

图 1-1-5　弹性套

（6）选用刀具和切削用量　选用 SANDVIK 刀具系统，查阅 SANDVIK 刀具手册，选用刀具和切削用量如表1-1-3所示。

表1-1-3　刀具和切削用量

工序	刀号	刀杆规格	刀片规格	加工内容	转速/（r/min）	切深/mm	进给量/（mm/r）
加工右端	T01	DCLNL2020M09	CNMG090408 - PR	粗车	1200	2	0.25
	T02		CCMT090404 - PF	精车	1500	0.5	0.1
	T03	C3 - RF123E15 - 22055B	N123E2 - 0200 - 0002 - GF	切槽	1200		0.1
	T04	C6 - RF123G20 - 45065B	N123G2 - 0300 - 0001 - GF	切断	800		0.1
加工左端	T01	DCLNL2020M09	CCMT090404 - PF	精车	1500	0.5	0.1

（7）制定工艺卡　以一次装夹作为一个工序，制定加工工艺卡如表1-1-4、表1-1-5、表1-1-6所示。

表 1-1-4 工序清单

零件号 4786582-0		工艺版本号: 0	工艺流程卡_工序清单		
工序号	工序内容	工位	页码: 1		页数: 3
001	备料	外协	零件号: 4786582		版本: 0
002	粗车/精车右端	数车	零件名称: 安全销		
003	精车左端	数车	材料: 42CrMo		
004			材料尺寸: ϕ40mm棒料		
005			更改号	更改内容	批准	日期
006						
007			01			
008						
009			02			
010						
011			03			
012						
013						

拟制:	日期:	审核:	日期:	批准:	日期:

表 1-1-5 加工右端工艺卡

零件号: 4786582-0		工序名称: 粗车/精车右端		工艺流程卡_工序单	
材料: 42CrMo		页码: 2	工序号: 02		版本号: 0
夹具: 自定心卡盘		工位: 数控车床	数控序号: xiangmu1-01.NC		

刀具及参数设置					
刀具号	刀具规格	加工内容	主轴转速(r/min)	进给量(mm/r)	
T01	DCLNL2020M09, CNMG090408-PR	粗车	1200	0.25	
T02	DCLNL2020M09, CCMT090404-PF	精车	1500	0.1	
T03	C3RF123E15-220 55B,N123E2-0200- 0002-GF	切槽	1200	0.1	
T04	C6-RF123G20- 45065B, N123G2- 0300-0001-GF	切断	800	0.1	

61

所有尺寸参阅零件图，锐边加0.3倒角

02			
01			
更改号	更改内容	批准	日期
拟制:	日期:	审核:	日期:	批准:	日期:

表1-1-6　加工左端工艺卡

零件号: 4786582-0		工序名称: 精车左端			工艺流程卡_工序单	
材料: 42CrMo		页码: 3		工序号: 03		版本号: 0
夹具: 自定心卡盘+弹性套		工位: 数控车床		数控程序号: xiangmu1-02.NC		
刀具及参数设置						
刀具号	刀具规格	加工内容	主轴转速(r/min)	进给量(mm/r)		
T01	DCLN2020M09, CCMT090404-PF	精车	1500	0.1		
02						
01						
更改号	更改内容		批准	日期		
拟制: 日期:	审核: 日期:		批准: 日期:			

所有尺寸参阅零件图，锐边加0.3倒角

2. 编制加工程序

（1）编制加工零件右端的 NC 程序

1）点击【开始】、【所有应用模块】、【加工】，弹出加工环境设置对话框，CAM 会话配置选择 cam_general；要创建的 CAM 设置选择 turning，如图 1-1-6 所示，然后点击【确定】，进入加工模块。

2）在加工操作导航器空白处，点击鼠标右键，选择【几何视图】，如图 1-1-7 所示。

3）双击操作导航器中的【MCS_SPINDLE】，弹出加工坐标系对话框，指定平面为 XM-YM，如图 1-1-8 所示。

4）点击指定 MCS 中的 CSYS 会话框，弹出对话框，然后选择参考坐标系中的 WCS，点击【确定】，使加工坐标系和工作坐标系重合，如图 1-1-9 所示。再点击【确定】完成加工坐标系设置。

5）双击操作导航器中的【WORKPIECE】，弹出 WORKPIECE 设置对话框，如图 1-1-10 所示。

6）点击【指定部件】，弹出部件选择对话框，选择如图 1-1-11 所示为部件，点击【确定】，完成指定部件。

7）点击【指定毛坯】，弹出毛坯选择对话框，选择如图 1-1-12 所示圆柱为毛坯（该圆柱在建模中预先建好）。点击【确定】完成毛坯设置，点击【确定】完成 WORKPIECE 设置。

8）双击操作导航器中的【TURNING_WORKPIECE】，自动生成车加工截面和毛坯截面，如图 1-1-13 所示。

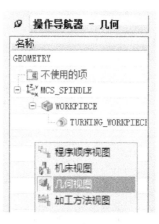

图 1-1-7 操作导航器

图 1-1-6 加工环境设置

图 1-1-8 加工坐标系设置

图 1-1-9 加工原点设置

图 1-1-10 WORKPIECE 设置

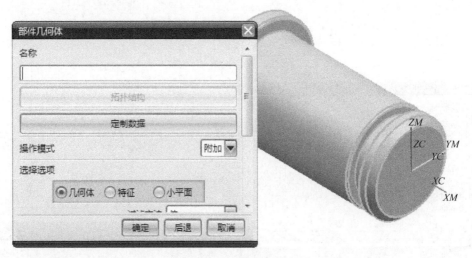

图 1-1-11　指定部件

图 1-1-12　毛坯设置

9）在加工操作导航器空白处，点击鼠标右键，选择【机床视图】，点击菜单条【插入】，点击【刀具】，弹出创建刀具对话框，如图 1-1-14 所示。类型选择为 turning，刀具子类型选择为 OD _ 80 _ L，刀具位置为 GENERIC _ MACHINE，刀具名称为 OD _ ROUGH _ TOOL，点击【确定】，弹出刀具参数设置对话框。设置刀具参数如图 1-1-15 所示，刀尖半径为 0. 8，方向角度为 5，刀具号为 1，点击【确定】，完成创建刀具。

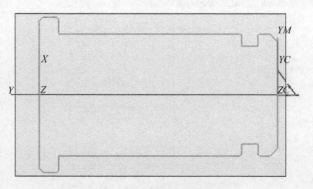

图 1-1-13　车加工截面和毛坯截面

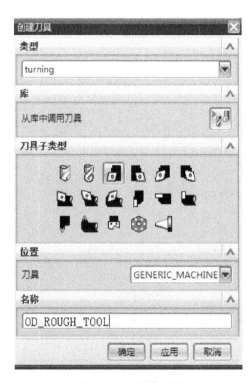

图 1-1-14　创建刀具

图 1-1-15　刀具参数设置

10）用同样的方法创建刀具 2，类型选择为 turning，刀具子类型选择为 OD_80_L，刀具位置为 GENERIC_MACHINE，刀具名称为 OD_FINISH_TOOL，刀尖半径为 0.4，方向角度为 5，刀号为 02。

11）点击菜单条【插入】，点击【刀具】，弹出创建刀具对话框，如图 1-1-16 所示。类型选择为 turning，刀具子类型选择为 OD_GROOVE_L，刀具位置为 GENERIC_MACHINE，刀具名称为 OD_GROOVE_TOOL_01，点击【确定】，弹出刀具参数设置对话框。设置刀具参数如图 1-1-17 所示，方向角度为 90，刀片长度为 12，刀片宽度为 2，半径为 0.2，侧角为 2，尖角为 0，刀具号为 03，点击【确定】，完成创建刀具。

12）用同样的方法创建刀具 4，类型选择为 turning，刀具子类型选择为 OD_GROOVE_L，刀具位置为 GENERIC_MACHINE，刀具名称为 OD_GROOVE_TOOL_02，方向角度为 90，刀片长度为 22，刀片宽度为 4，半径为 0.2，侧角为 2，尖角为 0，刀具号为 04。

13）所有刀具创建完毕后刀具列表如图 1-1-18 所示。

14）在加工操作导航器空白处，点击鼠标右键，选择【程序视图】，点击菜单条【插入】，点击【操作】，弹出创建操作对话框，类型为 turning，操作子类型为 ROUGH_TURNING_OD，程序为 PROGRAM，刀具为 OD_ROUGH_TOOL，几何体为 TURNING_WORKPIECE，方法为 METHOD，名称为 ROUGH_TURN_OD_01，如图 1-1-19 所示，点击【确定】，弹出操作设置对话框，如图 1-1-20 所示。

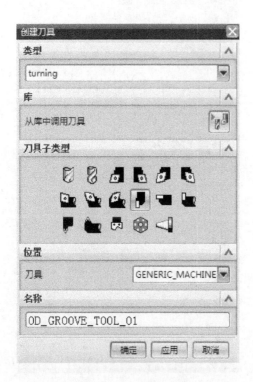

图1-1-16　创建刀具

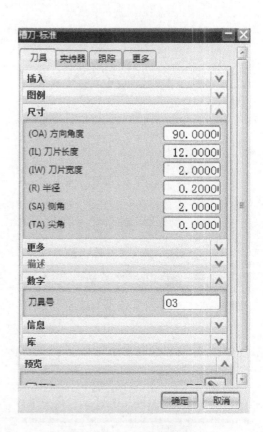

图1-1-17　刀具参数设置

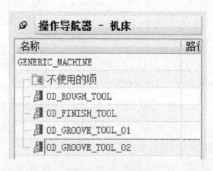

图1-1-18　刀具列表

15）点击指定【切削区域】，弹出对话框，点击【轴向修剪平面1】，指定如图1-1-21所示点，点击【确定】，完成操作。

16）点击【刀轨设置】，方法为METHOD，水平角度为180，方向为向前，切削深度为变量平均值，最大值为2，最小值为1，变换模式为根据层，清理为全部，如图1-1-22所示。

17）点击【切削参数】，点击【策略】，设置最后切削边为5，如图1-1-23所示，设置面余量为0.1，径向余量为0.5，如图1-1-24所示，点击【确定】，完成切削参数设置。

18）点击【非切削移动】，弹出对话框，进刀设置如图1-1-25所示，退刀设置如图1-1-26所示，点击【确定】，完成操作。

图 1-1-19　创建操作

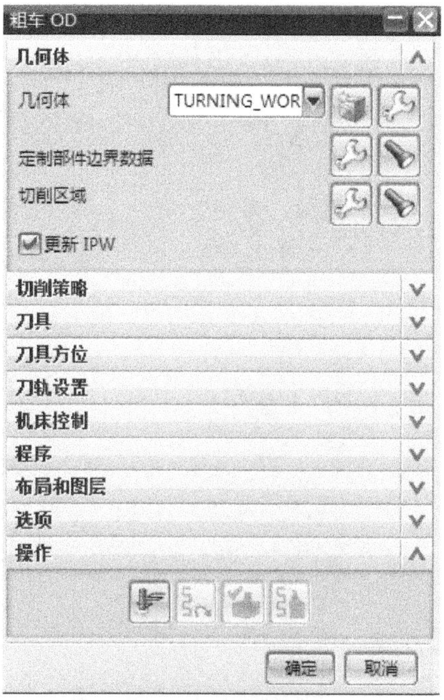

图 1-1-20　粗车 OD 操作设置

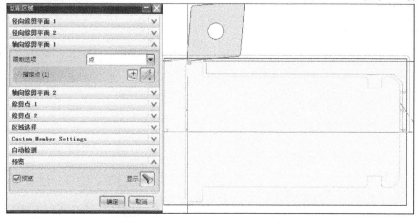

图 1-1-21　切削区域

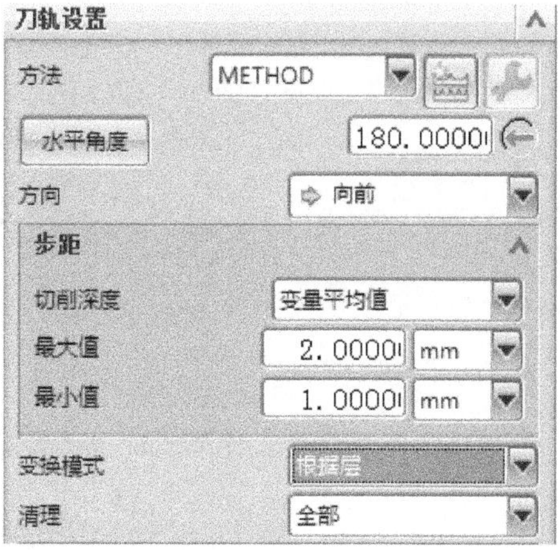

图 1-1-22　刀轨设置

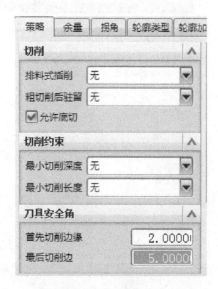

图 1-1-23 策略设置

图 1-1-24 余量设置

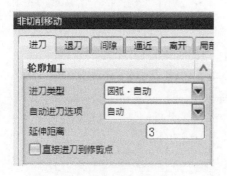

图 1-1-25 进刀设置

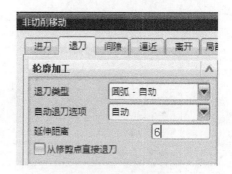

图 1-1-26 退刀设置

19）点击【进给和速度】，弹出对话框，设置【主轴速度】为 1200，设置【进给率】为 0.25，如图 1-1-27 所示。点击【确定】完成进给和速度设置。点击【生成刀轨】，得到零件的加工刀轨，如图 1-1-28 所示。

图 1-1-27 进给和速度

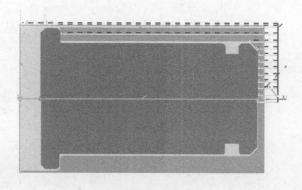

图 1-1-28 加工刀轨

20）点击菜单条【插入】，点击【操作】，弹出创建操作对话框，类型为 turning，操作子类型为 FINISH_TURN_OD，程序为 PROGRAM，刀具为 OD_FINISH_TOOL，几何体为 TURNING_WORKPIECE，方法为 LATHE_FINISH，名称为 FINISH_TURN_OD，如图 1-1-29 所示，点击【确定】，弹出操作设置对话框，如图 1-1-30 所示。

21）点击【切削参数】，点击【策略】，设置最后切削边为 5，如图 1-1-31 所示。

22）点击【非切削移动】，弹出对话框，进刀设置如图 1-1-32 所示，退刀设置如图 1-1-33 所示，点击【确定】，完成操作。

23）点击【进给和速度】，弹出对话框，设置主轴速度为 1500，设置进给率为 0.1，如图 1-1-34 所示。点击【确定】完成进给和速度设置。点击【生成刀轨】，得到零件的加工刀轨，如图 1-1-35 所示。

图 1-1-29　创建操作

24）点击菜单条【插入】，点击【操作】，弹出创建操作对话框，类型为 turning，操作子类型为 GROOVE_OD，程序为 PROGRAM，刀具为 OD_GROOVE_TOOL_01，几何体为 TURNING_WORKPIECE，方法为 LATHE_FINISH，名称为 GROOVE_OD_1，如图 1-1-36 所示，点击【确定】，弹出操作设置对话框，如图 1-1-37 所示。

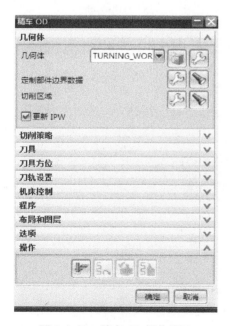

图 1-1-30　精车 OD 操作设置

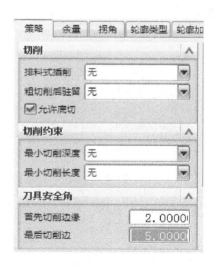

图 1-1-31　策略

25）点击指定【切削区域】，弹出对话框，分别指定轴向修剪平面 1 和轴向修剪平面 2，指定如图 1-1-38 所示点，点击【确定】，完成操作。

26）点击【非切削移动】，弹出对话框，进刀设置如图 1-1-39 所示，退刀设置如图 1-1-40 所示，点击【确定】，完成操作。

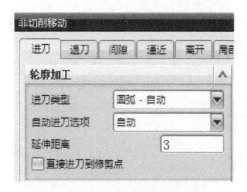

图 1-1-32 进刀设置

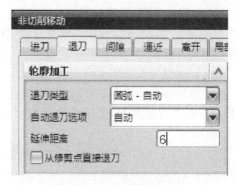

图 1-1-33 退刀设置

图 1-1-34 进给和速度

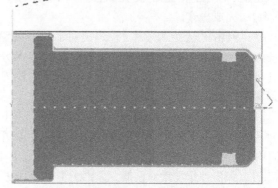

图 1-1-35 加工刀轨

图 1-1-36 创建操作

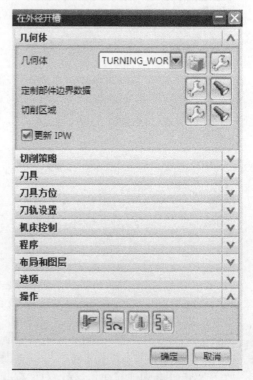

图 1-1-37 切槽操作设置

27）点击【进给和速度】，弹出对话框，设置【主轴速度】为 1200，设置【进给率】为 0.1，如图 1-1-41 所示。点击【确定】完成进给和速度设置。点击【生成刀轨】，得到零件的加工刀轨，如图 1-1-42 所示。

28）编制零件切断程序。由于切断时需要精确测量刀具宽度，所以切断程序可以现场手工编制。

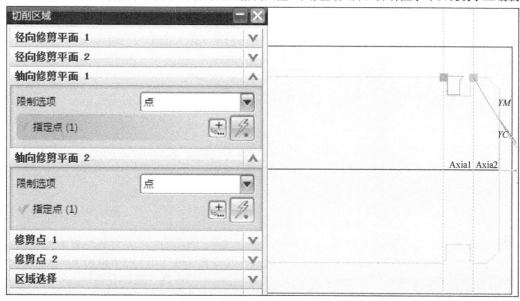

图 1-1-38　切削区域

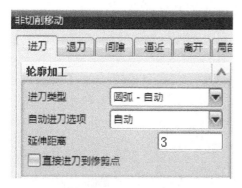

图 1-1-39　进刀设置

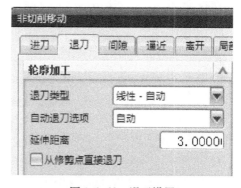

图 1-1-40　退刀设置

图 1-1-41　进给和速度

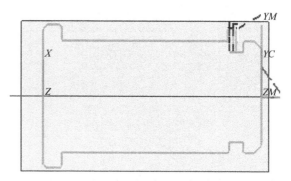

图 1-1-42　加工刀轨

（2）编制加工零件左端的 NC 程序

1）在操作导航器中选中 MCS_SPINDLE，并复制，右键操作导航器空白处粘贴，得到新的加工坐标系，如图 1-1-43 所示。双击 MCS_SPINDLE_COPY，弹出对话框，设定加工坐标系的位置和方向如图 1-1-44 所示。

图 1-1-43　操作导航器

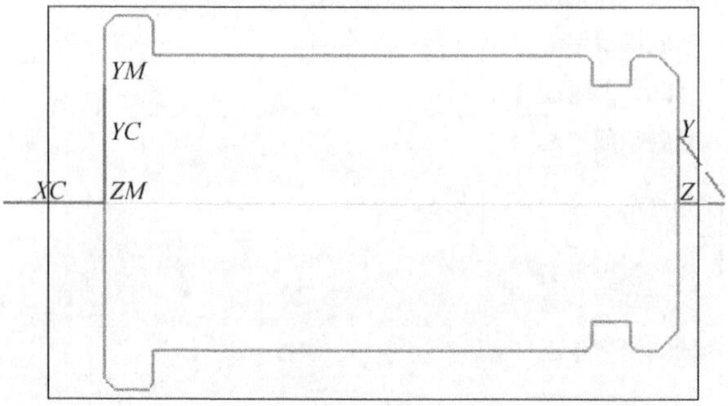

图 1-1-44　加工坐标系

2）创建刀具，类型选择为 turning，操作子类型选择为 OD_80_L，刀具位置为 GENERIC_MACHINE，刀具名称为 OD_FINISH_TOOL_01，刀尖圆角为 0.4，方向角度为 5，刀号为 01。

3）点击菜单条【插入】，点击【操作】，弹出创建操作对话框，类型为 turning，操作子类型为 FINISH_TURNING_OD，程序为 PROGRAM，刀具为 OD_FINISH_TOOL_01，几何体为 TURNING_WORKPIECE_COPY，方法为 LATHE_FINISH，名称为 FINISH_TURN_OD_01，如图 1-1-45 所示，点击【确定】，弹出操作设置对话框，如图 1-1-46 所示。

图 1-1-45　创建操作

图 1-1-46　精车 OD 操作设置

4）点击指定【切削区域】，弹出对话框，点击轴向修剪平面1，指定如图1-1-47所示点。点击【确定】，完成操作。

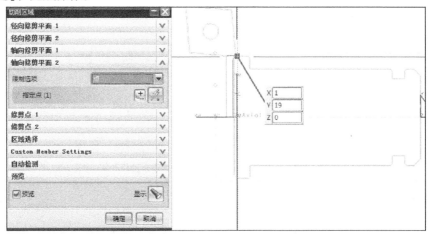

图1-1-47 切削区域

5）点击【非切削移动】，弹出对话框，进刀设置如图1-1-48所示，退刀设置如图1-1-49所示。点击【确定】，完成操作。

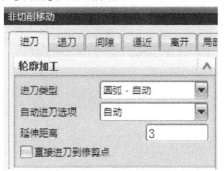

图1-1-48 进刀设置

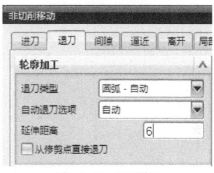

图1-1-49 退刀设置

6）点击【进给和速度】，弹出对话框，设置主轴速度为1500，设置进给率为0.1，如图1-1-50所示。点击【确定】完成进给和速度设置。点击【生成刀轨】，得到零件的加工刀轨，如图1-1-51所示。

图1-1-50 进给和速度

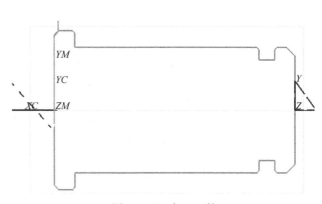

图1-1-51 加工刀轨

（3）仿真加工与后处理

1）在操作导航器中选择 PROGRAM，点击鼠标右键，选择【刀轨】，选择【确认】，如图 1-1-52 所示，弹出刀轨可视化对话框，选择 3D 动态，如图 1-1-53 所示，点击【确定】，开始仿真加工。仿真结果如图 1-1-54 所示。

图 1-1-52　刀轨确认

图 1-1-53　刀轨可视化

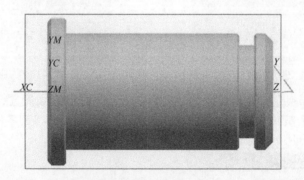

图 1-1-54　仿真结果

2）后处理得到加工程序。在刀轨操作导航器中选中加工右端的加工操作，点击【工具】、【操作导航器】、【输出】、【NX Post 后处理】，如图 1-1-55 所示，弹出【后处理】对话框。

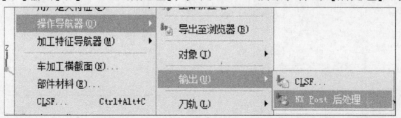

图 1-1-55　后处理命令

3）后处理器选择 LATHE ＿2＿AXIS＿TOOL＿TIP，指定合适的文件路径和文件名，单位设置为公制，勾选列出输出，如图 1-1-56 所示，点击【确定】完成后处理，得到加工右端的 NC 程序，如图 1-1-57 所示。使用同样的方法后处理得到加工左端的 NC 程序。

图 1-1-56　后处理

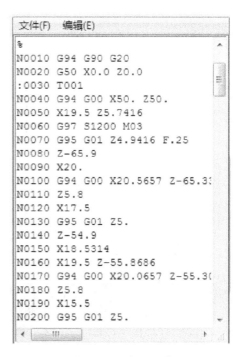

图 1-1-57　加工程序

3. 零件加工

（1）加工准备　对照工艺卡，将刀具安装到对应的刀位，调整刀具伸出长度，在满足加工要求的前提下，尽量减小伸出长度，调整刀尖高度，确保刀尖与机床轴线等高。加工右端时零件装夹要注意伸出长度，并确保零件无很大跳动，加工左端时由于要使用弹性套，所以弹性套一定要去除毛刺和锐边，零件装夹要注意装夹力度，避免损坏已加工面。刀具和零件安装完成后，对所有刀具进行对刀操作，并设置刀具补偿数据，零件编程原点为端面中心。对刀时要注意对刀精度，所有精加工刀要留 0.3mm 的余量，以供第一次加工后进行测量调整，防止首件加工报废。

（2）程序传输　在关机状态使用 RS232 通信线连接机床系统与电脑，打开电脑和数控机床系统，进行相应的通信参数设置，要求数控系统内的通信参数与电脑通信软件内的参数一致。

（3）零件加工及注意事项　对刀和程序传输完成后，将机床模式切换到自动方式，按循环启动键，即可开始自动加工，在加工过程中，由于是首件第一次加工，所以要密切注意加工状态，有问题要及时停止。在运行切断程序前，暂停加工，对零件进行检测，由于对刀时精加工刀在补偿数据中留了 0.3mm 的余量，所以第一次加工完毕，零件还有余量，进行检测，根据检测结果，调整精车刀的补偿数据，然后重新运行精加工程序，确保零件尺寸合格。在零件切断时要注意保护零件，防止零件掉下来时破坏已加工面。

（4）零件检测　零件检测是零件整个生产过程的重要环节，是保证零件质量、优化加工工艺的主要依据。零件检测主要步骤：制作检测用的 LAYOUT 图，如图 1-1-58 所示，也就是对所有需要检测的项目进行编号的图样；制作检测用空白检测报告，如图 1-1-59 所示，报告包括检测项目、标准、所用量具、检测频率；对零件进行检测并填写报告。

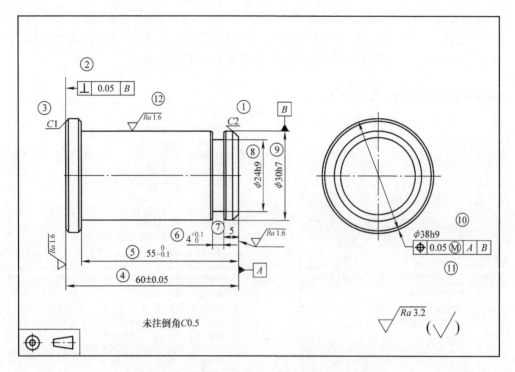

图 1-1-58　LAYOUT 图

检测报告(Inspection Report)									
零件名：安全销		零件材料：					送检数量：		
零件号：4786562-0		表面处理：					送检日期：		
		测量 (Measurement)							
DIM No	平面图样尺寸 CAD DATA BASE DIMENSION	测量尺寸 (Measuring size)						测量工具 (MEASUREMENT)	备注 (Remark)
	公称尺寸 3D Data·Size / 上极限偏差 / 下极限偏差	1#	2#	3#	4#	5#	6#		
1	C2 / 0.25 / −0.25							游标卡尺	
2	垂直度0.05 / /							CMM	
3	C1 / 0.25 / −0.25							游标卡尺	
4	60.00 / 0.05 / −0.05							游标卡尺	
5	55.00 / 0 / −0.1							游标卡尺	
6	4.00 / 0.1 / 0							游标卡尺	
7	5.00 / 0.25 / −0.25							游标卡尺	
8	$\phi24h9$ / 0 / −0.052							外径千分尺	
9	$\phi30h7$ / 0 / −0.021							外径千分尺	
10	$\phi38h9$ / 0 / −0.062							外径千分尺	
11	位置度0.05 / /							CMM	
12	粗糙度1.6μm / /							对比样块	
	外观 碰伤 毛刺							目测	
	是/否 合格								
测量员：		批准人：					页数：(1/1)		

图 1-1-59　检测报告

　　（5）编制及完善相关工艺文件　根据加工中的实际情况和检测结果，对零件加工工艺和加工程序进行优化，最大限度地缩短加工时间，提高效率。主要是删除空运行的程序段，并调整切削参数。

1.1.4　专家点拨

1）在数控车床上进行零件加工时，必须严格遵守安全操作规程，并做到严谨规范、精益求精。

2）车床加工零件时，为了保证总长和两端面的粗糙度，在工艺上一般都要掉头加工，所以一个零件最起码要两次装夹。

3）车削加工时，为了保护已加工面不被破坏，为了保证掉头装夹后的同轴度，一般会采用弹性套作为夹具。

4）在确定刀具切削参数时，一般都可以查阅刀具供应商提供的刀具手册，手册上会注明每种刀片的推荐切削参数，为了保护刀具寿命，可以采用推荐值的 85% 使用。

5）在使用软件进行编程时，两端程序可以分开编制，即建立两个文件。

1.1.5　课后训练

完成图 1-1-60 所示零件的加工工艺编制并制作工艺卡，完成零件的加工程序编制并仿真。

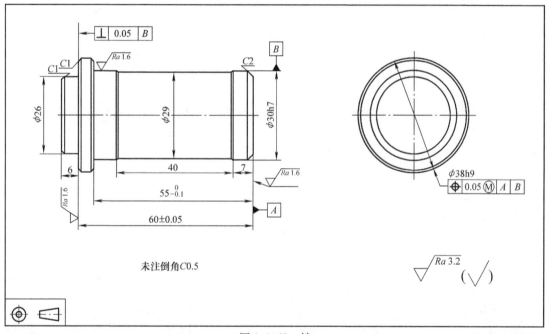

图 1-1-60　销

 航空手艺人——胡双钱　　　

项目 1.2　堵头的加工与调试

1.2.1　教学目标

【能力目标】能编制堵头的加工工艺

　　　　　　能使用 NX 6.0 软件编制堵头的加工程序

　　　　　　能使用数控车床加工堵头

　　　　　　能检测加工完成的堵头

【知识目标】掌握堵头的加工工艺

掌握堵头的程序编制方法

掌握堵头的加工方法

掌握堵头的检测方法

【素质目标】激发学生的学习兴趣，培养团队合作和创新精神

1.2.2　项目导读

堵头是机械结构中常见的一类零件，这类零件的特点是结构比较简单，零件整体形状为一两头有台阶的短轴，零件的加工精度要求比较高。零件一般会由台阶圆、沟槽、倒角等特征组成，特征与特征之间的几何精度要求高，粗糙度要求也比较高。在编程与加工过程中要特别注意外圆的尺寸精度、粗糙度和几何精度。

1.2.3　项目任务

学生以企业制造工程师的身份投入工作，分析堵头的零件图样，明确加工内容和加工要求，对加工内容进行合理的工序划分，确定加工路线，选用加工设备，选用刀具和夹具，制定加工工艺卡；运用 NX 软件编制堵头的加工程序并进行仿真加工，使用数控车床加工堵头，对加工成品进行检测，并根据检测结果对整个加工工艺和加工程序提出修改建议。

1. 制定加工工艺

（1）图样分析　堵头零件图样如图 1-2-1 所示，该堵头结构比较简单，主要由台阶、外圆、沟槽、倒角等特征组成。

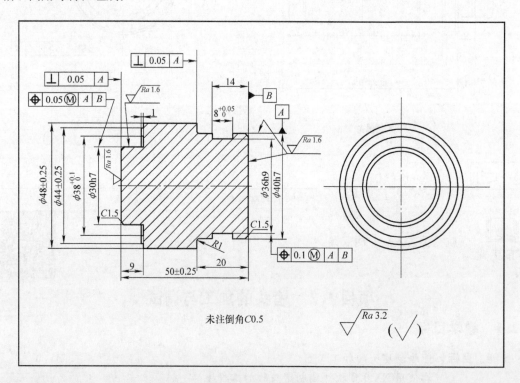

图 1-2-1　堵头零件图

零件材料为 45 钢，切削性能好。堵头主要加工内容如表 1-2-1。

表 1-2-1　加工内容

内　容	要　求	备　注
$\phi 48$ 外圆	外圆直径为 $\phi 48 \pm 0.25$mm	
$\phi 44$ 外圆	外圆直径为 $\phi 44 \pm 0.25$mm；外圆长度 9mm	
$\phi 30h7$ 外圆	外圆直径为 $\phi 30_{-0.021}^{0}$mm；外圆长度 8mm	
$\phi 40h7$ 外圆	外圆直径为 $\phi 40_{-0.025}^{0}$mm；外圆长度 19mm	
外沟槽	宽 $8_{0}^{+0.05}$mm；底径 $\phi 36_{-0.062}^{0}$mm	
端面槽	深度为 1mm，大直径为 $38_{0}^{+0.1}$mm，小直径为 $\phi 30_{-0.021}^{0}$mm	
总长	总长为 50 ± 0.25mm	
倒角	2 个倒角 $C1.5$，其他锐边倒角 $C0.5$	
圆角	一个 $R1$ 圆角	
粗糙度	左端面、右端面的粗糙度为 $Ra1.6\mu m$，$\phi 30h7$ 外圆、$\phi 40h7$ 外圆粗糙度为 $Ra1.6\mu m$，其余加工面粗糙度为 $Ra3.2\mu m$	
几何精度	$\phi 30h7$ 外圆相对基准 A 和 B 的位置度为 0.05；$\phi 36h9$ 外圆相对基准 A 和 B 的位置度为 0.1；左端面相对基准 A 的垂直度为 0.05	

此堵头的主要加工难点为 $\phi 30h7$ 外圆的直径尺寸，$\phi 40h7$ 外圆的直径尺寸，$\phi 30h7$ 外圆相对基准 A 和 B 的位置度，左端面相对基准 A 的垂直度，端面槽的加工精度，$Ra1.6\mu m$ 的粗糙度。

（2）制定工艺路线

1）备料。直径 50mm 的 45 钢棒料，长 55mm。

2）粗车右端。自定心卡盘夹毛坯左端，伸出距离 45mm，车零件右端面；粗车 $\phi 40h7$、$\phi 48$mm 外圆及倒角，留 0.5mm 精车余量。

3）精车右端。$\phi 40h7$、$\phi 48$mm 外圆及倒角至图样尺寸。

4）切槽。切 $\phi 36$mm×8mm 外沟槽至图样尺寸。

5）粗车左端。零件掉头装夹，车左端面及倒角，保证总长，粗车 $\phi 44$mm、$\phi 30h7$ 外圆及倒角，留 0.5mm 精车余量。

6）精车左端。精车 $\phi 44$mm、$\phi 30h7$ 外圆及倒角至图样尺寸。

7）车端面槽。车端面槽至图样尺寸。

（3）选用加工设备　选用杭州友佳集团生产的 FTC-10 斜床身数控车床作为加工设备，此机床为斜床身，转塔刀架，液压卡盘，加工精度高，适合小型零件的大批量生产，机床主要技术参数和外观如表 1-2-2 所示。

表 1-2-2　机床主要技术参数和外观

主要技术参数		机床外观
最大车削直径/mm	240	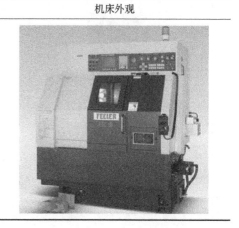
最大车削长度/mm	255	
X 轴行程/mm	120	
Z 轴行程/mm	290	
主轴最高转速/r/min	6000	
通孔/拉管直径/mm	56	
刀具位置数	8	
数控系统	FANUC：0i Mate-TC	

（4）选用毛坯　零件材料为 45 钢，此材料为优质碳素结构钢，切削性能较好。根据零件尺寸和机床性能，选用直径为 50mm，长度为 55mm 的棒料作为毛坯，在选用毛坯时，当零件直径比较大，而且零件没有内孔时，考虑到切断比较困难，一般会选用单个毛坯，而不会选用长棒。毛坯如图 1-2-2 所示。

（5）选用夹具　零件分两次装夹，加工右端时，以毛坯外圆作为基准，选用自定心卡盘装夹，零件伸出量为 45mm，装夹简图如图 1-2-3 所示。加工零件左端时，采用已经加工完毕的 φ40h7 外圆及其台阶作为定位基准，为保护已加工面上粗糙度 $Ra1.6\mu m$ 不被破坏，为保证左端面相对基准 A 的垂直度，加工时采用自定心卡盘加软爪的装夹形式，装夹示意图如图 1-2-4 所示。软爪是一种在车削加工时常用的夹具，它主要能起到提高零件装夹时与车床主轴的同轴度的作用，并且能保护已加工表面不受到破坏，使用软爪装夹零件可以缩短夹持长度，并且可以实现零件的轴向定位，此软爪的卡爪端面需要倒角 C2，以避开 R1 圆角的干涉。

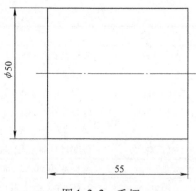

图 1-2-2　毛坯

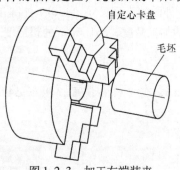

图 1-2-3　加工右端装夹

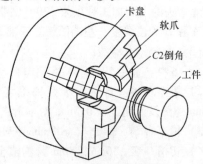

图 1-2-4　加工左端装夹

（6）选用刀具和切削用量　选用 SANDVIK 刀具系统，查阅 SANDVIK 刀具手册，选用刀具和切削用量如表 1-2-3 所示。

表 1-2-3　刀具和切削用量

工序	刀号	刀杆规格	刀片规格	加工内容	转速/（r/min）	切深/mm	进给量/（mm/r）
加工右端	T01	DCLNL2020M09	CNMG090408 - PR	粗车	1200	2	0.25
	T02		CCMT090404 - PF	精车	1500	0.5	0.1
	T03	C3 - RF123E15 - 22055B	N123E2 - 0200 - 0003 - GF	切槽	1200		0.1

（续）

工序	刀号	刀杆规格	刀片规格	加工内容	转速/（r/min）	切深/mm	进给量/（mm/r）
加工左端	T01	DCLNL2020M09	CNMG090408 - PR	粗车	1200	2	0.25
	T02		CCMT090404 - PF	精车	1500	0.5	0.1
	T04	RF151. 37 - 2525 - 024B25	N151. 3 - 300 - 25 - 7G	车端面槽	1200		0.1

（7）制定工艺卡　以一次装夹作为一个工序，制定加工工艺卡如表1-2-4、表1-2-5、表1-2-6所示。

表 1-2-4　工序清单

零件号：547612-0		工艺版本号：0		工艺流程卡_工序清单			
工序号	工序内容		工位	页码：1		页数：3	
001	备料		外协	零件号：547612		版本：0	
002	粗车/精车右端		数车	零件名称：堵头			
003	粗车/精车左端		数车	材料：45钢			
004				材料尺寸：ϕ50mm×55mm 棒料			
005				更改号	更改内容	批准	日期
006							
007				01			
008							
009				02			
010							
011				03			
012							
013							
拟制：	日期：	审核：	日期：	批准：	日期：		

表1-2-5 加工右端工艺卡

零件号: 547612-0		工序名称: 粗车/精车右端			工艺流程卡_工序单	
材料: 45钢		页码: 2	工序号: 02		版本号: 0	
夹具: 自定心卡盘		工位: 数控车床	数控程序号: xiangmu2-01.NC			
刀具及参数设置						
刀具号	刀具规格	加工内容	主轴转速(r/min)	进给量(mm/r)		
T01	DCLNL2020M09, CNMG090408-PR	粗车	1200	0.25		
T02	DCLNL2020M09, CCMT090404-PF	精车	1500	0.1		
T03	C3-RF123E15-22055B, N123E2-0200-0003-GF	切槽	1200	0.1		
T04						
T05						
02						
01						
更改号	更改内容		批准	日期		
拟制: 日期:	审核: 日期:		批准:	日期:		

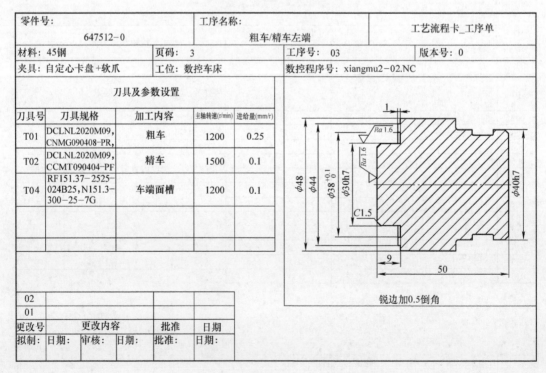

表1-2-6 加工左端工艺卡

零件号: 647512-0		工序名称: 粗车/精车左端			工艺流程卡_工序单	
材料: 45钢		页码: 3	工序号: 03		版本号: 0	
夹具: 自定心卡盘+软爪		工位: 数控车床	数控程序号: xiangmu2-02.NC			
刀具及参数设置						
刀具号	刀具规格	加工内容	主轴转速(r/min)	进给量(mm/r)		
T01	DCLNL2020M09, CNMG090408-PR,	粗车	1200	0.25		
T02	DCLNL2020M09, CCMT090404-PF	精车	1500	0.1		
T04	RF151.37-2525-024B25,N151.3-300-25-7G	车端面槽	1200	0.1		
02						
01						
更改号	更改内容		批准	日期		
拟制: 日期:	审核: 日期:		批准:	日期:		

2. 编制加工程序

（1）编制加工零件右端的 NC 程序

1）点击【开始】、【所有应用模块】、【加工】，弹出加工环境设置对话框，CAM 会话配置选择 cam_general；要创建的 CAM 设置选择 turning，如图 1-2-5 所示，然后点击【确定】，进入加工模块。

2）在加工操作导航器空白处，点击鼠标右键，选择【几何视图】，如图 1-2-6 所示。

3）双击操作导航器中的【MCS_SPINDLE】，弹出加工坐标系对话框，指定平面为 XM–YM，如图 1-2-7 所示，将 MCS_SPINDLE 更名为 MCS_SPINDLE_R。

4）点击指定 MCS 中的 CSYS 会话框，弹出对话框，然后选择参考坐标系中的选定的 CSYS，选择 71 图层中的参考坐标系，点击【确定】，使加工坐标系和参考坐标系重合。如图 1-2-8 所示。再点击【确定】完成加工坐标系设置。

5）双击操作导航器中的【WORKPIECE】，弹出 WORKPIECE 设置对话框，如图 1-2-9 所示，将 WORKPIECE 更名为 WORKPIECE_R。

图 1-2-5　加工环境设置

图 1-2-6　操作导航器

图 1-2-7　加工坐标系设置

6）点击【指定部件】，弹出部件几何体对话框，选择如图 1-2-10 所示几何体为部件，点击【确定】，完成指定部件。

7）点击【指定毛坯】，弹出毛坯几何体对话框，选择如图 1-2-11 所示圆柱为毛坯（该圆柱在建模中预先建好，在图层 3 中）。点击【确定】完成毛坯设置，点击【确定】完成 WORKPIECE 设置。

8）双击操作导航器中的【TURNING_WORKPIECE】，自动生成车加工截面和毛坯截面，如图 1-2-12 所示，将 TURNING_WORKPIECE 更名为 TURNING_WORKPIECE_R。

图 1-2-8　加工原点设置

图 1-2-9　WORKPIECE 设置

图 1-2-10　指定部件

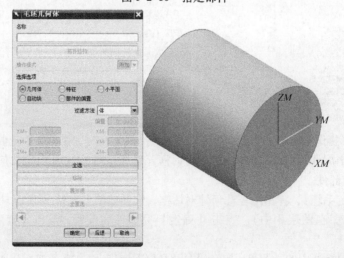

图 1-2-11　毛坯设置

9）点击【创建几何体】按钮，类型选择 turning，几何体子类型选择 MCS _ SPINDLE，位置选择 GEOMETRY，名称为 MCS _ SPINDLE _ L，如图1-2-13 所示。

10）指定平面为 XM – YM，如图1-2-14 所示。

11）点击指定 MCS 中的 CSYS 会话框，弹出对话框，然后选择参考坐标系中的选定的 CSYS，选择 72 图层中的参考坐标系，点击【确定】，使加工坐标系和参考坐标系重合。如图1-2-15 所示。再点击【确定】，完成加工坐标系设置。

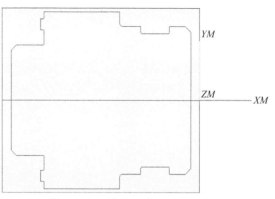

图 1-2-12　车加工截面和毛坯截面

图 1-2-13　创建几何体

图 1-2-14　加工坐标系设置

12）更改 WORKPIECE 为 WORKPIECE _ L，更改 TURNING _ WORKPIECE 为 TURNING _ WORKPIECE _ L，结果如图1-2-16 所示。

图 1-2-15　加工原点设置

图 1-2-16　设置几何体

13）双击操作导航器中的【WORKPIECE _ L】，弹出 WORKPIECE 设置对话框，如图1-2-17 所示。

14）点击【指定部件】，弹出部件几何体对话框，选择图层2中的部件，如图1-2-18所示，点击【确定】，完成指定部件。

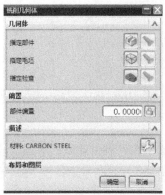

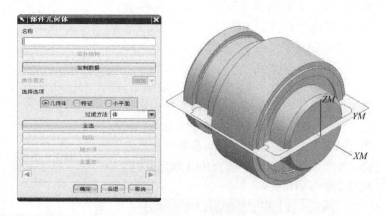

图1-2-17   WORKPIECE设置

图1-2-18   指定部件

15）点击【指定毛坯】，弹出毛坯几何体对话框，选择如图1-2-19所示圆柱为毛坯（该圆柱在建模中预先建好，在图层3中）。点击【确定】，完成毛坯设置，点击【确定】，完成WORKPIECE设置。

16）双击【TURNING _ WORK-PIECE _ L】，选择指定毛坯边界按钮，弹出选择毛坯对话框，如图1-2-20所示。选择从工作区按钮，选择参考位置为左端面中心，目标位置为右端面中心，点击【确定】按钮，结果如图1-2-21所示。

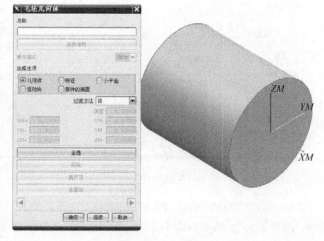

图1-2-19   毛坯设置

图1-2-20   选择毛坯

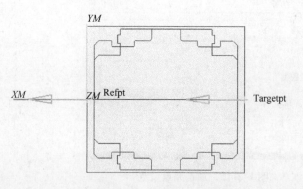

图1-2-21   设置几何体结果

17）在加工操作导航器空白处，点击鼠标右键，选择【机床视图】，点击菜单条【插入】，点击【刀具】，弹出创建刀具对话框，如图1-2-22所示。类型选择为turning，刀具子类型选择为OD_80_L，刀具位置为GENERIC_MACHINE，刀具名称为OD_ROUGH_TOOL，点击【确定】，弹出刀具参数设置对话框。设置刀具参数如图1-2-23所示，刀尖半径为0.8，方向角度为5，刀具号为1，点击【确定】，完成创建刀具。

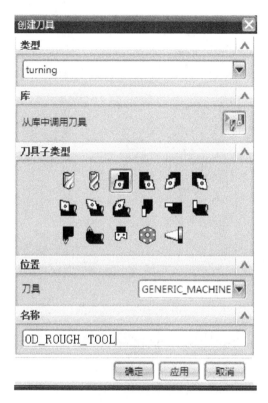

图1-2-22　创建刀具

图1-2-23　刀具参数设置

18）用同样的方法创建刀具2，类型选择为turning，刀具子类型选择为OD_80_L，刀具位置为GENERIC_MACHINE，刀具名称为OD_FINISH_TOOL，刀尖半径为0.4，方向角度为5，刀具号为2。

19）点击菜单条【插入】，点击【刀具】，弹出创建刀具对话框，如图1-2-24所示。类型选择为turning，刀具子类型选择为OD_GROOVE_L，刀具位置为GENERIC_MACHINE，刀具名称为OD_GROOVE_TOOL_01，点击【确定】，弹出刀具参数设置对话框。设置刀具参数如图1-2-25所示，方向角度为90，刀片长度为12，刀片宽度为2，半径为0.2，侧角为2，尖角为0，刀具号为03，点击【确定】，完成创建刀具。

20）点击菜单条【插入】，点击【刀具】，弹出创建刀具对话框，如图1-2-26所示。类型选择为turning，刀具子类型选择为FACE_GROOVE_L，刀具位置为GENERIC_MACHINE，刀具名称为FACE_GROOVE，点击【确定】，弹出刀具参数设置对话框。设置刀具参数如图1-2-27所示，方向角度为0，刀片长度为12，刀片宽度为2，半径为0.2，侧角为2，尖角为0，刀具号为04，点击【确定】，完成创建刀具。

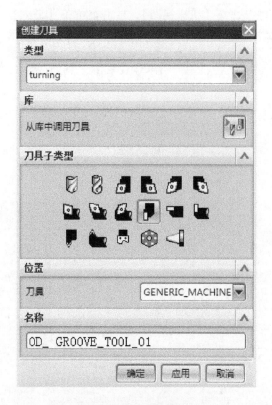

图 1-2-24　创建刀具

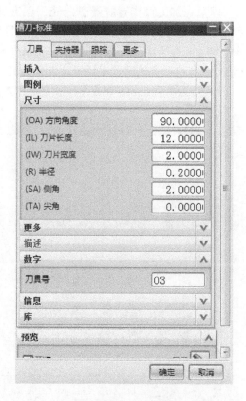

图 1-2-25　刀具参数

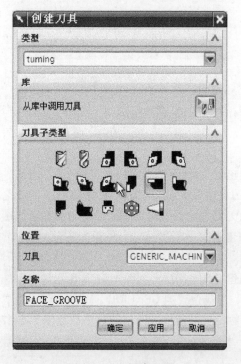

图 1-2-26　创建刀具

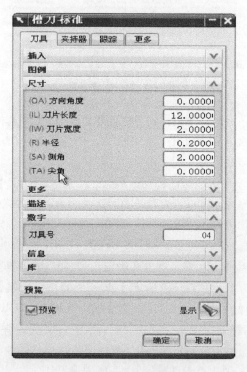

图 1-2-27　刀具参数

21）在加工操作导航器空白处，点击鼠标右键，选择【程序视图】，点击菜单条【插入】，点击【操作】，弹出创建操作对话框，类型为 turning，操作子类型为 ROUGH_TURNING_OD，程序为 PROGRAM，刀具为 OD_ROUGH_TOOL，几何体为 TURNING_WORKPIECE_R，方法为 METHOD，名称为 ROUGH_TURNING_OD_R，如图 1-2-28 所示。点击【确定】，弹出操作设置对话框，如图 1-2-29 所示。

图 1-2-28　创建操作

图 1-2-29　粗车 OD 操作设置

22）点击指定【切削区域】，弹出对话框，点击轴向修剪平面 1，指定如图 1-2-30 所示点。点击【确定】，完成操作。

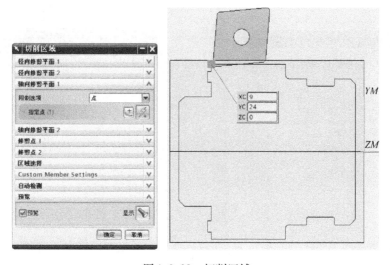

图 1-2-30　切削区域

23）点击【刀轨设置】，方法为 METHOD，水平角度为 180，方向为向前，切削深度为变量平均值，最大值为 2，最小值为 1，变换模式为根据层，清理为全部，如图 1-2-31 所示。

24）点击【切削参数】，点击【策略】，设置最后切削边缘为 5，如图 1-2-32 所示。设置面余量为 0.2，径向余量为 0.5，如图 1-2-33 所示。点击【确定】，完成切削参数设置。

25）点击【非切削移动】，弹出对话框，进刀设置如图 1-2-34 所示。退刀设置如图 1-2-35 所示。点击【确定】，完成操作。

图 1-2-31　刀轨设置

图 1-2-32　策略设置

图 1-2-33　余量设置

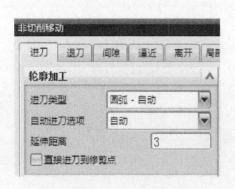

图 1-2-34　进刀设置

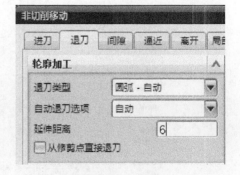

图 1-2-35　退刀设置

26）设置出发点为（100，50，0），如图 1-2-36 所示，设置回零点为（100，50，0），如图 1-2-37 所示，点击【确定】，完成操作。

图 1-2-36　设置出发点

图 1-2-37　设置回零点

27）点击【进给和速度】，弹出对话框，设置主轴速度为 1200，设置进给率为 0.25，如图 1-2-38 所示。点击【确定】完成进给和速度设置。点击【生成刀轨】，得到零件的加工刀轨，如图 1-2-39 所示。

图 1-2-38　进给和速度

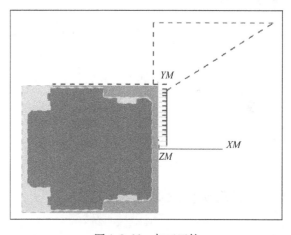

图 1-2-39　加工刀轨

28）点击菜单条【插入】，点击【操作】，弹出创建操作对话框，类型为 turning，操作子类型为 FINISH _ TURNING _ OD，程序为 PROGRAM，刀具为 OD _ FINISH _ TOOL，几何体为 TURN-ING _ WORKPIECE _ R，方法为 LATHE _ FINISH，名称为 FINISH _ TURNING _ OD _ R，如图 1-2-40 所示。点击【确定】，弹出操作设置对话框，如图 1-2-41 所示。

29）点击【切削参数】，点击【策略】，设置最后切削边为 5，如图 1-2-42 所示。

30）点击非切削移动，弹出对话框，进刀设置如 1-2-43 图所示，退刀设置如图 1-2-44 所示，点击【确定】，完成操作。

31）设置出发点为（100，50，0），如图 1-2-45 所示。设置回零点为（100，50，0），如图 1-2-46 所示。点击【确定】，完成操作。

图 1-2-40　创建操作

图 1-2-41　精车 OD 操作设置

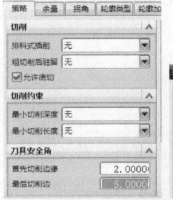

图 1-2-42　策略

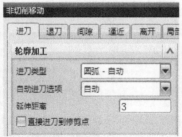

图 1-2-43　进刀设置

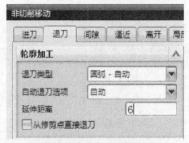

图 1-2-44　退刀设置

图 1-2-45　出发点设置

图 1-2-46　回零点设置

32) 点击【进给和速度】，弹出对话框，设置主轴速度为1500，设置进给率为0.1，如图1-2-47 所示。点击【确定】完成进给和速度设置。点击【生成刀轨】，得到零件的加工刀轨，如图1-2-48 所示。

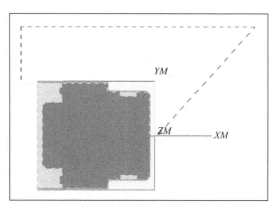

图 1-2-47　进给和速度　　　　　　　　图 1-2-48　加工刀轨

33) 点击菜单条【插入】，点击【操作】，弹出创建操作对话框，类型为 turning，操作子类型为 GROOVE_OD，程序为 PROGRAM，刀具为 OD_GROOVE_TOOL_01，几何体为 TURNING_WORKPIECE_R，方法为 LATHE_FINISH，名称为 GROOVE_OD_R，如图1-2-49所示。点击【确定】，弹出操作设置对话框，如图1-2-50 所示。

图 1-2-49　创建操作　　　　　　　　　图 1-2-50　切槽操作设置

34) 点击指定【切削区域】，弹出对话框，分别指定轴向修剪平面1和轴向修剪平面2，指定如图1-2-51所示点，点击【确定】，完成操作。

35) 点击【非切削移动】，弹出对话框，进刀设置如图1-2-52所示，退刀设置如图1-2-53所示，点击【确定】，完成操作。

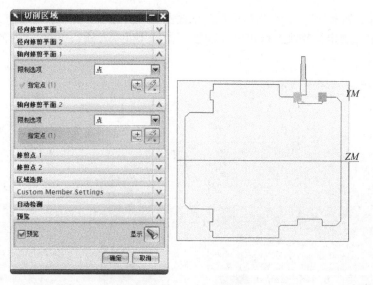

图 1-2-51　切削区域

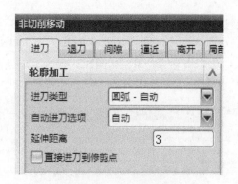

图 1-2-52　进刀设置

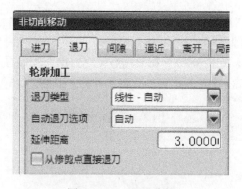

图 1-2-53　退刀设置

36）设置出发点为（100，50，0），如图 1-2-54 所示。设置回零点为（100，50，0），如图 1-2-55 所示。点击【确定】，完成操作。

图 1-2-54　出发点设置

图 1-2-55　回零点设置

37）点击【进给和速度】，弹出对话框，设置主轴速度为 1200，设置进给率为 0.1，如图 1-2-56 所示。点击【确定】完成进给和速度设置。点击【生成刀轨】，得到零件的加工刀轨，如图 1-2-57 所示。

图 1-2-56　进给和速度

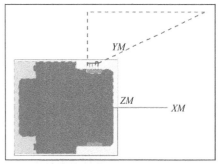

图 1-2-57　加工刀轨

（2）编制加工零件左端的 NC 程序

1）在加工操作导航器空白处，点击鼠标右键，选择【程序视图】，点击菜单条【插入】，点击【操作】，弹出创建操作对话框，类型为 turning，操作子类型为 ROUGH _ TURNING _ OD，程序为 PROGRAM，刀具为 OD _ ROUGH _ TOOL，几何体为 TURNING _ WORKPIECE _ L，方法为 METHOD，名称为 ROUGH _ TURNING _ OD _ L，如图 1-2-58 所示。点击【确定】，弹出操作设置对话框，如图 1-2-59 所示。

2）点击【刀轨设置】，方法为 METHOD，水平角度为 180，方向为向前，切削深度为变量平均值，最大值为 2，最小值为 1，变换模式为根据层，清理为全部，如图 1-2-60 所示。

图 1-2-58　创建操作

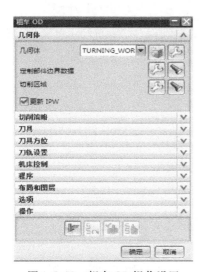

图 1-2-59　粗车 OD 操作设置

图 1-2-60　刀轨设置

3）点击【切削参数】，点击【策略】，设置最后切削边缘为5，如图1-2-61所示。设置面余量为0.2，径向余量为0.5，如图1-2-62所示。点击【确定】，完成切削参数设置。

图1-2-61　策略设置

图1-2-62　余量设置

4）点击【非切削移动】，弹出对话框，进刀设置如图1-2-63所示，退刀设置如图1-2-64所示。点击【确定】，完成操作。

5）设置出发点为（100，50，0），如图1-2-65所示；设置回零点为（100，50，0），如图1-2-66所示。【点击确定】，完成操作。

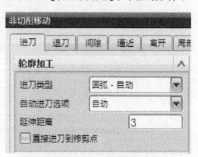

图1-2-63　进刀设置

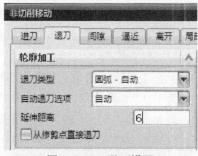

图1-2-64　退刀设置

图1-2-65　出发点设置

图1-2-66　回零点设置

6）点击【进给和速度】，弹出对话框，设置主轴速度为 1200，设置进给率为 0.25，如图 1-2-67 所示。点击【确定】完成进给和速度设置。点击【生成刀轨】，得到零件的加工刀轨，如图 1-2-68 所示。

图 1-2-67　进给和速度

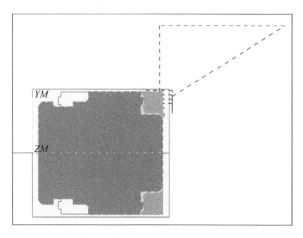

图 1-2-68　加工刀轨

7）点击菜单条【插入】，点击【操作】，弹出创建操作对话框，类型为 turning，操作子类型为 FINISH ＿ TURNING ＿ OD，程序为 PROGRAM，刀具为 OD ＿ FINISH ＿ TOOL，几何体为 TURN-ING ＿ WORKPIECE ＿ L，方法为 LATHE ＿ FINISH，名称为 FINISH ＿ TURNING ＿ OD ＿ L，如图 1-2-69 所示，点击【确定】，弹出操作设置对话框，如图 1-2-70 所示。

图 1-2-69　创建操作

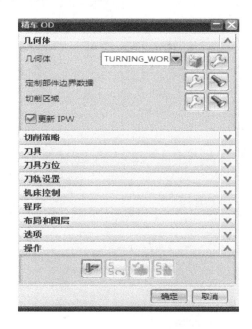

图 1-2-70　精车 OD 操作设置

8）点击【刀轨设置】，层角度为 180，如图 1-2-71 所示。

9）点击【切削参数】，点击【策略】，设置最后切削边为 5，如图 1-2-72 所示。

图 1-2-71　刀轨设置

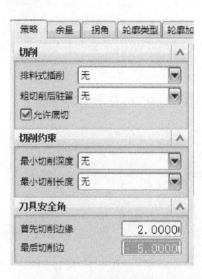

图 1-2-72　策略

10）点击【非切削移动】，弹出对话框，进刀设置如图 1-2-73 所示；退刀设置如图1-2-74所示。点击【确定】，完成操作。

11）设置出发点为（100，50，0），如图 1-2-75 所示；设置回零点为（100，50，0），如图1-2-76 所示。点击【确定】，完成操作。

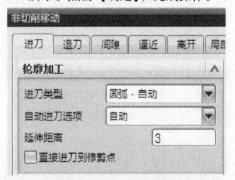

图 1-2-73　进刀设置

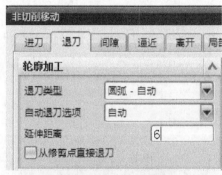

图 1-2-74　退刀设置

图 1-2-75　出发点设置

图 1-2-76　回零点设置

12）点击【进给和速度】，弹出对话框，设置主轴速度为 1500，设置进给率为 0.1，如图 1-2-77 所示。单击【确定】完成进给和速度设置。点击【生成刀轨】，得到零件的加工刀轨，如图 1-2-78 所示。

图 1-2-77 进给和速度

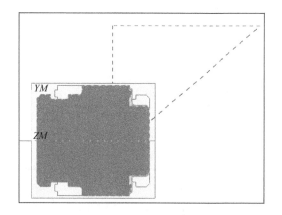

图 1-2-78 加工刀轨

13）点击菜单条【插入】，点击【操作】，弹出创建操作对话框，类型为 turning，操作子类型为 GROOVE_FACE，程序为 PROGRAM，刀具为 FACE_GROOVE，几何体为 TURNING_WORKPIECE，方法为 LATHE_FINISH，名称为 FACE_GROOVE_L，如图 1-2-79 所示。点击【确定】，弹出操作设置对话框，如图 1-2-80 所示。

图 1-2-79 创建操作

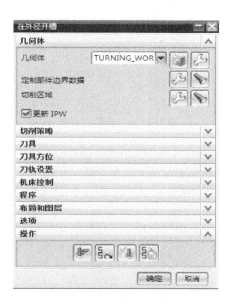

图 1-2-80 端面切槽操作设置

14）点击【非切削移动】，弹出对话框，进刀设置如图 1-2-81 所示；退刀设置如图 1-2-82 所示。点击【确定】，完成操作。

15）设置出发点为（100，50，0），如图 1-2-83 所示；设置回零点为（100，50，0），如图 1-2-84 所示。点击【确定】，完成操作。

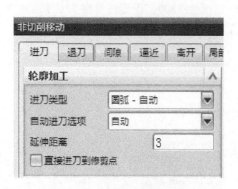

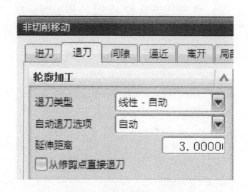

图 1-2-81　进刀设置　　　　　　　　　　图 1-2-82　退刀设置

16）点击【进给和速度】，弹出对话框，设置主轴速度为 1200，设置进给率为 0.1，如图 1-2-85 所示。单击【确定】完成进给和速度设置。点击【生成刀轨】，得到零件的加工刀轨，如图 1-2-86 所示。

图 1-2-83　设置出发点　　　　　　　　　　图 1-2-84　设置回零点

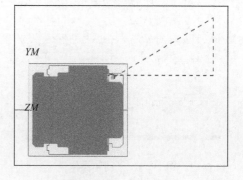

图 1-2-85　进给和速度　　　　　　　　　　图 1-2-86　加工刀轨

（3）仿真加工与后处理

1）在操作导航器中选择 PROGRAM，点击鼠标右键，选择【刀轨】，选择【确认】，如图 1-2-87 所示。弹出刀轨可视化对话框，选择 3D 动态，如图 1-2-88 所示。点击【确定】，开始仿真加工。

图 1-2-87　刀轨确认

图 1-2-88　刀轨可视化

2）后处理得到加工程序。在刀轨操作导航器中选中加工右端的加工操作，点击【工具】、【操作导航器】、【输出】、【NX Post 后处理】，如图 1-2-89 所示，弹出后处理对话框。

图 1-2-89　后处理

3）后处理器选择 LATHE＿2＿AXIS＿TOOL＿TIP，指定合适的文件路径和文件名，单位设置为公制，勾选列出输出，如图 1-2-90 所示。点击【确定】完成后处理，得到加工零件右端的 NC 程序，如图 1-2-91 所示。使用同样的方法后处理得到加工左端的 NC 程序。

图 1-2-90　后处理

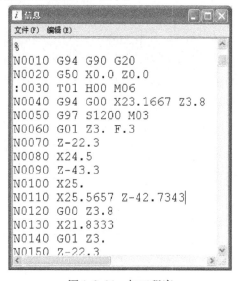

图 1-2-91　加工程序

3. 零件加工

（1）加工准备 按照设备管理要求，对加工设备进行检查，确保设备正常。对照工艺卡，配齐所有刀具和相关量具，并对刀具进行检查，确保刀具完好，对所用量具进行校验。根据工艺要求将刀具安装到对应的刀位，调整刀具伸出长度，在满足加工要求的前提下，尽量伸出长度短，调整刀尖高度，确保刀尖与机床轴线等高。安装切槽刀时，要保证切槽刀的主切削刃与机床Z轴平行。由于本零件加工使用单个毛坯，所以在装夹零件时要注意夹持长度，夹持距离过大会造成零件伸出长度不够，加工时造成刀具碰撞卡爪的危险；夹持距离太小，会造成装夹强度不够，加工时造成零件松动甚至飞出的危险。刀具和零件安装完成后，对所有刀具进行对刀操作，并设置刀具补偿数据，零件编程原点为端面中心。对刀时要注意对刀精度，所有精加工刀要留0.3mm的余量，以供第一次加工后进行测量调整，防止首件加工报废。

（2）程序传输 在关机状态使用 RS232 通信线连接机床系统与电脑，打开电脑和数控机床系统，进行相应的通信参数设置，要求数控系统内的通信参数与电脑通信软件内的参数一致。

（3）零件加工及注意事项 对刀和程序传输完成后，将机床模式切换到自动方式，按循环启动键，即可开始自动加工，在加工过程中，由于是首件第一次加工，所以要密切注意加工状态，有问题要及时停止。由于对刀时精加工刀具在补偿数据中留了0.3mm的余量，所以第一次加工完毕，零件还有余量，进行检测，根据检测结果，调整精车刀具的补偿数据，然后重新运行精加工程序，确保零件尺寸合格。

（4）零件检测 零件检测是零件整个生产过程的重要环节，是保证零件质量、优化加工工艺的主要依据。零件检测主要步骤：制作检测用的 LAYOUT 图如图 1-2-92 所示，也就是对所有需要检测的项目进行编号；制作检测用空白检测报告如图 1-2-93 所示，报告包括检测项目、标准、所用量具、检测频率；对零件进行检测并填写报告。

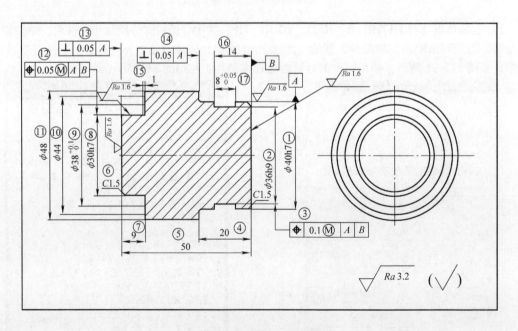

图 1-2-92 LAYOUT 图

			检测报告 (Inspection Report)							
零件名：堵头			零件材料：				送检数量：			
零件号：547612-1			表面处理：				送检日期：			
			测量 (Measurement)							
DIM No	图样尺寸			测量尺寸 (Measuring size)						测量工具 (Measurement Tool)	备注 (Remark)
	公称尺寸	上极限偏差	下极限偏差	1#	2#	3#	4#	5#	6#		
1	$\phi40h7$	0	-0.025							外径千分尺	
2	$\phi36h9$	0	-0.062							外径千分尺	
3	位置度0.1	/	/							CMM	
4	20.00	0.25	-0.25							游标卡尺	
5	50.00	0.25	-0.25							游标卡尺	
6	C1.5	0.25	-0.25							游标卡尺	
7	9.00	0.25	-0.25							游标卡尺	
8	$\phi30h7$	0	-0.021							外径千分尺	
9	$\phi38$	0.1	0							游标卡尺	
10	$\phi44$	0.25	-0.25							游标卡尺	
11	$\phi48$	0.25	-0.25							游标卡尺	
12	位置度0.05	/	/							CMM	
13	垂直度0.05	/	/							CMM	
14	垂直度0.05	/	/							CMM	
15	1.00	0.25	-0.25							游标卡尺	
16	14.00	0.25	-0.25							游标卡尺	
17	8.00	0.05	0							游标卡尺	
外观　碰伤　毛刺										目测	
是/否　合格											
测量员：			批准人：					页数:(1/1)			

图 1-2-93　检测报告

（5）编制及完善相关工艺文件　根据加工中的实际情况和检测结果，对零件加工工艺和加工程序进行优化，最大限度的缩短加工时间，提高效率，主要是删除空运行的程序段，并调整切削参数。

1.2.4　专家点拨

1）车外沟槽和端面槽时，切削条件比较差，为保护刀具一般采用比较小的切削深度和进给量。

2）该堵头零件加工左端时，由于夹持距离比较小，无法采用弹性套，为防止已加工面被破坏，在装夹时夹紧力不可过大，同时要保证卡爪和装夹面之间没有杂物。

3）在进行零件检测时要先检查所用量具是否在校验有效期内，超出校验有限期的量具不能使用，并且在测量前要对所用量具进行校零。

4）加工结束后，应按要求清理设备，将切除下来的铁屑放至指定位置。

1.2.5　课后训练

完成图 1-2-94 所示零件的加工工艺编制并制作工艺卡，完成零件的加工程序编制并进行仿真加工。

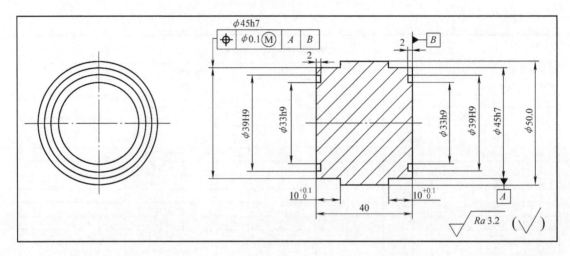

图   1-2-94

学前见闻

蛟龙号载人潜水器装配专家——顾秋亮

项目1.3   轴承套的加工与调试

1.3.1   教学目标

【能力目标】能编制轴承套的加工工艺

能使用 NX 6.0 软件编制轴承套的加工程序

能使用数控车床加工轴承套

能检测加工完成的轴承套

【知识目标】掌握轴承套的加工工艺

掌握轴承套的程序编制方法

掌握轴承套的加工方法

掌握轴承套的检测方法

【素质目标】激发学生的学习兴趣，培养团队合作和创新精神

1.3.2   项目导读

轴承套是机械结构中常见的一类零件，这类零件的特点是结构比较简单，零件整体外形为一套管，零件的加工精度要求比较高。零件上一般会有台阶孔、端面等特征，特征与特征之间的几何精度要求高，粗糙度要求也比较高，并且壁厚比较薄，容易产生加工变形。在编程与加工过程中要特别注意内孔的尺寸精度、粗糙度和几何精度。

1.3.3   项目任务

学生以企业制造工程师的身份投入工作，分析轴承套的零件图样，明确加工内容和加工要求。对加工内容进行合理的工序划分，确定加工路线，选用加工设备，选用刀具和夹具，编制加工工艺卡。运用 NX 软件编制轴承套的加工程序并进行仿真加工，使用数控车床加工轴承套，对加工成品进行检测，并根据检测结果对整个加工工艺和加工程序提出修改建议。

1. 制定加工工艺

（1）图样分析　轴承套零件图样如图 1-3-1 所示。该轴承套结构比较简单，主要由台阶孔、外圆、倒角特征组成。

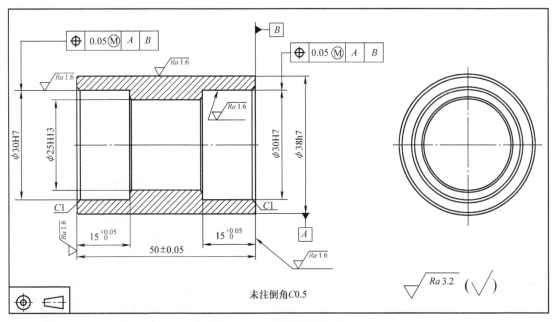

图 1-3-1　轴承套零件图

零件材料为 45 钢，加工性能比较好。轴承套主要加工内容见表 1-3-1。

此轴承套的主要加工难点为 ϕ38h7 外圆的直径尺寸，两个 ϕ30H7 内孔的直径尺寸，两个 ϕ30H7 内孔相对基准 A 和 B 的位置度，ϕ38h7 外圆、左端面、右端面的粗糙度，以及避免在加工过程中产生的变形。

（2）制定工艺路线

1）备料。直径 40mm 的 45 钢棒料，长 1000mm。

2）钻孔。自定心卡盘夹毛坯左端，钻 ϕ22mm 孔，孔深度为 60mm。

表 1-3-1　加工内容

内　　容	要　　求	备　　注
ϕ38h7 外圆	外圆直径为 $\phi38_{-0.025}^{\ 0}$mm	
ϕ30H7 内孔	内孔径为 $\phi30_{0}^{+0.021}$mm；孔深度为 $15_{0}^{+0.05}$mm	
ϕ30H7 内孔	内孔径为 $\phi30_{0}^{+0.021}$mm；孔深度为 $15_{0}^{+0.05}$mm	
ϕ25H13 内孔	内孔径为 $\phi25_{0}^{+0.33}$mm	
零件总长	零件总长为 50 ± 0.05mm	
粗糙度	ϕ38h7 外圆、左端面、右端面的粗糙度为 $Ra1.6\mu$m，2 个 ϕ30H7 内孔粗糙度为 $Ra1.6\mu$m	
位置度	2 个 ϕ30H7 内孔相对基准 A 和 B 的位置度为 0.05	
去锐边	所有锐边倒角	

3）粗车右端。自定心卡盘夹毛坯左端，车零件右端面；粗车 ϕ38h7 外圆、ϕ30H7 内孔，ϕ25H13 内孔，留 0.5mm 精车余量。

4）精车右端。精车 ϕ38h7 外圆、ϕ30H7 内孔，ϕ25H13 内孔及倒角至图样尺寸。

5）切断。切断零件，总长留 1mm 余量。

6）粗车零件左端。零件掉头装夹，车零件左端面，保证零件总长，粗车 ϕ30H7 内孔，留 0.5mm 精车余量。

7）精车零件左端。精车 ϕ30H7 内孔及倒角至图样尺寸。

（3）选用加工设备　选用杭州友佳集团生产的 FTC-10 斜床身数控车床作为加工设备，此机床为斜床身，转塔刀架，液压卡盘，刚性好，加工精度高，适合小型零件的大批量生产，机床主要技术参数和外观如表 1-3-2 所示。

表 1-3-2　机床主要技术参数和外观

主要技术参数		机床外观
最大车削直径/mm	240	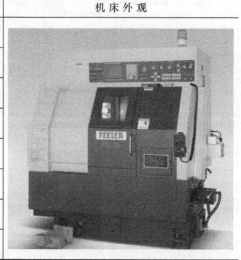
最大车削长度/mm	255	
X 轴行程/mm	120	
Z 轴行程/mm	290	
主轴最高转速/(r/min)	6000	
通孔/拉管直径/mm	56	
刀具位置数	8	
数控系统	FANUC：0i Mate-TC	

（4）选用毛坯　零件材料为 45 钢，此材料为优质碳素结构钢，切削性能较好。根据零件尺寸和机床性能，选用直径为 40mm，长度为 1000mm 的棒料作为毛坯。毛坯如图 1-3-2 所示。

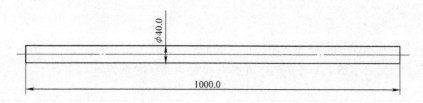

图 1-3-2　毛坯

（5）选用夹具　零件分两次装夹，加工右端时，以毛坯外圆作为基准，选用自定心卡盘装夹，零件伸出量为 68mm～72mm，装夹简图如图 1-3-3 所示。加工零件左端时，采用已经加工完毕的 ϕ38h7 外圆及其端面作为定位基准，为保护已加工面上 $Ra1.6\mu m$ 粗糙度不被破坏，为保证左端孔相对基准 A 和 B 的位置度，加工时采用弹性套加自定心卡盘的装夹形式，装夹示意图如图 1-3-4 所示。

弹性套是一种在车削加工时常用的夹具，它不但能起到提高零件装夹时与车床主轴的同轴度的作用，保护已加工表面不受到破坏，而且可以实现零件的轴向定位，保证多个零件加工时的长度一致性。弹性套制作简单，一般就是一个开口的薄壁圆筒，该轴承套所使用的弹性套底部和顶部各加一个台阶，可实现零件轴向定位。此零件所用弹性套如图 1-3-5 所示。

（6）选用刀具和切削用量　选用 SANDVIK 刀具系统，查阅 SANDVIK 刀具手册，选用刀具和切削用量如表 1-3-3 所示。

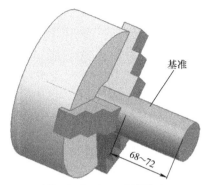

图 1-3-3 加工右端装夹

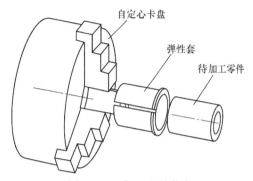

图 1-3-4 加工左端装夹

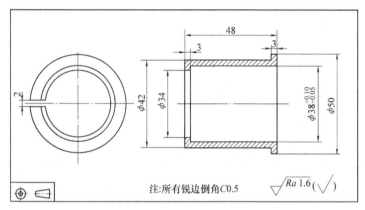

注:所有锐边倒角C0.5

图 1-3-5 弹性套

表 1-3-3 刀具和切削用量

工序	刀号	刀杆规格	刀片规格	加工内容	转速/ (r/min)	切深/ mm	进给量/ mm/r
加工右端	T01	DCLNL2020M09	CNMG090408 - PR	粗车外圆	1200	2	0.25
	T02		CCMT090404 - PF	精车外圆	1500	0.5	0.1
	T03	S20M - SCLCR06	CNMG060408 - PR	粗车内孔	1500	2	0.2
	T04		CCMT060404 - PF	精车内孔	1800	0.3	0.1
	T05	C6 - RF123G20 - 45065B	N123G2 - 0300 - 0001 - CF	切断	1200		0.1

（续）

工序	刀号	刀杆规格	刀片规格	加工内容	转速/ （r/min）	切深/ mm	进给量/ mm/r
加工左端	T02	DCLNL2020M09	CCMT090404 – PF	精车端面	1500	0.5	0.1
	T03	S20M – SCLCR06	CNMG060408 – PR	粗车内孔	1500	2	0.2
	T04		CCMT060404 – PF	精车内孔	1800	0.3	0.1

　　（7）制定工艺卡　以一次装夹作为一个工序，制定加工工艺卡如表1-3-4、表1-3-5、表1-3-6所示。

表1-3-4　工序清单

零件号： 　278316-0		工艺版本号： 　　　0	工艺流程卡-工序清单			
工序号	工序内容		工位	页码:1		页数:3
001	备料		外协	零件号：278316		版本:0
002	粗车/精车右端		数车	零件名称：轴承套		
003	粗车/精车左端		数车	材料:45钢		
004				材料尺寸:ϕ40mm棒料		
005				更改号	更改内容	批准	日期
006						
007				01			
008						
009				02			
010						
011				03			
012						
013						
拟制:	日期:	审核:	日期:	批准:	日期:	

表 1-3-5　加工右端工艺卡

零件号: 278316-0		工序名称: 粗车/精车右端			工艺流程卡-工序单	
材料:45钢		页码:2		工序号:02		版本号:0
夹具:自定心卡盘		工位:数控车床		数控程序号: xiangmu3-01.NC		
刀具及参数设置						
刀具号	刀具规格	加工内容	主轴转速(r/min)	进给量(mm/r)		
T01	DCLNL2020M09, CNMG090408-PR	粗车外圆	1200	0.25		
T02	DCLNL2020M09, CCMT090404-PF	精车外圆	1500	0.1		
T03	S20M-SCLCR06, CNMG060408-PR	粗车内孔	1500	0.2		
T04	S20M-SCLCR06, CCMT 06 04 04-PF	精车内孔	1800	0.1		
T05	C6-RF123G20- 45065B, N123G2- 0300-0001-CF	切断	1200	0.1		
02					锐边加0.5倒角	
01						
更改号	更改内容		批准	日期		
拟制:	日期:	审核:	日期:	批准:	日期:	

表 1-3-6　加工左端工艺卡

零件号: 278316-0		工序名称: 粗车/精车左端			工艺流程卡-工序单	
材料:45钢		页码:3		工序号:03		版本号:0
夹具:自定心卡盘+弹性套		工位:数控车床		数控程序号: xiangmu3-02.NC		
刀具及参数设置						
刀具号	刀具规格	加工内容	主轴转速(r/min)	进给量(mm/r)		
T02	DCLNL2020M09, CCMT090404-PF	精车端面	1500	0.1		
T03	S20M-SCLCR06, CNMG060408-PR	粗车内孔	1500	0.2		
T04	S20M-SCLCR06, CCMT060404-PF	精车内孔	1800	0.1		
02					锐边加0.5倒角	
01						
更改号	更改内容		批准	日期		
拟制:	日期:	审核:	日期:	批准:	日期:	

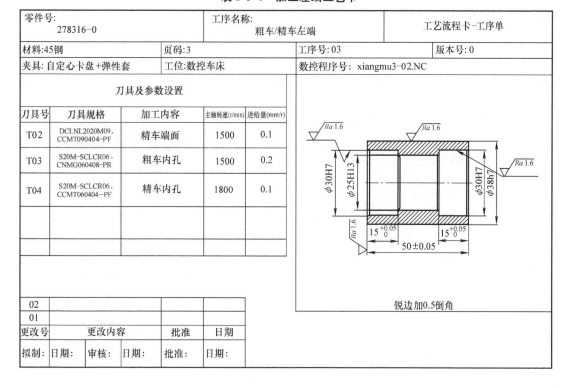

2. 编制加工程序

（1）编制加工零件右端的 NC 程序

1）点击【开始】、【所有应用模块】、【加工】，弹出机床环境设置对话框，CAM 会话配置选择 cam _ general；要创建的 CAM 设置选择 turning，如图 1-3-6 所示，然后点击【确定】，进入加工模块。

2）在加工操作导航器空白处，点击鼠标右键，选择【几何视图】，如图 1-3-7 所示。

图 1-3-6　加工环境设置

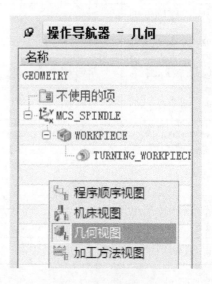

图 1-3-7　操作导航器

3）双击操作导航器中的【MCS _ SPINDLE】，弹出机床坐标系对话框，指定平面为 XM–YM，如图 1-3-8 所示，将 MCS _ SPINDLE 更名为 MCS _ SPINDLE _ R。

4）点击指定 MCS 中的 CSYS 会话框，弹出对话框，然后选择参考坐标系中的选定的 CSYS，选择 71 图层中的参考坐标系，点击【确定】，使加工坐标系和参考坐标系重合。如图 1-3-9 所示。再点击【确定】完成加工坐标系设置。

图 1-3-8　加工坐标系设置

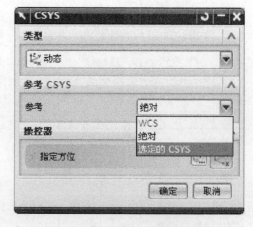

图 1-3-9　加工原点设置

5）双击操作导航器中的【WORKPIECE】，弹出 WORKPIECE 设置对话框，如图 1-3-10 所示，将 WORKPIECE 更名为 WORKPIECE_R。

6）点击【指定部件】，弹出部件几何体对话框，选择如图 1-3-11 所示为部件，点击【确定】，完成指定部件。

图 1-3-10　WORKPIECE 设置

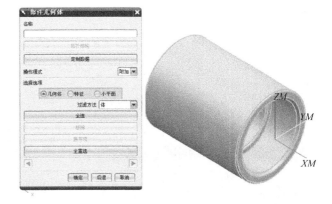

图 1-3-11　指定部件

7）点击【指定毛坯】，弹出毛坯选择对话框，选择如图 1-3-12 所示圆柱为毛坯（该圆柱在建模中预先建好，在图层 3 中）。点击【确定】完成毛坯设置，点击【确定】完成 WORKPIECE 设置。

8）双击操作导航器中的【TURNING_WORKPIECE】，自动生成车加工截面和毛坯截面，如图 1-3-13 所示。将 TURNING_WORKPIECE 更名为 TURNING_WORKPIECE_R。

9）点击创建几何体按钮，类型选择 turning，几何体子类型选择 MCS_SPINDLE，位置选择 GEOMETRY，名称为 MCS_SPINDLE_L，如图 1-3-14 所示。

图 1-3-12　毛坯设置

10）指定平面为 XM–YM，如图 1-3-15 所示。

11）点击指定 MCS 中的 CSYS 会话框，弹出对话框，然后选择参考坐标系中的选定的 CSYS，选择 72 图层中的参考坐标系，点击【确定】，使加工坐标系和参考坐标系重合。如图 1-3-16 所示。再点击【确定】完成加工坐标系设置。

12）更改 WORKPIECE 为 WORKPIECE_L，更改 TURNING_WORKPIECE 为 TURNING_WORKPIECE_L，结果如图 1-3-17 所示。

13）双击操作导航器中的 WORKPIECE_L，弹出 WORKPIECE 设置对话框，如图 1-3-18 所示。

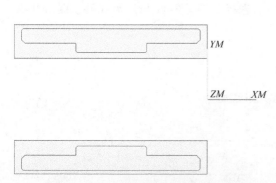

图 1-3-13　车加工截面和毛坯截面

图 1-3-14　创建几何体

图 1-3-15　加工坐标系设置

图 1-3-16　加工原点设置

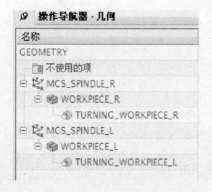

图 1-3-17　设置几何体

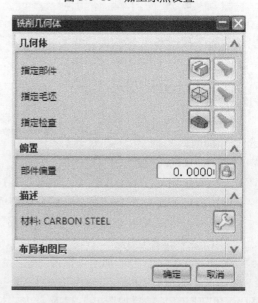

图 1-3-18　WORKPIECE 设置

14）点击【指定部件】，弹出部件选择对话框，选择图层 2 中的部件，如图 1-3-19 所示。点击【确定】，完成指定部件。

15）点击【指定毛坯】，弹出毛坯选择对话框，选择如图 1-3-20 所示毛坯（该毛坯在建模中预先建好，在图层 3 中）。点击【确定】完成毛坯设置，点击【确定】完成 WORKPIECE 设置。

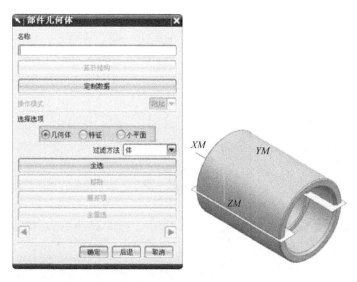

图 1-3-19　指定部件

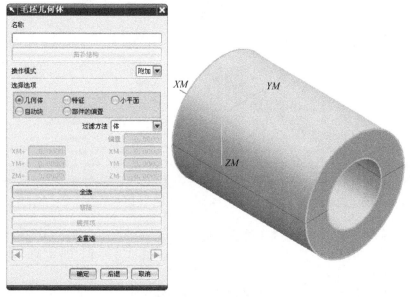

图 1-3-20　毛坯设置

16）双击【TURNING _ WORKPIECE _ L】，选择指定毛坯边界按钮，弹出选择毛坯对话框，如图 1-3-21 所示。选择从工作区按钮，选择参考位置为左端面中心，目标位置为右端面中心，点击【确定】，结果如图 1-3-22 所示。

17）在加工操作导航器空白处，点击鼠标右键，选择【机床视图】，点击菜单条【插入】，点击【刀具】，弹出创建刀具对话框，如图 1-3-23 所示。类型选择为 turning，刀具子类型选择为

OD＿80＿L，刀具位置为 GENERIC＿MACHINE，刀具名称为 OD＿ROUGH＿TOOL，点击【确定】，弹出刀具参数设置对话框。设置刀具参数如图 1-3-24 所示，刀尖半径为 0.8，方向角度为 5，刀具号为 1，点击【确定】，完成创建刀具。

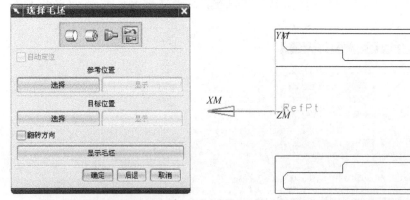

图 1-3-21   选择毛坯

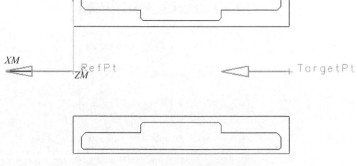

图 1-3-22   设置几何体结果

图 1-3-23   创建刀具

图 1-3-24   刀具参数设置

18）用同样的方法创建刀具 2，类型选择为 turning，刀具子类型选择为 OD＿80＿L，刀具位置为 GENERIC＿MACHINE，刀具名称为 OD＿FINISH＿TOOL，刀尖半径为 0.4，方向角度为 5，刀具号为 2。

19）点击菜单条【插入】，点击【刀具】，弹出创建刀具对话框，如图 1-3-25 所示。类型选择为 turning，刀具子类型选择为 ID＿80＿L，刀具位置为 GENERIC＿MACHINE，刀具名称为 ID＿ROUGH＿TOOL，点击【确定】，弹出刀具参数设置对话框。设置刀具参数如图 1-3-26 所示，刀尖半径为 0.8，方向角度为 275，刀片长度为 15，刀号为 03，点击【确定】，完成创建刀具。

20）用同样的方法创建刀具 4，类型选择为 turning，刀具子类型选择为 ID＿80＿L，刀具位置为 GENERIC＿MACHINE，刀具名称为 ID＿FINISH＿TOOL，刀尖半径为 0.4，方向角度为 275，刀片长度为 15，刀具号为 04，点击【确定】，完成创建刀具。

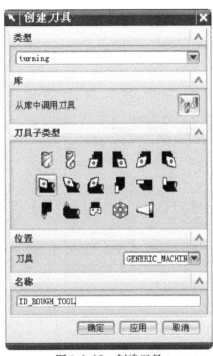

图 1-3-25 创建刀具

图 1-3-26 刀具参数

21）点击菜单条【插入】，点击【刀具】，弹出创建刀具对话框，如图 1-3-27 所示。类型选择为 turning，刀具子类型选择为 OD_GROOVE_L，刀具位置为 GENERIC_MACHINE，刀具名称为 OD_GROOVE_TOOL，点击【确定】，弹出刀具参数设置对话框。设置刀具参数如图 1-3-28 所示，方向角度为 90，刀片长度为 12，刀片宽度为 4，半径为 0.2，侧角为 2，尖角为 0，刀具号为 05，点击【确定】，完成创建刀具。

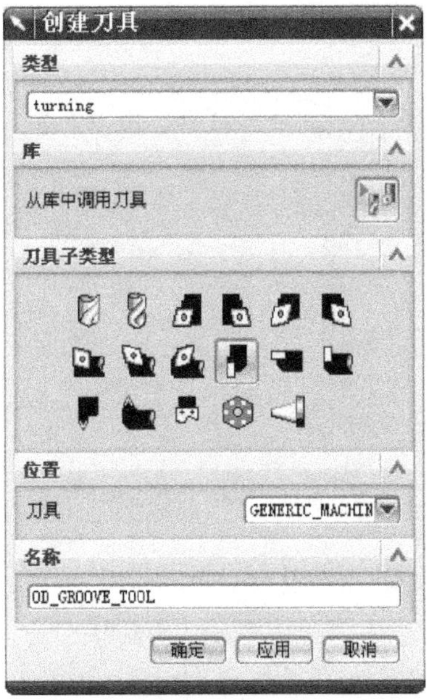

图 1-3-27 创建刀具

图 1-3-28 刀具参数

22）在加工操作导航器空白处，点击鼠标右键，选择【程序视图】，点击菜单条【插入】，点击【操作】，弹出创建操作对话框，类型为 turning，操作子类型为 ROUGH ＿ TURNING ＿ OD，程序为 PROGRAM，刀具为 OD ＿ ROUGH ＿ TOOL，几何体为 TURNING ＿ WORKPIECE ＿ R，方法为 METHOD，名称为 ROUGH ＿ TURNING ＿ OD ＿ R，如图 1-3-29 所示。点击【确定】，弹出操作设置对话框，如图 1-3-30 所示。

图 1-3-29 创建操作

图 1-3-30 粗车 OD 操作设置

23）点击【刀轨设置】，方法为 METHOD，水平角度为 180，方向为向前，切削深度为变量平均值，最大值为 2，最小值为 1，变换模式为根据层，清理为全部，如图 1-3-31 所示。

24）点击【切削参数】，点击【策略】，设置最后切削边缘为 5，如图 1-3-32 所示，设置面余量为 0.2，径向余量为 0.5，如图 1-3-33 所示，点击【确定】，完成切削参数设置。

25）点击【非切削移动】，弹出对话框，进刀设置如图 1-3-34 所示，退刀设置如图 1-3-35 所示，点击【确定】，完成操作。

26）设置出发点为（100，50，0），如图 1-3-36 所示；设置回零点为（100，50，0），如图 1-3-37 所示。点击【确定】，完成操作。

图 1-3-31 刀轨设置

图 1-3-32　策略设置

图 1-3-33　余量设置

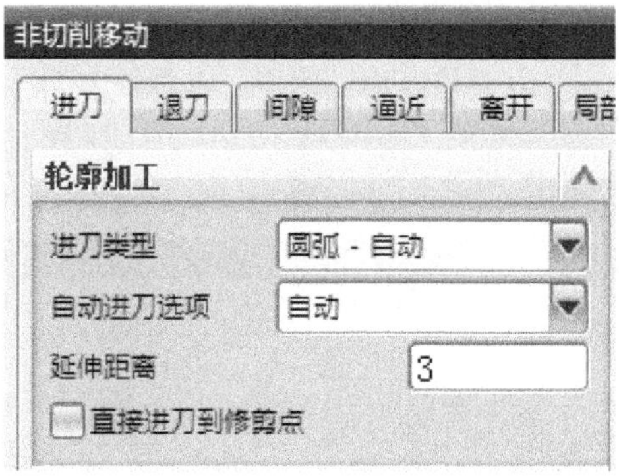

图 1-3-34　进刀设置

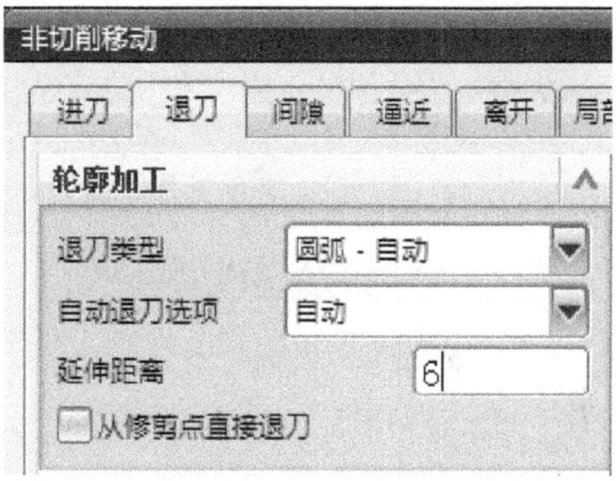

图 1-3-35　退刀设置

图 1-3-36　出发点设置

图 1-3-37　回零点设置

27）点击【进给和速度】，弹出对话框，设置主轴速度为1200，设置进给率为0.25，如图1-3-38所示。点击【确定】完成进给和速度设置。点击【生成刀轨】，得到零件的加工刀轨，如图1-3-39所示。

图1-3-38　进给和速度

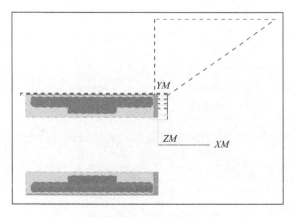

图1-3-39　加工刀轨

28）点击菜单条【插入】，点击【操作】，弹出创建操作对话框，类型为turning，操作子类型为FINISH_TURNING_OD，程序为PROGRAM，刀具为OD_FINISH_TOOL，几何体为TURNING_WORKPIECE_R，方法为LATHE_FINISH，名称为FINISH_TURNING_OD_R，如图1-3-40所示，点击【确定】，弹出操作设置对话框，如图1-3-41所示。

图1-3-40　创建操作

图1-3-41　精车OD操作设置

29）点击【切削参数】，点击【策略】，设置最后切削边为 5，如图 1-3-42 所示。

30）点击【非切削移动】，弹出对话框，进刀设置如图 1-3-43 所示，退刀设置如图 1-3-44 所示，点击【确定】，完成操作。

31）设置出发点为（100，50，0），如图 1-3-45 所示，设置回零点为（100，50，0），如图 1-3-46 所示，点击【确定】，完成操作。

32）点击【进给和速度】，弹出对话框，设置主轴速度为 1500，设置进给率为 0.1，如图 1-3-47 所示。单击【确定】完成进给和速度设置。点击【生成刀轨】，得到零件的加工刀轨，如图 1-3-48 所示。

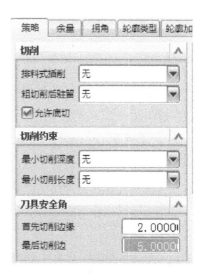

图 1-3-42 策略

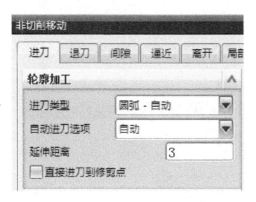

图 1-3-43 进刀设置

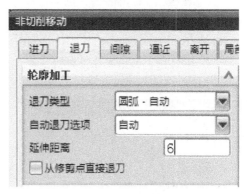

图 1-3-44 退刀设置

图 1-3-45 出发点设置

图 1-3-46 回零点设置

图 1-3-47 进给和速度

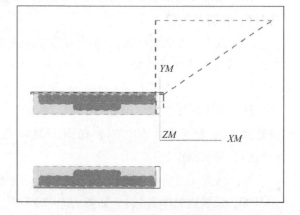

图 1-3-48 加工刀轨

33）点击菜单条【插入】，点击【操作】，弹出创建操作对话框，类型为 turning，操作子类型为 ROUGH _ BORE _ ID，程序为 PROGRAM，刀具为 ID _ ROUGH _ TOOL，几何体为 TURNING _ WORKPIECE _ R，方法为 LATHE _ ROUGH，名称为 ROUGH _ BORE _ ID _ R，如图 1-3-49 所示，点击【确定】，弹出操作设置对话框，如图 1-3-50 所示。

图 1-3-49 创建操作

图 1-3-50 粗镗 ID 操作设置

34）点击【刀轨设置】，层角度为 180，方向为前进，切削深度为变量平均值，最大值为 2，最小值为 1，变换模式为根据层，清理为全部，如图 1-3-51 所示。

35）点击【切削参数】，点击【策略】，设置最后切削边缘为 5，如图 1-3-52 所示，设置面余量为 0.1，径向余量为 0.3，如图 1-3-53 所示，点击【确定】，完成切削参数设置。

36）点击【非切削移动】，弹出对话框，进刀设置如图 1-3-54 所示，退刀设置如图 1-3-55 所示，点击【确定】，完成操作。

37）设置出发点为（100，50，0），如图 1-3-56 所示，设置回零点为（100，50，0），如图 1-3-57 所示，点击【确定】，完成操作。

图 1-3-51 刀轨设置

图 1-3-52 策略设置

图 1-3-53 余量设置

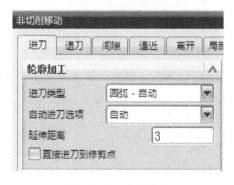

图 1-3-54 进刀设置

图 1-3-55 退刀设置

38）点击【进给和速度】，弹出对话框，设置主轴速度为 1500，设置进给率为 0.2，如图 1-3-58 所示。点击【确定】完成进给和速度设置。点击【生成刀轨】，得到零件的加工刀轨，如图 1-3-59 所示。

图 1-3-56　出发点设置

图 1-3-57　回零点设置

图 1-3-58　进给和速度

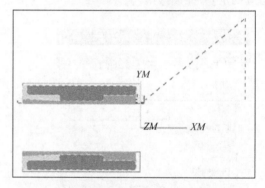

图 1-3-59　加工刀轨

39）点击菜单条【插入】，点击【操作】，弹出创建操作对话框，类型为 turning，操作子类型为 FINISH_BORE_ID，程序为 PROGRAM，刀具为 ID_FINISH_TOOL，几何体为 TURNING_WORKPIECE_R，方法为 LATHE_FINISH，名称为 FINISH_BORE_ID_R，如图 1-3-60 所示，点击【确定】，弹出操作设置对话框，如图 1-3-61 所示。

图 1-3-60　创建操作

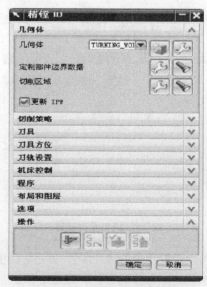

图 1-3-61　精镗 ID 操作设置

40）点击【刀轨设置】，层角度为 180，方向为向前，清理为全部，如图 1-3-62 所示。

41）点击【切削参数】，点击【策略】，设置最后切削边缘为 5，如图 1-3-63 所示。

42）点击【非切削移动】，弹出对话框，进刀设置如图 1-3-64 所示，退刀设置如图 1-3-65 所示，点击【确定】，完成操作。

43）设置出发点为（100，50，0），如图 1-3-66 所示；设置回零点为（100，50，0），如图 1-3-67 所示。点击【确定】，完成操作。

44）点击【进给和速度】，弹出对话框，设置主轴速度为 1800，设置进给率为 0.1，如图 1-3-68 所示。点击【确定】完成进给和速度设置。点击【生成刀轨】，得到零件的加工刀轨，如图 1-3-69 所示。

45）点击菜单条【插入】，点击【操作】，弹出创建操作对话框，类型为 turning，操作子类型为 TEACH_MODE，程序为 PROGRAM，刀具为 OD_GROOVE_TOOL，几何体为 TURNING_WORKPIECE_R，方法为 METHOD，名称为 CUT_OFF，如图 1-3-70 所示，弹出操作设置对话框，如图 1-3-71 所示。

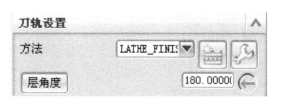

图 1-3-62　刀轨设置

图 1-3-63　策略设置

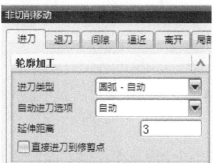

图 1-3-64　进刀设置

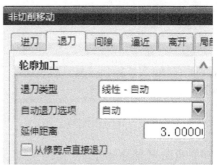

图 1-3-65　退刀设置

图 1-3-66　出发点设置

图 1-3-67　回零点设置

图 1-3-68　进给和速度

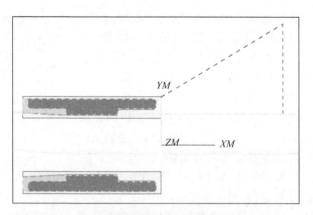

图 1-3-69　加工刀轨

图 1-3-70　创建操作

图 1-3-71　切断操作设置

46）点击【快速运动】，弹出快速运动对话框，如图 1-3-72 所示，设置点为（-5, 30, 0），点击【线性进给】，弹出线性进给运动对话框，如图 1-3-73 所示，设置点为（-5, 0, 0），点击线性快速，设置点为（-5, 30, 0），结果如图 1-3-74 所示。

图 1-3-72　快速运动

图 1-3-73　线性进给

47）点击【进给和速度】，弹出对话框，设置主轴速度为 1200，设置进给率为 0.1，如图 1-3-75 所示。点击【确定】完成进给和速度设置。点击【生成刀轨】，得到零件的加工刀轨，如图 1-3-76 所示。

（2）编制加工零件左端的 NC 程序

1）点击菜单条【插入】，点击【操作】，弹出创建操作对话框，类型为 turning，操作子类型为 FINISH_TURNING_OD，程序为 PROGRAM，刀具为 OD_FINISH_TOOL，几何体为 TURNING_WORKPIECE_L，方法为 LATHE_FINISH，名称为 FINISH_TURNING_OD_L，如图 1-3-77 所示，点击【确定】，弹出操作设置对话框，如图 1-3-78 所示。

2）点击【刀轨设置】，层角度为 180，如图 1-3-79 所示。

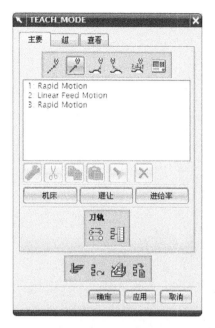

图 1-3-74　切断设置

图 1-3-75　进给和速度

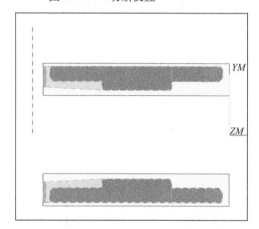

图 1-3-76　加工刀轨

3）点击【切削参数】，点击【策略】，设置最后切削边为 5，如图 1-3-80 所示。

4）点击【非切削移动】，弹出对话框，进刀设置如图 1-3-81 所示，退刀设置如图 1-3-82 所示，点击【确定】，完成操作。

5）设置出发点为（100，50，0），如图 1-3-83 所示；设置回零点为（100，50，0），如图 1-3-84 所示。点击【确定】，完成操作。

6）点击【进给和速度】，弹出对话框，设置主轴速度为 1500，设置进给率为 0.1，如图 1-3-85 所示。点击【确定】完成进给和速度设置。点击【生成刀轨】，得到零件的加工刀轨，如图 1-3-86 所示。

7）点击菜单条【插入】，点击【操作】，弹出创建操作对话框，类型为 turning，操作子类型为 ROUGH_BORE_ID，程序为 PROGRAM，刀具为 ID_ROUGH_TOOL，几何体为 TURNING_WORKPIECE_L，方法为 LATHE_ROUGH，名称为 ROUGH_BORE_ID_L，如图 1-3-87 所示。点击【确定】，弹出操作设置对话框，如图 1-3-88 所示。

图 1-3-77 创建操作

图 1-3-78 精车 OD 操作设置

图 1-3-79 刀轨设置

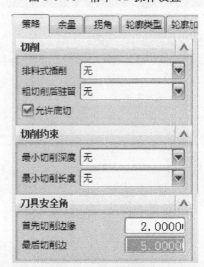

图 1-3-80 策略

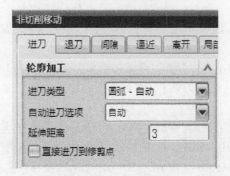

图 1-3-81 进刀设置

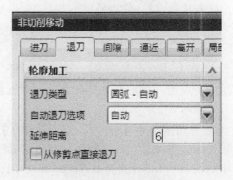

图 1-3-82 退刀设置

图 1-3-83　出发点设置

图 1-3-84　回零点设置

图 1-3-85　进给和速度

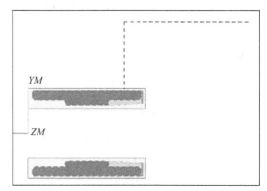

图 1-3-86　加工刀轨

图 1-3-87　创建操作

图 1-3-88　粗镗 ID 操作设置

8）点击【刀轨设置】，层角度为 180，方向为前进，切削深度为变量平均值，最大值为 2，最小值为 1，变换模式为根据层，清理为全部，如图 1-3-89 所示。

9）点击【切削参数】，点击【策略】，设置最后切削边缘为 5，如图 1-3-90 所示，设置面余量为 0.1，径向余量为 0.3，如图1-3-91 所示，点击【确定】，完成切削参数设置。

10）点击【非切削移动】，弹出对话框，进刀设置如图 1-3-92 所示；退刀设置如图 1-3-93所示。点击【确定】，完成操作。

图 1-3-89　刀轨设置

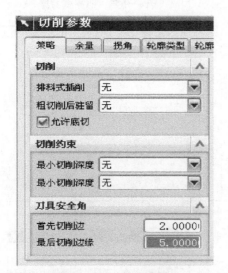

图 1-3-90　策略设置

图 1-3-91　余量设置

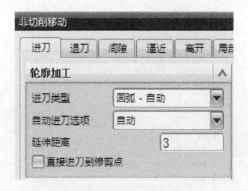

图 1-3-92　进刀设置

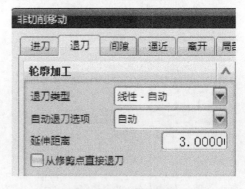

图 1-3-93　退刀设置

11）设置出发点为（100，50，0），如图 1-3-94 所示；设置回零点为（100，50，0），如图 1-3-95 所示。点击【确定】，完成操作。

图 1-3-94　出发点设置

图 1-3-95　回零点设置

12）点击【进给和速度】，弹出对话框，设置主轴速度为 1500，设置进给率为 0.2，如图 1-3-96 所示。点击【确定】完成进给和速度设置。点击【生成刀轨】，得到零件的加工刀轨，如图 1-3-97 所示。

图 1-3-96　进给和速度

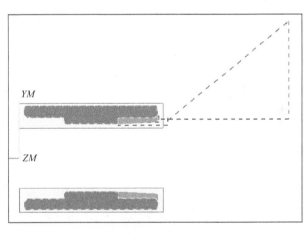

图 1-3-97　加工刀轨

13）点击菜单条【插入】，点击【操作】，弹出创建操作对话框，类型为 turning，操作子类型为 FINISH＿BORE＿ID，程序为 PROGRAM，刀具为 ID＿FINISH＿TOOL，几何体为 TURNING＿WORKPIECE＿L，方法为 LATHE＿FINISH，名称为 FINISH＿BORE＿ID＿L，如图 1-3-98 所示。点击【确定】，弹出操作设置对话框，如图 1-3-99 所示。

14）点击【刀轨设置】，层角度为 180，方向为向前，清理为全部，如图 1-3-100 所示。

15）点击【切削参数】，点击【策略】，设置最后切削边缘为 5，如图 1-3-101 所示。

16）点击【非切削移动】，弹出对话框，进刀设置如图 1-3-102 所示；退刀设置如图 1-3-103 所示。点击【确定】，完成操作。

图 1-3-98　创建操作

图 1-3-99　精镗 ID 操作设置

图 1-3-100　刀轨设置

图 1-3-101　策略设置

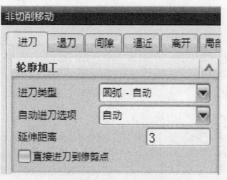

图 1-3-102　进刀设置

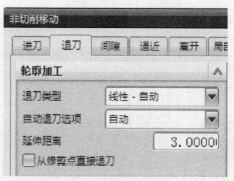

图 1-3-103　退刀设置

17）设置出发点为（100，50，0），如图 1-3-104 所示；设置回零点为（100，50，0），如图 1-3-105 所示；点击【确定】，完成操作。

图 1-3-104　出发点设置　　　　　　　图 1-3-105　回零点设置

18）点击【进给和速度】，弹出对话框，设置主轴速度为 1800，设置进给率为 0.1，如图 1-3-106 所示。点击【确定】完成进给和速度设置。点击【生成刀轨】，得到零件的加工刀轨，如图 1-3-107 所示。

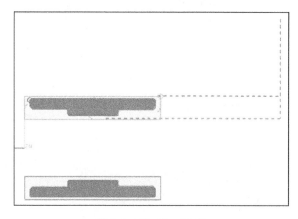

图 1-3-106　进给和速度　　　　　　　图 1-3-107　加工刀轨

（3）仿真加工与后处理

1）在操作导航器中选择 PROGRAM，点击鼠标右键，选择【刀轨】，选择【确认】，如图 1-3-108 所示；弹出刀轨可视化对话框，选择 3D 动态，如图 1-3-109 所示。点击【确定】，开始仿真加工。

2）后处理得到加工程序。在刀轨操作导航器中选中加工右端的加工操作，点击【工具】、【操作导航器】、【输出】、【NX Post 后处理】，如图 1-3-110 所示，弹出后处理对话框。

3）后处理器选择 LATH_2_AXIS_TOOL_TIP，指定合适的文件路径和文件名，单位设置为公制，勾选列出输出，如图 1-3-111 所示，点击【确定】完成后处理，得到加工零件右端的 NC 程序，如图 1-3-112 所示。使用同样的方法后处理得到加工零件左端的 NC 程序。

图 1-3-108　刀轨确认

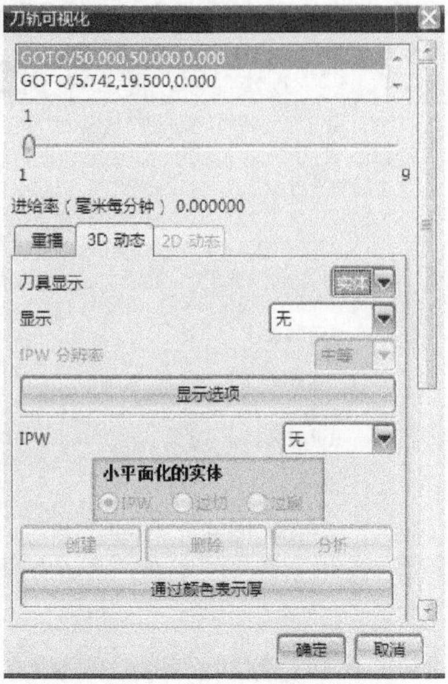

图 1-3-109　刀轨可视化

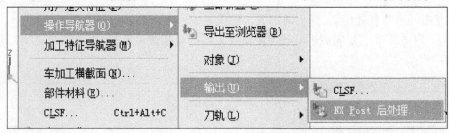

图 1-3-110　后处理命令

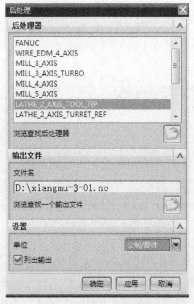

图 1-3-111　后处理

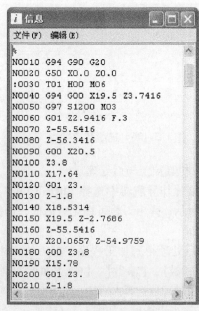

图 1-3-112　加工程序

3. 零件加工

（1）加工准备 按照设备管理要求，对加工设备进行检查，确保设备正常。对照工艺卡，配齐所有刀具和相关量具，并对刀具进行检查，确保刀具完好，对所用量具进行校验。根据工艺要求将刀具安装到对应的刀位，调整刀具伸出长度，在满足加工要求的前提下，尽量伸出长度短；调整刀尖高度，确保刀尖与机床轴线等高；安装切槽刀时，要保证切槽刀的主切削刃与机床主轴平行。由于本零件加工使用棒料毛坯，所以在装夹零件时要注意伸出长度，伸出距离过大会造成浪费，加工时造成第一刀切削时切削量过大；伸出距离太小，加工长度不够，加工时造成第一刀切削未切到零件。零件掉头装夹时，采用弹性套装夹，要保证弹性套与卡爪的定位准确，确保加工的一致性，每次装夹要彻底清洁弹性套，确保零件表面不被夹坏。刀具和零件安装完成后，对所有刀具进行对刀操作，并设置刀具补偿数据，零件编程原点为端面中心。对刀时要注意对刀精度，所有精加工刀要留 0.3mm 的余量，以供第一次加工后进行测量调整，防止首件加工报废。

（2）程序传输 在关机状态使用 RS232 通信线连接机床系统与电脑，打开电脑和数控机床系统，进行相应的通信参数设置，要求数控系统内的通信参数与电脑通信软件内的参数一致。

（3）零件加工及注意事项 对刀和程序传输完成后，将机床模式切换到自动方式，按循环启动键，即可开始自动加工，在加工过程中，由于是首件第一次加工，所以要密切注意加工状态，有问题要及时停止。在运行切断程序前，暂停加工，对零件进行检测，由于对刀时精加工刀在补偿数据中留了 0.3mm 的余量，所以第一次加工完毕，零件还有余量，进行检测，根据检测结果，调整精车刀的补偿数据，然后重新运行精加工程序，确保零件尺寸合格。在零件切断时要注意保护零件，防止零件掉下来时破坏已加工面。

（4）零件检测 零件检测是零件整个生产过程的重要环节，是保证零件质量，优化加工工艺的主要依据。零件检测主要步骤：制作检测用的 LAYOUT 图如图 1-3-113 所示；也就是对所有

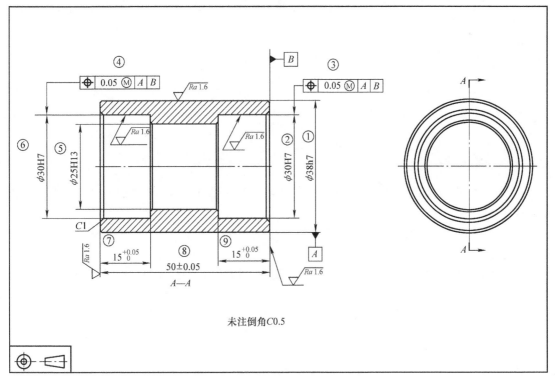

图 1-3-113 LAYOUT 图

需要检测的项目进行编号，制作检测用空白检测报告如图1-3-114所示；报告包括检测项目、标准、所用量具、检测频率；对零件进行检测并填写报告。

检测报告 (Inspection Report)											
零件名：轴承套 零件号：278316-0			零件材料： 表面处理：					送检数量： 送检日期：			
			测量 (Measurement)								
DIM No	图样尺寸			测量尺寸 (Measuring size)						测量工具	备注 (Remark)
	公称尺寸	上极限偏差	下极限偏差	1#	2#	3#	4#	5#	6#	(Measurement Tool)	
1	ϕ38h7	0	−0.025							外径千分尺	
2	ϕ30H7	0.021	0							内径量表	
3	位置度0.05	/	/							CMM	
4	位置度0.05	/	/							CMM	
5	ϕ25H13	0.33	0							内径量表	
6	ϕ30H7	0.021	0							游标卡尺	
7	15.00	0.05	0							深度尺	
8	50.00	0.05	−0.05							外径千分尺	
9	15.00	0.05	0							深度尺	
外观 碰伤 毛刺										目测	
是/否 合格											
测量员：			批准人：					页数：(1/1)			

图1-3-114 检测报告

（5）编制及完善相关工艺文件 根据加工中的实际情况和检测结果，对零件加工工艺和加工程序进行优化，最大限度的缩短加工时间，提高效率。主要是删除空运行的程序段，并调整切削参数。

1.3.4 专家点拨

1）加工内孔时可以采用内径量表检测孔径，提高检测精度，最终检测内孔时可以采用光滑塞规检测，提高检测效率。

2）在加工过程中，所有未标注倒角的锐边，都应该倒0.3mm～0.5mm倒角，以防止锐边割手。

3）此轴承套零件为管类零件，壁厚不大，装夹时要注意控制夹紧力，不宜过大，否则会造成装夹变形。

4）加工结束后，严禁用手去拉铁屑或铝屑，应使用专用钩子或钳子。

1.3.5 课后训练

完成图1-3-115所示零件的加工工艺编制并制作工艺卡，完成零件的加工程序编制并仿真。

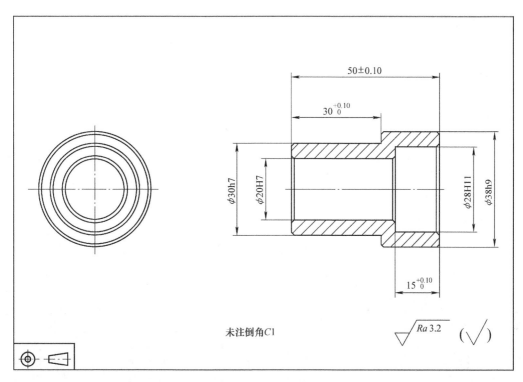

图 1-3-115 套管

项目 1.4 单向轴套的加工与调试

1.4.1 教学目标

【能力目标】能编制单向轴套的加工工艺
　　　　　　能使用 NX 6.0 软件编制单向轴套的加工程序
　　　　　　能使用数控车床加工单向轴套
　　　　　　能检测加工完成的单向轴套
【知识目标】掌握单向轴套的加工工艺
　　　　　　掌握单向轴套的程序编制方法
　　　　　　掌握单向轴套的加工方法
　　　　　　掌握单向轴套的检测方法
【素质目标】激发学生的学习兴趣，培养团队合作和创新精神

1.4.2 项目导读

　　单向轴套是机械结构中常见的一类零件，这类零件的特点是结构比较简单，零件整体外形为一轴套，零件的加工精度要求比较高。零件上一般会有台阶孔、端面、沟槽、螺纹等特征，特征与特征之间的几何精度要求高，粗糙度要求也比较高。在编程与加工过程中要特别注意外圆和内孔的直径尺寸精度，内外圆和螺纹之间的几何精度，加工表面的粗糙度。

1.4.3　项目任务

学生以企业制造工程师的身份投入工作，分析单向轴套的零件图样，明确加工内容和加工要求，对加工内容进行合理的工序划分，确定加工路线，选用加工设备，选用刀具和夹具，制定加工工艺卡；运用 NX 软件编制单向轴套的加工程序并进行仿真加工，使用数控车床加工单向轴套，对加工成品进行检测，并根据检测结果对整个加工工艺和加工程序提出修改建议。

1. 制定加工工艺

（1）图样分析　单向轴套零件图样如图 1-4-1 所示，该单向轴套结构比较简单，主要由台阶孔、端面、沟槽、螺纹、外圆、倒角特征组成。

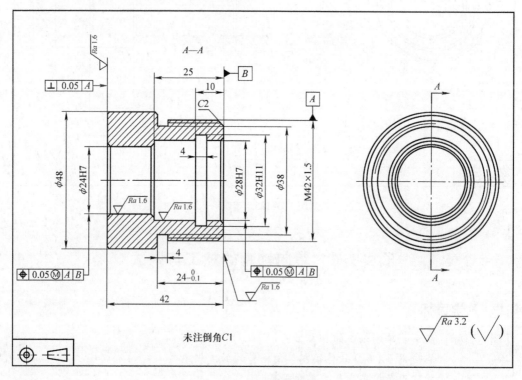

图 1-4-1　单向轴套零件图

零件材料为 45 钢，加工性能比较好。单向轴套主要加工内容见表1-4-1。

表 1-4-1　加工内容

内　　容	要　　求	备　注
$\phi48$ 外圆	外圆直径为 $\phi48\pm0.25$mm	
$\phi24$H7 内孔	内孔径为 $\phi24^{+0.021}_{0}$mm	
$\phi28$H7 内孔	内孔径为 $\phi28^{+0.021}_{0}$mm；孔深度为 25 ± 0.25mm	
M42×1.5 外螺纹	螺纹规格 M42×1.5；螺纹长度 20mm	
$\phi32$H11×4 内沟槽	槽底直径为 $\phi32^{+0.16}_{0}$mm；槽宽为 4 ± 0.25mm	
$\phi38\times4$ 外沟槽	槽底直径为 $\phi38\pm0.25$mm 槽宽为 4 ± 0.25mm	
倒角	螺纹口倒角 C2，其他倒角 C1	
零件总长	零件总长为 42 ± 0.25mm	

（续）

内　容	要　求	备　注
粗糙度	$\phi24H7$ 内孔、$\phi28H7$ 内孔粗糙度为 $Ra1.6\mu m$；左端面、右端面粗糙度为 $Ra1.6\mu m$；其余为 $Ra3.2\mu m$	
几何精度	$\phi24H7$ 内孔、$\phi28H7$ 内孔相对基准 A 和 B 的位置度为 0.05；左端面相对基准 A 的垂直度为 0.05	
去锐边	所有锐边倒角 $C0.3$	

此单向轴套的主要加工难点为 $\phi24H7$ 内孔、$\phi28H7$ 内孔的直径尺寸以及粗糙度，$\phi24H7$ 内孔、$\phi28H7$ 内孔相对基准 A 和 B 的位置度，$M42\times1.5$ 的螺纹。

（2）制定工艺路线　此零件先加工左端，后加工右端，加工右端时保证一次装夹下完成螺纹和内孔的加工，以保证 $\phi24H7$ 内孔、$\phi28H7$ 内孔相对基准 A 和 B 的位置度符合图样要求。

1）备料。直径 50mm 的 45 钢棒料，长 1000mm。

2）钻孔。自定心卡盘夹毛坯，钻 $\phi22mm$ 孔，孔深度为 52mm。

3）车零件左端。自定心卡盘夹毛坯棒料，伸出长度为 50mm，车零件端面；粗精车 $\phi48mm$ 外圆至图样要求，粗车 $\phi24H7$ 内孔，留 1mm 余量。

4）切断。切断零件，总长留 1mm 余量。

5）粗车零件右端。粗车右端面、$\phi28H7$ 内孔，留 0.3mm 精车余量；车螺纹外圆至 $\phi41.8mm$；车倒角到图样尺寸。

6）车螺纹退刀槽。车 $\phi38mm\times4mm$ 外沟槽至图样要求。

7）精车螺纹。车 $M42\times1.5$ 到图样要求。

8）精车内孔。精车 $\phi24H7$ 内孔、$\phi28H7$ 内孔及倒角至图样尺寸。

9）车内沟槽。车 $\phi32H11\times4mm$ 内沟槽至图样要求。

（3）选用加工设备　选用杭州友佳集团生产的 FTC - 10 斜床身数控车床作为加工设备，此机床为斜床身，转塔刀架，液压卡盘，刚性好，加工精度高，适合小型零件的大批量生产，机床主要技术参数和外观如表 1-4-2 所示。

表 1-4-2　机床主要技术参数和外观

主要技术参数		机床外观
最大车削直径/mm	240	
最大车削长度/mm	255	
X 轴行程/mm	120	
Z 轴行程/mm	290	
主轴最高转速/(r/min)	6000	
通孔/拉管直径/mm	56	
刀具位置数	8	
数控系统	FANUC：0i Mate - TC	

（4）选用毛坯　零件材料为 45 钢，此材料为优质碳素结构钢，切削性能较好。根据零件尺寸和机床性能，选用直径为 50mm，长度为 1000mm 的棒料作为毛坯。毛坯如图 1-4-2 所示。

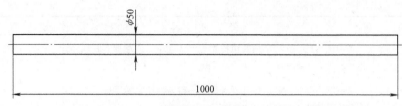

图 1-4-2　毛坯

（5）选用夹具　零件分两次装夹，加工左端时，以毛坯外圆作为基准，选用自定心卡盘装夹，零件伸出量为 55mm，装夹简图如图 1-4-3 所示。加工零件右端时，采用已经加工完毕的 ϕ48mm 外圆作为定位基准，为保护已加工面上的粗糙度不被破坏和零件轴向定位，加工时采用自定心卡盘和软爪的装夹形式，装夹示意图如图 1-4-4 所示。

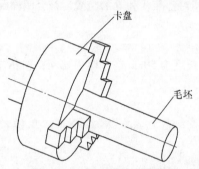

图 1-4-3　加工零件左端装夹

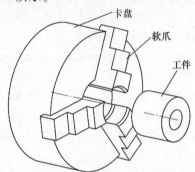

图 1-4-4　加工零件右端装夹

（6）选用刀具和切削用量　选用 SANDVIK 刀具系统，查阅 SANDVIK 刀具手册，选用刀具和切削用量如表 1-4-3 所示。

表 1-4-3　刀具和切削用量

工序	刀号	刀杆规格	刀片规格	加工内容	转速/ （r/min）	切深/ mm	进给量/ （mm/r）
加工零件左端	T01	DCLNL2020M09	CNMG090408 – PR	粗车外圆	1200	2	0.25
	T02		CCMT090404 – PF	精车外圆	1500	0.5	0.1
	T03	S20M – SCLCR06	CNMG060408 – PR	粗车内孔	1500	2	0.2
	T05	C6 – RF123G20 – 45065B	N123G2 – 0300 – 0001 – CF	切断	1200		0.1

（续）

工序	刀号	刀杆规格	刀片规格	加工内容	转速/ （r/min）	切深/ mm	进给量/ （mm/r）
加工零件右端	T01	DCLNL2020M09	CNMG090408 – PR	粗车外圆	1200	2	0.25
	T02		CCMT090404 – PF	精车外圆	1500	0.5	0.1
	T03	S20M – SCLCR06	CNMG060408 – PR	粗车内孔	1500	2	0.2
	T06	C3 – RF123E15 – 22055B	N123E2 – 0200 – 0002 – GF	切槽	1200		0.15
	T08	266RFG – 2525 – 22	266RG – 22MM02A250E	车外螺纹	800		1.5
	T04	S20M – SCLCR06	CCMT060404 – PF	精车内孔	1800	0.3	0.1
	T07	RAG123D04 – 16B	N123D2 – 0150 – CM	切内沟槽	1200		0.1

（7）制定工艺卡　以一次装夹作为一个工序，制定加工工艺卡如表1-4-4、表1-4-5、表1-4-6所示。

表 1-4-4　工序清单

零件号：476518		工艺版本号：0	工艺流程卡_工序清单		
工序号	工序内容	工位	页码：1		页数：3
001	备料	外协	零件号：476518		版本：0
002	粗车/精车左端	数车	零件名称：单向轴套		
003	粗车/精车右端	数车	材料：45钢		
004			材料尺寸：ϕ50mm棒料		
005			更改号	更改内容	批准	日期
006						
007						
008			01			
009						
010			02			
011						
012			03			
013						
拟制：	日期：	审核：	日期：	批准：	日期：

表 1-4-5　加工左端工艺卡

零件号：476518		工序名称：粗车/精车左端	工艺流程卡_工序单		
材料：45钢	页码：2	工序号：02		版本：0	
夹具：自定心卡盘	工位：数控车床	数控程序号：xiangmu4-01.NC			

刀具及参数设置					
刀具号	刀具规格	加工内容	主轴转速(r/min)	进给量(mm/r)	
T01	DCLNL2020M09, CNMG090408-PR	粗车外圆	1200	0.25	
T02	DCLNL2020M09, CCMT090404-PF	精车外圆	1500	0.1	
T03	S20M-SCLCR06, CNMG060408-PR	粗车内孔	1500	0.2	
T05	C6-RF123G20-45065B, N123G2-0300-0001-CF	切断	1200	0.1	

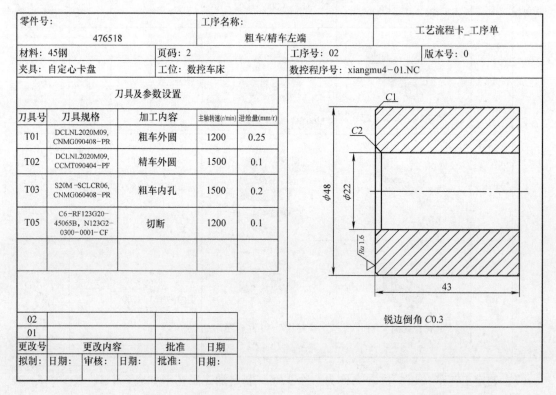

锐边倒角 C0.3

02			
01			
更改号	更改内容	批准	日期
拟制：	日期：	审核：	日期：	批准：	日期：

表 1-4-6 加工右端工艺卡

零件号: 476518		工序名称: 粗车/精车右端		工艺流程卡_工序单	
材料: 45钢	页码: 3		工序号: 03		版本号: 0
夹具: 自定心卡盘+软爪	工位: 数控车床		数控程序号: xiangmu4-04.NC		
刀具及参数设置					
刀具号	刀具规格	加工内容	主轴转速(r/min)	进给量(mm/r)	
T01	DCLNL2020M09, CNMG090408-PR	粗车外圆	1200	0.25	
T02	DCLNL2020M09, CCMT090404-PF	精车外圆	1500	0.1	
T03	S20M-SCLCR06, CNMG060408-PR	粗车内孔	1500	0.2	
T06	C3-RF123E15-22055B, N123E2-0200-0002-GF	切槽	1200	0.15	
T08	266RFG-2525-22, 266RG-22MM02A250E	车外螺纹	800	1.5	
T04	S20M-SCLCR06, CCMT060404-PF	精车内孔	1800	0.1	
T07	RAG123D04-16B, N123D2-0150-CM	切内沟槽	1200	0.1	

02				
01				
更改号	更改内容		批准	日期
拟制: 日期:	审核:	日期:	批准:	日期:

2. 编制加工程序

（1）编制加工零件左端的 NC 程序

1）点击【开始】、【所有应用模块】、【加工】，弹出加工环境设置对话框，CAM 会话配置选择 cam_general；要创建的 CAM 设置选择 turning，如图 1-4-5 所示，然后点击【确定】，进入加工模块。

2）在加工操作导航器空白处，点击鼠标右键，选择【几何视图】，如图 1-4-6 所示。

图 1-4-5 加工环境设置

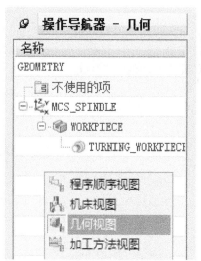

图 1-4-6 操作导航器

3）双击操作导航器中的【MCS _ SPINDLE】，弹出加工坐标系对话框，指定平面为 XM – YM，如图 1-4-7 所示，将 MCS _ SPINDLE 更名为 MCS _ SPINDLE _ L。

4）点击指定 MCS 中的 CSYS 会话框，弹出对话框，然后选择参考坐标系中的选定的 CSYS，选择 71 图层中的参考坐标系，点击【确定】，使加工坐标系和参考坐标系重合。如图 1-4-8 所示。再点击【确定】完成加工坐标系设置。

图 1-4-7　加工坐标系设置

图 1-4-8　加工原点设置

5）双击操作导航器中的 WORKPIECE，弹出 WORKPIECE 设置对话框，如图 1-4-9 所示。将 WORKPIECE 更名为 WORKPIECE _ L。

6）点击【指定部件】，弹出部件选择对话框，选择如图 1-4-10 所示为部件，点击【确定】，完成指定部件。

7）点击【指定毛坯】，弹出毛坯选择对话框，选择如图 1-4-11 所示圆柱为毛坯（该圆柱在建模中预先建好，在图层 3 中）。点击【确定】完成毛坯设置，点击【确定】完成 WORKPIECE 设置。

图 1-4-9　WORKPIECE 设置

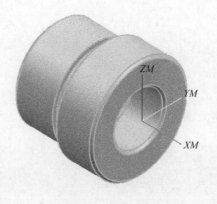

图 1-4-10　指定部件

图 1-4-11　毛坯设置

8）双击操作导航器中的 TURNING＿WORKPIECE，自动生成车加工截面和毛坯截面，如图 1-4-12 所示。将 TURNING＿WORKPIECE 更名为 TURNING＿WORKPIECE＿L。

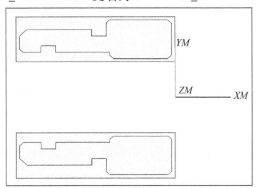

图 1-4-12　车加工截面和毛坯截面

9）点击【创建几何体】，类型选择 turning，几何体子类型选择 MCS＿SPINDLE，位置选择 GEOMETRY，名称为 MCS＿SPINDLE＿R，如图 1-4-13 所示。

10）指定平面为 XM－YM，如图 1-4-14 所示。

图 1-4-13　创建几何体　　　　　　　　　图 1-4-14　加工坐标系设置

11）点击指定 MCS 中的 CSYS 会话框，弹出对话框，然后选择参考坐标系中的选定的 CSYS，选择 72 图层中的参考坐标系，点击【确定】，使加工坐标系和参考坐标系重合。如图 1-4-15 所示。再点击【确定】完成加工坐标系设置。

12）更改 WORKPIECE 为 WORKPIECE_R，更改 TURNING_WORKPIECE 为 TURNING_WORKPIECE_R，结果如图 1-4-16 所示。

13）双击操作导航器中的 WORKPIECE_R，弹出 WORKPIECE 设置对话框，如图 1-4-17 所示。

14）点击【指定部件】，弹出部件选择对话框，选择图层 2 中的部件，如图 1-4-18 所示，点击【确定】，完成指定部件。

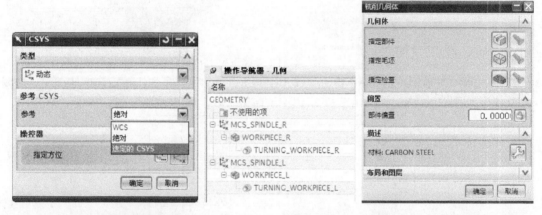

图 1-4-15　加工原点设置　　　图 1-4-16　设置几何体　　　图 1-4-17　WORKPIECE 设置

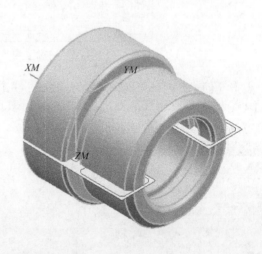

图 1-4-18　指定部件

15）点击【指定毛坯】，弹出毛坯选择对话框，选择如图 1-4-19 所示圆柱为毛坯（该圆柱在建模中预先建好，在图层 3 中）。点击【确定】完成毛坯设置，点击【确定】完成 WORKPIECE 设置。

图 1-4-19　毛坯设置

16）双击 TURNING_WORKPIECE_R，选择指定毛坯边界按钮，弹出选择毛坯对话框，如图 1-4-20 所示。选择从工作区按钮，选择参考位置为左端面中心，目标位置为右端面中心，点击【确定】，结果如图 1-4-21 所示。

图 1-4-20　选择毛坯

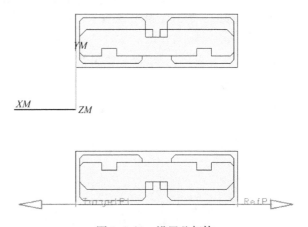

图 1-4-21　设置几何体

17）在加工操作导航器空白处，点击鼠标右键，选择【机床视图】，点击菜单条【插入】，点击【刀具】，弹出创建刀具对话框，如图 1-4-22 所示。类型选择为 turning，刀具子类型选择为 OD_80_L，刀具位置为 GENERIC_MACHINE，刀具名称为 OD_ROUGH_TOOL，点击【确定】，弹出刀具参数设置对话框。设置刀具参数如图 1-4-23 所示。刀尖半径为 0.8，方向角度为 5，刀具号为 1，点击【确定】，完成创建刀具。

18）用同样的方法创建刀具 2，类型选择为 turning，刀具子类型选择为 OD_80_L，刀具位置为 GENERIC_MACHINE，刀具名称为 OD_FINISH_TOOL，刀尖半径为 0.4，方向角度为 5，刀具号为 2。

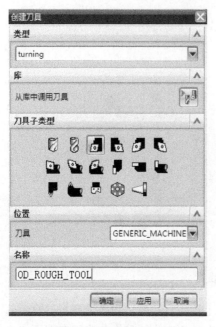

图 1-4-22　创建刀具

图 1-4-23　刀具参数设置

19）点击菜单条【插入】，点击【刀具】，弹出创建刀具对话框，如图 1-4-24 所示。类型选择为 turning，刀具子类型选择为 ID_80_L，刀具位置为 GENERIC_MACHINE，刀具名称为 ID_ROUGH_TOOL，点击【确定】，弹出刀具参数设置对话框。设置刀具参数如图 1-4-25 所示，刀尖半径为 0.8，方向角度为 275，刀片长度为 15，刀具号为 03，点击【确定】，完成创建刀具。

图 1-4-24　创建刀具

图 1-4-25　刀具参数设置

20）用同样的方法创建刀具 4，类型选择为 turning，刀具子类型选择为 ID_80_R，刀具位置为 GENERIC_MACHINE，刀具名称为 ID_FINISH_TOOL，刀尖半径为 0.4，方向角度为 275，刀片长度为 15，刀具号为 4，点击【确定】，完成创建刀具。

21）点击菜单条【插入】，点击【刀具】，弹出创建刀具对话框，如图 1-4-26 所示。类型选择为 turning，刀具子类型选择为 OD_GROOVE_L，刀具位置为 GENERIC_MACHINE，刀具名称为 OD_GROOVE_TOOL，点击【确定】，弹出刀具参数设置对话框。设置刀具参数如图 1-4-27 所示，方向角度为 90，刀片长度为 12，刀片宽度为 4，半径为 0.2，侧角为 2，尖角为 0，刀具号为 05，点击【确定】，完成创建刀具。

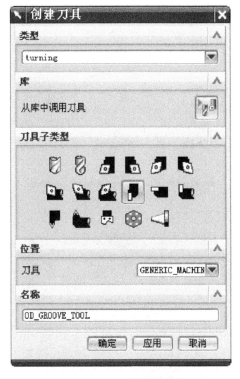

图 1-4-26　创建刀具

图 1-4-27　刀具参数设置

22）用同样的方法创建刀具 6，类型选择为 turning，刀具子类型选择为 OD_GROOVE_R，刀具位置为 GENERIC_MACHINE，刀具名称为 OD_GROOVE_TOOL_01，方向角度为 90，刀片长度为 12，刀片宽度为 2，半径为 0.2，侧角为 2，尖角为 0，刀具号为 06，点击【确定】，完成创建刀具。

23）点击菜单条【插入】，点击【刀具】，弹出创建刀具对话框，如图 1-4-28 所示。类型选择为 turning，刀具子类型选择为 ID_GROOVE_R，刀具位置为 GENERIC_MACHINE，刀具名称为 ID_GROOVE_TOOL，点击【确定】，弹出刀具参数设置对话框。设置刀具参数如图 1-4-29 所示。方向角度为 270，刀片长度为 12，刀片宽度为 4，半径为 0.2，侧角为 2，尖角为 0，刀具号为 07，点击【确定】，完成创建刀具。

24）点击菜单条【插入】，点击【刀具】，弹出创建刀具对话框，如图 1-4-30 所示。类型选择为 turning，刀具子类型选择为 OD_THREAD_R，刀具位置为 GENERIC_MACHINE，刀具名称为 OD_THREAD_TOOL，点击【确定】，弹出刀具参数设置对话框。设置刀具参数如图 1-4-31 所示，方向角度为 90，刀片长度为 20，刀片宽度为 10，左角为 30，右角为 30，尖角半径为0，刀具号为08，点击【确定】，完成创建刀具。

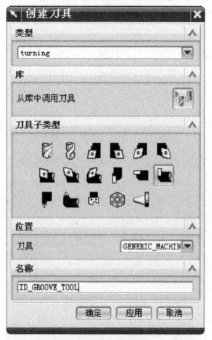

图 1-4-28　创建刀具

图 1-4-29　刀具参数

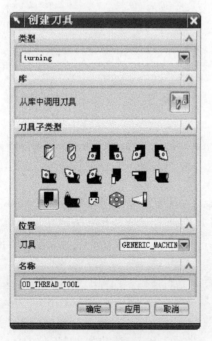

图 1-4-30　创建刀具

图 1-4-31　刀具参数

25）在加工操作导航器空白处，点击鼠标右键，选择【程序视图】，点击菜单条【插入】，点击【操作】，弹出创建操作对话框，类型为 turning，操作子类型为 ROUGH_TURNING_OD，程序为 PROGRAM，刀具为 OD_ROUGH_TOOL，几何体为 TURNING_WORKPIECE_L，方法为 METHOD，名称为 ROUGH_TURNING_OD_L，如图 1-4-32 所示。点击【确定】，弹出操作设置对话框，如图 1-4-33 所示。

图 1-4-32　创建操作

图 1-4-33　粗车 OD 操作设置

26）点击【刀轨设置】，方法为 METHOD，角度为 180，方向为向前，切削深度为变量平均值，最大值为 2，最小值为 1，变换模式为根据层，清理为全部，如图 1-4-34 所示。

图 1-4-34　刀轨设置

27）点击【切削参数】，点击【策略】，设置最后切削边缘为 5，如图 1-4-35 所示。设置面余量为 0.2，径向余量为 0.5，如图 1-4-36 所示。点击【确定】，完成切削参数设置。

图 1-4-35　策略设置　　　　　　　　图 1-4-36　余量设置

28）点击【非切削移动】，弹出对话框，进刀设置如图 1-4-37 所示；设置退刀方式如图 1-4-38 所示。点击【确定】，完成操作。

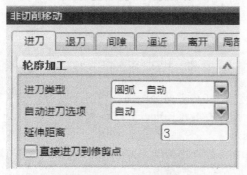

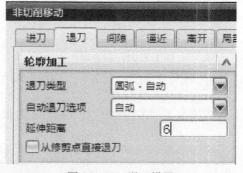

图 1-4-37　进刀设置　　　　　　　　图 1-4-38　退刀设置

29）设置出发点为（100，50，0），如图 1-4-39 所示；设置回零点为（100，50，0），如图 1-4-40 所示。点击【确定】，完成操作。

图 1-4-39　出发点设置　　　　　　　图 1-4-40　回零点设置

30）点击【进给和速度】，弹出对话框，设置主轴速度为 1200，设置进给率为 0.25，如图 1-4-41 所示。点击【确定】完成进给和速度设置。点击【生成刀轨】，得到零件的加工刀轨，如图 1-4-42 所示。

31）点击菜单条【插入】，点击【操作】，弹出创建操作对话框，类型为 turning，操作子类型为 FINISH _ TURNING _ OD，程序为 PROGRAM，刀具为 OD _ FINISH _ TOOL，几何体为 TURNING _ WORKPIECE _ L，方法为 LATHE _ FINISH，名称为 FINISH _ TURNING _ OD _ L，如图 1-4-43 所示。点击【确定】，弹出操作设置对话框，如图 1-4-44 所示。

图 1-4-41 进给和速度

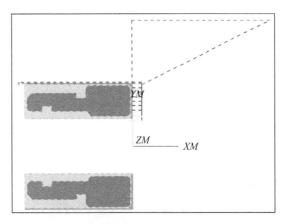

图 1-4-42 加工刀轨

图 1-4-43 创建操作

图 1-4-44 精车 OD 操作设置

32）点击【切削参数】，点击【策略】，设置最后切削边缘为 5，如图 1-4-45 所示。

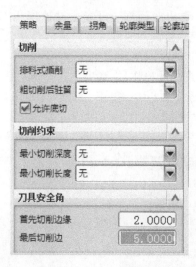

图 1-4-45　策略

33）点击【非切削移动】，弹出对话框，进刀设置如图 1-4-46 所示；退刀设置如图 1-4-47 所示。点击【确定】，完成操作。

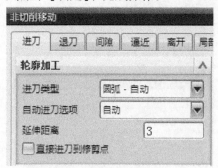

图 1-4-46　进刀设置

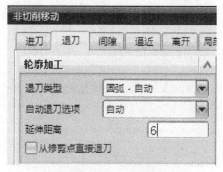

图 1-4-47　退刀设置

34）设置出发点为（100，50，0），如图 1-4-48 所示；设置回零点为（100，50，0），如图 1-4-49 所示。点击【确定】，完成操作。

图 1-4-48　出发点设置

图 1-4-49　回零点设置

35）点击【进给和速度】，弹出对话框，设置主轴速度为 1500，设置进给率为 0.1，如图 1-4-50 所示。点击【确定】完成进给和速度设置。点击【生成刀轨】，得到零件的加工刀轨，如图 1-4-51 所示。

图 1-4-50　进给和速度

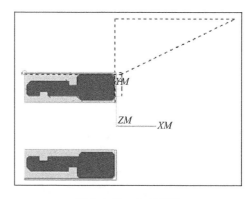

图 1-4-51　加工刀轨

36）点击菜单条【插入】，点击【操作】，弹出创建操作对话框，操作类型为 turning，子类型为 ROUGH_BORE_ID，程序为 PROGRAM，刀具为 ID_ROUGH_TOOL，几何体为 TURNING_WORKPIECE_L，方法为 LATHE_ROUGH，名称为 ROUGH_BORE_ID_L，如图 1-4-52 所示，点击【确定】，弹出操作设置对话框，如图 1-4-53 所示。

图 1-4-52　创建操作

图 1-4-53　粗镗 ID 操作设置

37）点击指定【切削区域】，弹出对话框，点击径向修剪平面 1，指定如图 1-4-54 所示点。点击【确定】，完成操作。

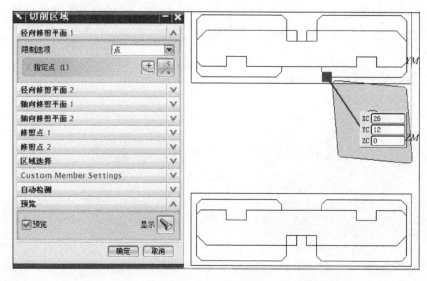

图 1-4-54　切削区域

38）点击【刀轨设置】，层角度为 180，方向为前进，切削深度为变量平均值，最大值为 2，最小值为 1，变换模式为根据层，清理为全部，如图 1-4-55 所示。

39）点击【切削参数】，点击【策略】，设置最后切削边缘为 5，如图 1-4-56 所示。设置面余量为 0.5，设置径向余量为 1，如图 1-4-57 所示。点击【确定】，完成切削参数设置。

40）点击【非切削移动】，弹出对话框，进刀设置如图 1-4-58 所示；退刀设置如图 1-4-59 所示。点击【确定】，完成操作。

图 1-4-55　刀轨设置

图 1-4-56　策略设置

图 1-4-57　余量设置

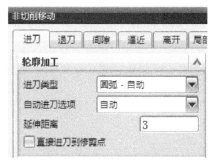

图 1-4-58　进刀设置

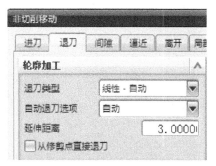

图 1-4-59　退刀设置

41）设置出发点为（100，50，0），如图 1-4-60 所示，设置回零点为（100，50，0），如图 1-4-61 所示，点击【确定】，完成操作。

图 1-4-60　出发点设置

图 1-4-61　回零点设置

42）点击【进给和速度】，弹出对话框，设置主轴速度为 1500，设置进给率为 0.2，如图 1-4-62 所示。点击【确定】完成进给和速度设置。点击【生成刀轨】，得到零件的加工刀轨，如图 1-4-63 所示。

图 1-4-62　进给和速度

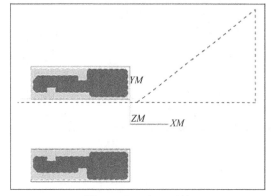

图 1-4-63　加工刀轨

43）点击菜单条【插入】，点击【操作】，弹出创建操作对话框，类型为 turning，操作子类型为 TEACH_MODE，程序为 PROGRAM，刀具为 OD_GROOVE_TOOL，几何体为 TURNING_WORKPIECE_L，方法为 METHOD，名称为 CUT_OFF，如图 1-4-64 所示，点击【确定】，弹出操作设置对话框，如图 1-4-65 所示。

图 1-4-64　创建操作

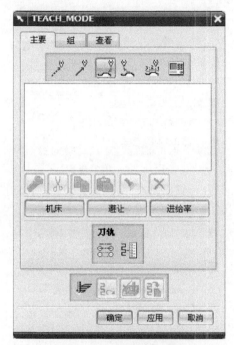

图 1-4-65　切断操作设置

44）点击【快速运动】，弹出快速运动对话框，如图 1-4-66 所示。设置点为（-5，30，0），点击【线性进给运动】，弹出线性进给运动对话框，如图 1-4-67 所示。设置点为（-5，0，0），击线性快速，设置点为（-5，30，0），结果如图 1-4-68 所示。

图 1-4-66　快速运动

图 1-4-67　线性进给运动

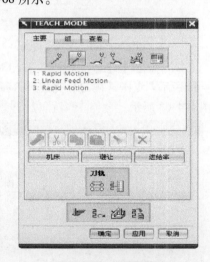

图 1-4-68　切槽设置

45）点击【进给和速度】，弹出对话框，设置主轴速度为 1200，设置进给率为 0.1，如图 1-4-69 所示。点击【确定】完成进给和速度设置。点击【生成刀轨】，得到零件的加工刀轨，如图 1-4-70 所示。

图 1-4-69　进给和速度

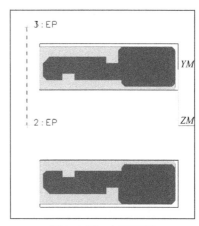

图 1-4-70　加工刀轨

（2）编制加工零件右端的 NC 程序

1）点击菜单条【插入】，点击【操作】，弹出创建操作对话框，类型为 turning，操作子类型为 ROUGH ＿ TURNING ＿ OD，程序为 PROGRAM，刀具为 OD ＿ ROUGH ＿ TOOL，几何体为 TURN-ING ＿ WORKPIECE ＿ R，方法为 METHOD，名称为 ROUGH ＿ TURNING ＿ OD ＿ R，如图 1-4-71 所示。点击【确定】，弹出操作设置对话框，如图 1-4-72 所示。

图 1-4-71　创建操作

图 1-4-72　粗车 OD 操作设置

2）点击【刀轨设置】，方法为 METHOD，水平角度为 180，方向为向前，切削深度为变量平均值，最大值为 2，最小值为 1，变换模式为根据层，清理为全部，如图 1-4-73 所示。

3）点击【切削参数】，点击【策略】，设置最后切削边缘为 5，如图 1-4-74 所示；设置余量为 0.5，如图 1-4-75 所示；点击【确定】，完成切削参数设置。

4）点击【非切削移动】，弹出对话框，进刀设置如图 1-4-76 所示；设置退刀方式如

图 1-4-77 所示；点击【确定】，完成操作。

图 1-4-73　刀轨设置

图 1-4-74　策略设置

图 1-4-75　余量设置

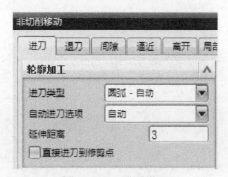

图 1-4-76　进刀设置

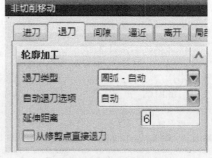

图 1-4-77　退刀设置

5）设置出发点为（100，50，0），如图 1-4-78 所示；设置回零点为（100，50，0），如图 1-4-79 所示；点击【确定】，完成操作。

图 1-4-78　出发点设置

图 1-4-79　回零点设置

6）点击【进给和速度】，弹出对话框，设置主轴速度为1200，设置进给率为0.25，如图1-4-80所示。点击【确定】完成进给和速度设置。点击【生成刀轨】，得到零件的加工刀轨，如图1-4-81所示。

图 1-4-80　进给和速度

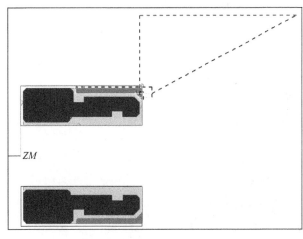

图 1-4-81　加工刀轨

7）点击菜单条【插入】，点击【操作】，弹出创建操作对话框，类型为 turning，操作子类型为 FINISH_TURNING_OD，程序为 PROGRAM，刀具为 OD_FINISH_TOOL，几何体为 TURNING_WORKPIECE_R，方法为 LATHE_FINISH，名称为 FINISH_TURNING_OD_R，如图1-4-82所示。点击【确定】，弹出操作设置对话框，如图1-4-83所示。

8）点击【刀轨设置】，设置层角度为180，方向为前进，如图1-4-84所示。

9）点击【切削参数】，点击【策略】，设置最后切削边为5，如图1-4-85所示。

图 1-4-82　创建操作

图 1-4-83　精车 OD 操作设置

图 1-4-84　刀轨设置

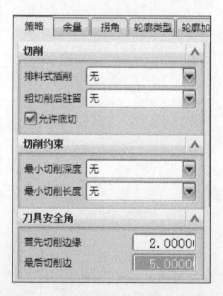

图 1-4-85　策略设置

10）点击【非切削移动】，弹出对话框，进刀设置如图 1-4-86 所示；退刀设置如图 1-4-87 所示；点击【确定】，完成操作。

图 1-4-86　进刀设置

图 1-4-87　退刀设置

11) 设置出发点为（100，50，0），如图 1-4-88 所示；设置回零点为（100，50，0），如图 1-4-89 所示；点击【确定】，完成操作。

图 1-4-88　出发点设置

图 1-4-89　回零点设置

12) 点击【进给和速度】，弹出对话框，设置主轴速度为 1500，设置进给率为 0.1，如图 1-4-90 所示。点击【确定】完成进给和速度设置。点击生成刀轨，得到零件的加工刀轨，如图 1-4-91 所示。

图 1-4-90　进给和速度

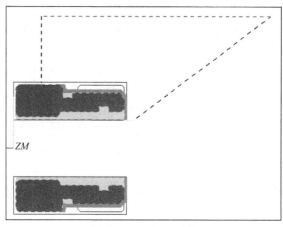

图 1-4-91　加工刀轨

13）点击菜单条【插入】，点击【操作】，弹出创建操作对话框，类型为 turning，操作子类型为 ROUGH_BORE_ID，程序为 PROGRAM，刀具为 ID_ROUGH_TOOL，几何体为 TURNING_WORKPIECE_R，方法为 LATHE_ROUGH，名称为 ROUGH_BORE_ID_R，如图 1-4-92 所示。点击【确定】，弹出操作设置对话框，如图 1-4-93 所示。

图 1-4-92　创建操作

图 1-4-93　粗镗 ID 操作设置

14）点击【刀轨设置】，层角度为 180，方向为前进，切削深度为变量平均值，最大值为 2，最小值为 1，变换模式为根据层，清理为全部，如图 1-4-94 所示。

15）点击【切削参数】，点击【策略】，设置最后切削边缘为 5，如图 1-4-95 所示。设置面余量为 0.5 设置径向余量为 0.7，如图 1-4-96 所示。点击【确定】，完成切削参数设置。

16）点击【非切削移动】，弹出对话框，进刀设置如图 1-4-97 所示；设置退刀方式如图 1-4-98 所示；点击【确定】，完成操作。

17）设置出发点为（100，50，0），如图 1-4-99 所示；设置回零点为（100，50，0），如图 1-4-100 所示；点击【确定】，完成操作。

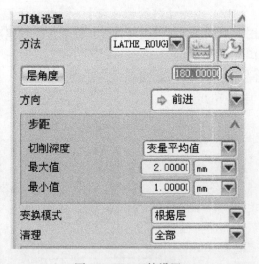

图 1-4-94　刀轨设置

图 1-4-95　策略设置

图 1-4-96　余量设置

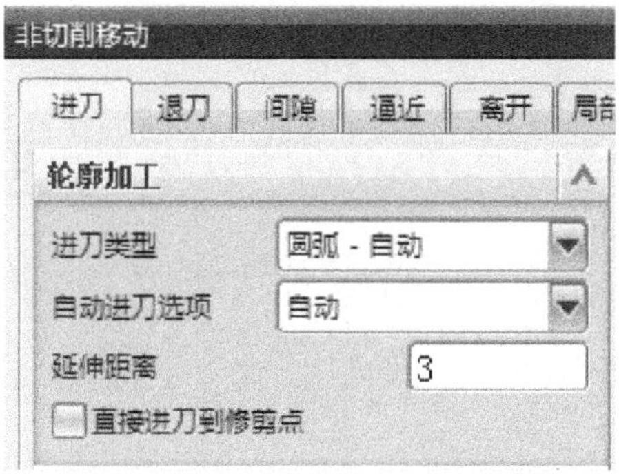

图 1-4-97　进刀设置

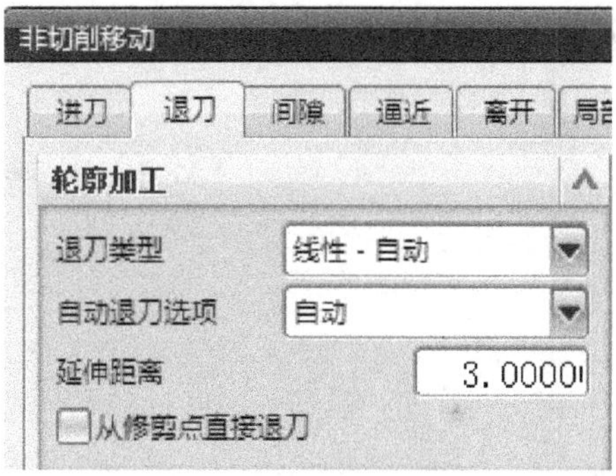

图 1-4-98　退刀设置

图 1-4-99　出发点设置

图 1-4-100　回零点设置

18）点击【进给和速度】，弹出对话框，设置主轴速度为 1500，设置进给率为 0.2，如

图1-4-101所示。点击【确定】完成进给和速度设置。点击【生成刀轨】，得到零件的加工刀轨，如图1-4-102所示。

图1-4-101　进给和速度

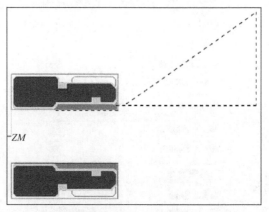

图1-4-102　加工刀轨

19）点击菜单条【插入】，点击【操作】，弹出创建操作对话框，类型为 turning，操作子类型为 GROOVE_OD，程序为 PROGRAM，刀具为 OD_GROOVE_TOOL_01，几何体为 TURNING_WORKPIECE_R，方法为 LATHE_FINISH，名称为 GROOVE_OD_R，如图1-4-103所示。点击【确定】，弹出操作设置对话框，如图1-4-104所示。

图1-4-103　创建操作

图1-4-104　切槽操作设置

20）点击指定【切削区域】，弹出对话框，分别指定轴向修剪平面1和轴向修剪平面2，指定如图1-4-105所示点，点击【确定】，完成操作。

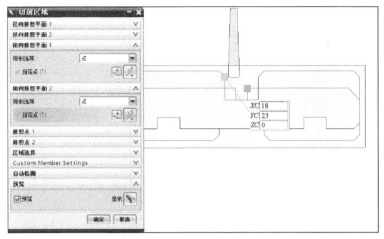

图 1-4-105　切削区域

21）点击【刀轨设置】，设置步进角度为 180，方向为前进，如图 1-4-106 所示。

图 1-4-106　刀轨设置

22）点击【非切削移动】，弹出对话框，进刀设置如图 1-4-107 所示，退刀设置如图1-4-108 所示，点击【确定】，完成操作。

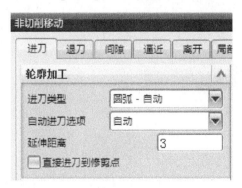

图 1-4-107　进刀设置

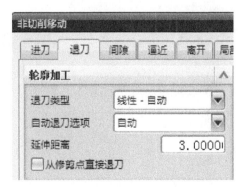

图 1-4-108　退刀设置

23）设置出发点为（100，50，0），如图 1-4-109 所示；设置回零点为（100，50，0），如图 1-4-110 所示；点击【确定】，完成操作。

图1-4-109　出发点设置

图1-4-110　回零点设置

24）点击【进给和速度】，弹出对话框，设置主轴速度为1200，设置进给率为0.15，如图1-4-111所示。点击【确定】完成进给和速度设置。点击【生成刀轨】，得到零件的加工刀轨，如图1-4-112所示。

图1-4-111　进给和速度

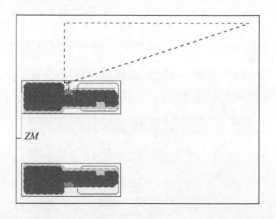

图1-4-112　加工刀轨

25）点击菜单条【插入】，点击【操作】，弹出创建操作对话框，类型为turning，操作子类型为THREAD_OD，程序为PROGRAM，刀具为OD_THREAD_TOOL，几何体为TURNING_WORKPIECE_R，方法为LATHE_FINISH，名称为OD_THREAD_R，如图1-4-113所示。点击【确定】，弹出操作设置对话框，如图1-4-114所示。

图 1-4-113 创建操作

图 1-4-114 螺纹 OD 操作设置

26）在螺纹参数设置中，分别设定螺纹顶线和终止线，深度选项为深度和角度，设置深度为 0.9，螺旋角为 180，起始偏置为 5，终止偏置为 2，如图 1-4-115 所示。

27）点击【刀轨设置】，切削深度为恒定，深度为 0.2，切削深度公差为 0.01，螺纹线数为 1，如图 1-4-116 所示。

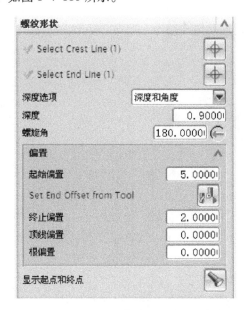

图 1-4-115 螺纹参数设置

图 1-4-116 刀轨设置

28）设置出发点为（100，50，0），如图 1-4-117 所示；设置回零点为（100，50，0），如图 1-4-118 所示；点击【确定】，完成操作。

图 1-4-117 出发点设置

图 1-4-118 回零点设置

29）点击【进给和速度】，弹出对话框，设置主轴速度为 800，设置进给率为 1.5，如图 1-4-119所示。单击【确定】完成进给和速度设置。点击【生成刀轨】，得到零件的加工刀轨，如图 1-4-120 所示。

图 1-4-119 进给和速度

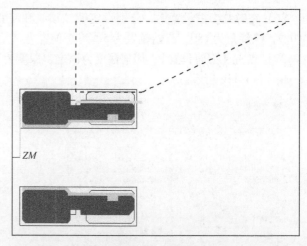

图 1-4-120 加工刀轨

30）点击菜单条【插入】，点击【操作】，弹出创建操作对话框，类型为 turning，操作子类型为 FINISH_BORE_ID，程序为 PROGRAM，刀具为 ID_FINISH_TOOL，几何体为 TURNING_WORKPIECE_R，方法为 LATHE_FINISH，名称为 FINISH_BORE_ID_R，如图 1-4-121 所示。点击【确定】，弹出操作设置对话框，如图 1-4-122 所示。

31）点击【刀轨设置】，层角度为 180，方向为向前，清理为全部，如图 1-4-123 所示。

32）点击【切削参数】，点击【策略】，设置最后切削边缘为 5，如图 1-4-124 所示。

图 1-4-121　创建操作

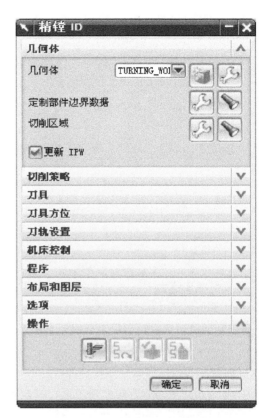

图 1-4-122　精镗 ID 操作设置

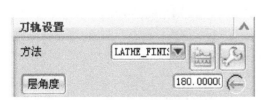

图 1-4-123　刀轨设置

图 1-4-124　策略设置

33）点击非切削移动，弹出对话框，进刀设置如图 1-4-125 所示；退刀设置如图1-4-126所示；点击【确定】，完成操作。

34）设置出发点为（100，50，0），如图 1-4-127 所示；设置回零点为（100，50，0），如图 1-4-128 所示；点击【确定】，完成操作。

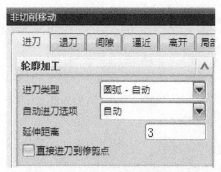

图 1-4-125　进刀设置

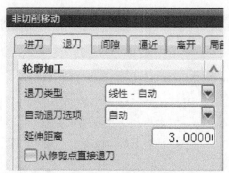

图 1-4-126　退刀设置

图 1-4-127　出发点设置

图 1-4-128　回零点设置

35）点击【进给和速度】，弹出对话框，设置主轴速度为 1800，设置进给率为 0.1，如图 1-4-129 所示。点击【确定】完成进给和速度设置。点击【生成刀轨】，得到零件的加工刀轨，如图 1-4-130 所示。

图 1-4-129　进给和速度

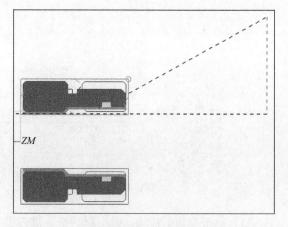

图 1-4-130　加工刀轨

36）点击菜单条【插入】，点击【操作】，弹出创建操作对话框，类型为 turning，操作子型为 GROOVE_ID，程序为 PROGRAM，刀具为 GROOVE_ID_TOOL_01，几何体为 TURNING_WORKPIECE_R，方法为 LATHE_FINISH，名称为 GROOVE_ID_R，如图 1-4-131 所示。点击

【确定】，弹出操作设置对话框，如图 1-4-132 所示。

图 1-4-131　创建操作

图 1-4-132　切槽 ID 操作设置

37）点击指定【切削区域】，弹出对话框，分别指定轴向修剪平面 1 和轴向修剪平面 2，指定如图 1-4-133 所示点。点击【确定】，完成操作。

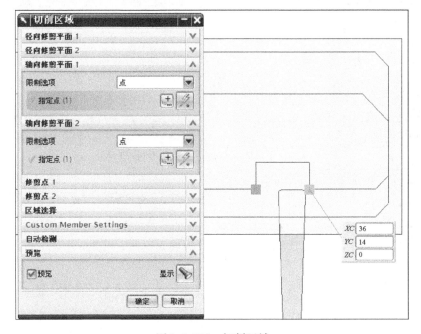

图 1-4-133　切削区域

38）点击【刀轨设置】，设置步进角度为180，方向为前进，如图1-4-134所示。

39）点击【非切削移动】，弹出对话框，进刀设置如图1-4-135所示；退刀设置如图1-4-136所示；点击【确定】，完成操作。

40）设置出发点为（100，50，0），如图1-4-137所示；设置回零点为（100，10，0），如图1-4-138所示；点击【确定】，完成操作。

图1-4-134　刀轨设置

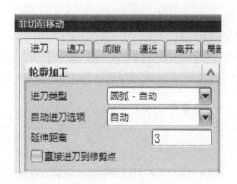

图1-4-135　进刀设置

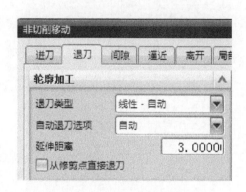

图1-4-136　退刀设置

图1-4-137　出发点设置

图1-4-138　回零点设置

41）点击【进给和速度】，弹出对话框，设置主轴速度为1200，设置进给率为0.1，如图1-4-139所示。点击【确定】完成进给和速度设置。点击【生成刀轨】，得到零件的加工刀轨，如图1-4-140所示。

图 1-4-139 进给和速度

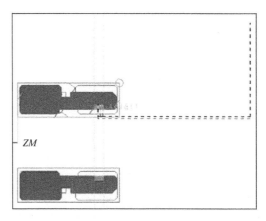

图 1-4-140 加工刀轨

（3）仿真加工与后处理

1）在操作导航器中选择 PROGRAM，点击鼠标右键，选择刀轨，选择确认，如图 1-4-141 所示。弹出刀轨可视化对话框，选择 3D 动态，如图 1-4-142 所示。点击【确定】，开始仿真加工。

图 1-4-141 刀轨确认

图 1-4-142 刀轨可视化

2）后处理得到加工程序。在刀轨操作导航器中选中加工左端的加工操作，点击【工具】、【操作导航器】、【输出】、【NX Post 后处理】，如图 1-4-143 所示，弹出后处理对话框。

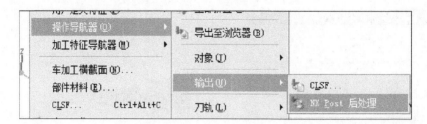

图 1-4-143　后处理命令

3）后处理器选择 LATHE _ 2 _ AXIS _ TOOL _ TIP，指定合适的文件路径和文件名，单位设置为公制，勾选列出输出，如图 1-4-144 所示，点击【确定】，完成后处理，得到加工左端的 NC 程序，如图 1-4-145 所示。使用同样的方法后处理得到加工右端的 NC 程序。

3. 零件加工

（1）加工准备　按照设备管理要求，对加工设备进行检查，确保设备正常。对照工艺卡，配齐所有刀具和相关量具，并对刀具进行检查确保刀具完好，对所用量具进行校验。根据工艺要求将刀具安装到对应的刀位，调整刀具伸出长度，在满足加工要求的前提下，尽量伸出长度短；调整刀尖高度，确保刀尖与机床轴线等高；安装切槽刀时，要保证切槽刀的主切削刃与机床主轴平行；安装螺纹刀时，要保证角度对称。由于本零件加工使用棒料毛坯，所以在装夹零件是要注意伸出长度，伸出距离过大会造成浪费，加工时造成第一刀的切削量过大；伸出距离太小，加工长度不够，加工时造成第一刀切削未切到零件。刀具和零件安装完成后，对所有刀具进行对刀操作，并设置刀具补偿数据，零件编程原点为端面中心。对刀时要注意对刀精度，所有精加工刀要留 0.3mm 的余量，以供第一次加工后进行测量调整，防止首件加工报废。

图 1-4-144　后处理　　　　　　　　　　　　　　　　图 1-4-145　加工程序

（2）程序传输　在关机状态使用 RS232 通信线连接机床系统与电脑，打开电脑和数控机床系统，进行相应的通信参数设置，要求数控系统内的通信参数与电脑通信软件内的参数一致。

（3）零件加工及注意事项　对刀和程序传输完成后，将机床模式切换到自动方式，按循环启动键，即可开始自动加工，在加工过程中，由于是首件第一次加工，所以要密切注意加工状态，有问题要及时停止。在运行切断程序前，暂停加工，对零件进行检测，由于对刀时精加工刀在补偿数据中留了 0.3mm 的余量，所以第一次加工完毕，零件还有余量，进行检测，根据检测结果，调整精车刀的补偿数据，然后重新运行精加工程序，确保零件尺寸合格。在零件切断时要注意保护零件，防止零件掉下来时破坏已加工面。

（4）零件检测　零件检测是零件整个生产过程的重要环节，是保证零件质量，优化加工工艺的主要依据。零件检测主要步骤：制作检测用的 LAYOUT 图如图 1-4-146 所示，也就是对所有需要检测的项目进行编号的图纸；制作检测用空白检测报告如图 1-4-147 所示，报告包括检测项目、标准、所用量具、检测频率；对零件进行检测并填写报告。

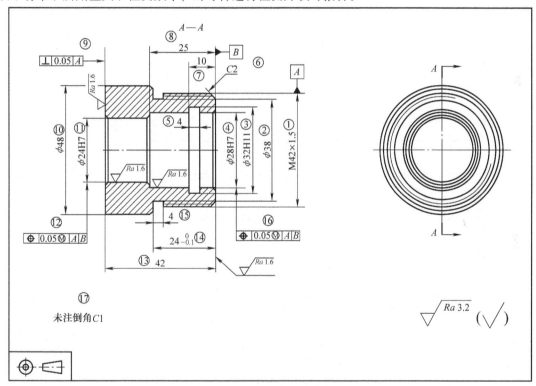

图 1-4-146　LAYOUT 图

（5）编制及完善相关工艺文件　根据加工中的实际情况和检测结果，对零件加工工艺和加工程序进行优化，最大限度的缩短加工时间，提高效率。主要是删除空运行的程序段，并调整切削参数。

1.4.4　专家点拨

1）加工外螺纹时，首先需要车削外圆，外圆直径要小于螺纹大径 0.1mm ~ 0.3mm，具体数值要根据螺纹大小得到；螺纹底径一般为：大径 -（1.2 ~ 1.3）×螺距。

2）在选择螺纹刀时，要选择和需要加工的螺纹规格一致的螺纹刀片，也就是说螺纹刀片也是有螺距要求，要和被加工螺纹的螺距一致。

检测报告 (Inspection Report)									
零件名：单向轴套			零件材料：				送检数量：		
零件号：476518-0			表面处理：				送检日期：		
测量 (Measurement)									
DIM No	图样尺寸			测量尺寸 (Measuring size)						测量工具 (Measurement Tool)	备注 (Remark)
	公称尺寸	上极限偏差	下极限偏差	1#	2#	3#	4#	5#	6#		
1	M42×1.5	/	/							螺纹规	
2	φ38	0.25	-0.25							游标卡尺	
3	φ32H11	0.16	0							游标卡尺	
4	φ28H7	0.021	0							内径量表	
5	4.00	0.25	-0.25							游标卡尺	
6	C2	0.25	-0.25							游标卡尺	
7	10.0	0.25	-0.25							游标卡尺	
8	25.00	0.25	-0.25							游标卡尺	
9	垂直度0.05	/	/							CMM	
10	φ48	0.25	-0.25							游标卡尺	
11	φ24H7	0.021	0							内径量表	
12	位置度0.05	/	/							CMM	
13	42.00	0.25	-0.25							游标卡尺	
14	24.00	0	-0.1							游标卡尺	
15	4.00	0.25	-0.25							游标卡尺	
16	位置度0.05	/	/							CMM	
17	C1	0.25	-0.25							深度尺	
外观　碰伤　毛刺										目测	
是/否　合格											

图 1-4-147　检测报告

3）图样上有同轴度要求的加工内容，应该尽可能在一次装夹的情况下加工完成，二次装夹会产生装夹误差。

4）零件上既需要切槽，又需要切断时，应该分别选用切槽刀和切断刀来加工，而不要用切断刀去切槽。

1.4.5　课后训练

完成图 1-4-148 所示零件的加工工艺编制并制作工艺卡，完成零件的加工程序编制并仿真。

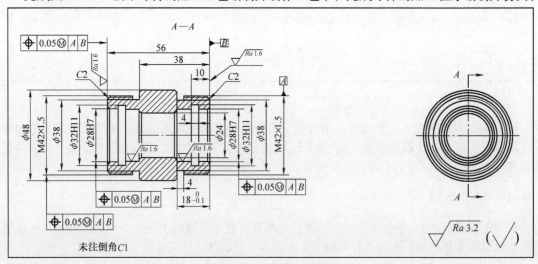

图 1-4-148　双向轴套

模块 2　铣削零件加工与调试

 学前见闻　从追飞机的孩子到大国工匠——沈飞数控加工厂王刚

项目 2.1　侧导向块的加工与调试

2.1.1　教学目标

【能力目标】能编制侧导向块的加工工艺

　　　　　能使用 NX 6.0 软件编制侧导向块的加工程序

　　　　　能使用立式铣削加工中心加工侧导向块

　　　　　能检测加工完成的侧导向块

【知识目标】掌握侧导向块的加工工艺

　　　　　掌握侧导向块的程序编制方法

　　　　　掌握侧导向块的加工方法

　　　　　掌握侧导向块的检测方法

【素质目标】激发学生的学习兴趣，培养团队合作和创新精神

2.1.2　项目导读

侧导向块是注塑机中的一个零件，此零件的特点是结构比较简单，零件整体外形为一块状，零件的加工精度要求一般。零件上由孔、倒角、台阶等特征组成，其中孔的直径和位置度要求比较高。在编程与加工过程中要特别注意孔的直径和位置度的控制。

2.1.3　项目任务

学生以企业制造工程师的身份投入工作，分析侧导向块的零件图样，明确加工内容和加工要求，对加工内容进行合理的工序划分，确定加工路线，选用加工设备，选用刀具和夹具，制定加工工艺卡；运用 NX 软件编制侧导向块的加工程序并进行仿真加工，使用立式铣削加工中心加工侧导向块，对加工成品进行检测，并根据检测结果对整个加工工艺和加工程序提出修改建议。

1. 制定加工工艺

（1）图样分析　侧导向块零件图样如图 2-1-1 所示，该侧导向块结构比较简单，主要由孔、倒角、台阶特征组成。

零件材料为 45 钢，加工性能比较好。侧导向块主要加工内容如表 2-1-1。

此侧导向块的主要加工难点为两个 ϕ10H7 内孔、三个 ϕ11H11 内孔相对基准 A、B、C 的位置度。

（2）制定工艺路线　此零件分两次装夹，毛坯留有一定的夹持量，正面一次加工完成，保证位置度，然后反身装夹，把夹持部分铣掉，保证总高，再加工反面台阶。由于选用了较好的刀具系统，所以在钻孔前不必先钻中心孔。

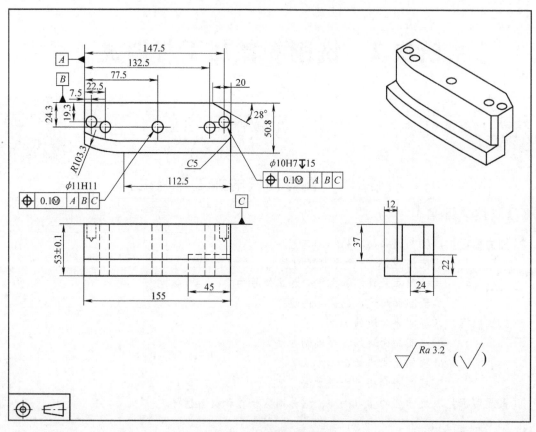

图 2-1-1 侧导向块零件图

表 2-1-1 加工内容

内 容	要 求	备 注
外形	零件整体外形，尺寸偏差为 ±0.25mm	
凸台	零件凸台，凸起高度为 37±0.25mm	
斜角	斜角长度为 20mm，斜角为 28°	
倒角	倒角尺寸 C5	
台阶	零件反面台阶，45mm×24mm，深度为 22mm	
3×φ11H11 孔	孔直径为 $\phi 11^{+0.11}_{0}$ mm，孔深度为贯通	
2×φ10H7 孔	孔直径为 $\phi 10^{+0.015}_{0}$ mm，孔有效深度为 15mm	
零件总高	零件总高为 53±0.1mm	
粗糙度	所有加工面粗糙度为 Ra3.2μm	
位置度	φ10H7 内孔、φ11H11 内孔相对基准 A、B、C 的位置度为 0.1	

1）备料。45 钢，160mm×55mm×60mm。

2）铣上表面。平口钳装夹零件，铣上表面，见白为准。

3）粗铣外形。粗铣零件外形和凸台，留 0.3mm 精加工余量。

4）钻孔。钻三个 φ11mm 通孔，钻两个 φ9.8mm 孔，孔深度 20mm。

5）精铣外形。精铣零件外形和凸台，保证零件尺寸和粗糙度。

6）铰孔。铰削两个 φ10H7 内孔，有效深度为 15mm。

7）铣反面。零件反身装夹，铣反面，保证零件总高，铣反面台阶至图样尺寸。

（3）选用加工设备　选用杭州友佳集团生产的 HV – 40A 立式铣削加工中心作为加工设备，此机床为水平床身，机械手换刀，刚性好，加工精度高，适合小型零件的大批量生产，机床主要技术参数和外观如表 2-1-2 所示。

表 2-1-2　机床主要技术参数和外观

主要技术参数		机床外观
X 轴行程/mm	1000	
Y 轴行程/mm	520	
Z 轴行程/mm	505	
主轴最高转速/（r/min）	10000	
刀具交换形式	机械手	
刀具数量	24	
数控系统	FANUC：MateC	

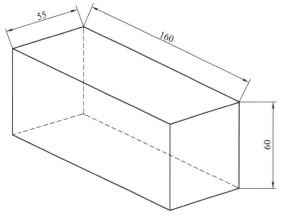

（4）选用毛坯　零件材料为 45 钢，此材料为优质碳素结构钢，切削性能较好。根据零件尺寸和机床性能，并考虑零件装夹要求，选用 160mm × 55mm × 60mm 的块料作为毛坯。毛坯如图 2-1-2 所示。

（5）选用夹具　零件分两次装夹，加工顶面时，以毛坯作为基准，选用平口钳装夹，零件左侧面与平口钳左侧对齐，零件高度方向伸出量为 55mm，装夹简图如图 2-1-3 所示。加工零件底面时，采用已经加工完毕的外形作为定位基准，

图 2-1-2　毛坯

使用平口钳装夹，为保证零件定位精度，在平口钳侧面添加一个定位块，零件装夹时向左靠紧定位块，保证每次装夹位置绝对一致，装夹示意图如图 2-1-4 所示。

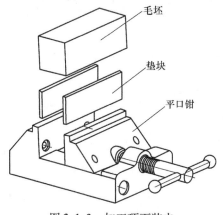

图 2-1-3　加工顶面装夹

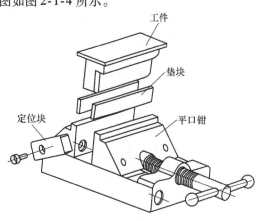

图 2-1-4　加工底面装夹

（6）选用刀具和切削用量　选用 SANDVIK 刀具系统，查阅 SANDVIK 刀具手册，选用刀具和切削用量如表 2-1-3 所示。

表 2-1-3　刀具和切削用量

工序	刀号	刀具规格	加工内容	转速/ （r/min）	切深/ mm	进给速度/ mm/min
加工 顶面	T01	R290-100Q32-12L　R290.90-12T320M-PM	铣面	3200	2.5	1000
	T02	R390-020C5-11M095　R390-11T308E-PL	粗铣外形	4500	3	1200
	T03	R840-0980-30-A0A	钻 $\phi9.8$ 孔	2400	4	500
	T04	R840-1110-30-A0A	钻 $\phi11$ 孔	2200	3	420
	T05	R215.3G-16030-AC32H	精铣外形	5200		2000
	T06	830B-E06D1000H7S12	铰 $\phi10H7$ 孔	600		120
加工 底面	T01	R290-100Q32-12L　R290.90-12T320M-PM	铣反面	3200	2.5	1000
	T02	R390-020C5-11M095　R390-11T308E-PL	铣反面 台阶	4500	3	1200

（7）制定工艺卡　以一次装夹作为一个工序，制定加工工艺卡如表 2-1-4、表 2-1-5、

表2-1-6所示。

表2-1-4 工序清单

零件号: 671843		工艺版本号: 0		工艺流程卡_工序清单			
工序号	工序内容		工位	页码: 1		页数: 3	
001	备料		外协	零件号: 671843		版本: 0	
002	加工顶面		加工中心	零件名称: 侧导向块			
003	加工底面		加工中心	材料: 45钢			
004				材料尺寸: 160mm×55mm×60mm			
005				更改号	更改内容	批准	日期
006							
007							
008				01			
009							
010				02			
011							
012				03			
013							
拟制:	日期:	审核:	日期:	批准:	日期:		

表2-1-5 加工顶面工艺卡

零件号: 671843-0		工序名称: 加工顶面		工艺流程卡_ 工序单	
材料: 45钢		页码: 2	工序号: 02	版本号: 0	
夹具: 平口钳		工位: 加工中心	数控程序号: 671843-01.NC		

刀具及参数设置					所有尺寸参阅零件图，锐边加0.3倒角
刀具号	刀具规格	加工内容	主轴转速 (r/min)	进给速度 (mm/min)	
T01	R290-100Q32-12L，R290.90 -12T320M-PM	铣上表面	3200	1000	
T02	R390-020C5-11M095， R390-11T308E-PL	粗铣外形	4500	1200	
T03	R840-0980-30-A0A	钻2-φ9.8孔	2400	500	
T04	R840-1110-30-A0A	钻3- φ11孔	2200	420	
T05	R215.3G-16030-AC32H	精铣外形	5200	2000	
T06	830B-E06D1000H7S12	铰削2-φ10H7孔	600	120	

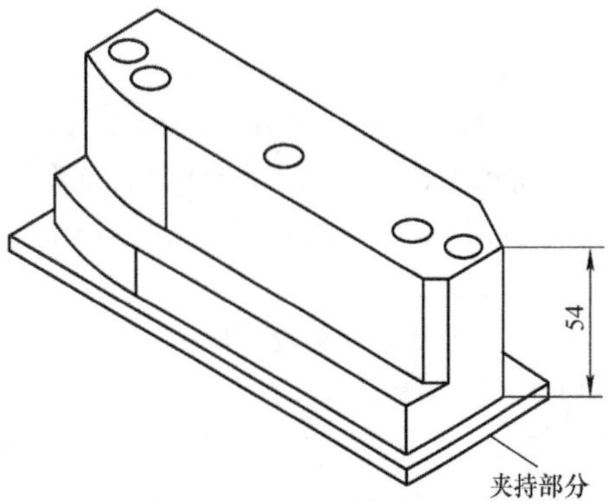

（图中标注：54，夹持部分）

02			
01			
更改号	更改内容	批准	日期
拟制:	日期:	审核:	日期:	批准:	日期:

表2-1-6　加工底面工艺卡

零件号：671843-0		工序名称：加工底面		工艺流程卡_工序单	
材料：45钢	页码：3		工序号：03		版本号：0
夹具：平口钳	工位：加工中心		数控程序号：671843-02.NC		
刀具及参数设置					
刀具号	刀具规格	加工内容	主轴转速(r/min)	进给速度(mm/min)	
T01	R290-100Q32-12L, R290.90-12T320M-PM	铣上表面	3200	1000	
T02	R390-020C5-11M095, R390-11T308E-PL	粗铣外形	4500	1200	

所有尺寸参阅零件图，锐边加0.3倒角

02			
01			
更改号	更改内容	批准	日期
拟制：	日期：　审核：　日期：	批准：	日期：

2. 编制加工程序

（1）编制加工零件顶面的 NC 程序

1）点击【开始】、【所有应用模块】、【加工】，弹出加工环境设置对话框，CAM 会话配置选择 cam_general；要创建的 CAM 设置选择 mill_planar，如图2-1-5所示，然后点击【确定】，进入加工模块。

2）在加工操作导航器空白处，点击鼠标右键，选择【几何视图】，更改 WORKPIECE 和 MCS_MILL 的父子关系，复制 MCS_MILL，然后粘贴，将 MCS_MILL 更名为 MCS_MILL_1，将 MCS_MILL_COPY 更名为 MCS_MILL_2，如图2-1-6所示。

3）双击操作导航器中的 WORKPIECE，弹出 WORKPIECE 设置对话框，如图2-1-7所示。

4）点击【指定部件】，弹出部件选择对话框，选择如图2-1-8所示为部件，点击【确定】，完成指定部件。

5）点击【指定毛坯】，弹出毛坯选择对话框，选择几何体，选择毛坯（在建模中已经建好，在图层2中），如图2-1-9所示。点击【确定】完成毛坯设置，点击【确定】完成 WORKPIECE 设置。

6）双击操作导航器中的【MCS_MILL_1】，弹出加工坐标系对话框，设置安全距离为50，如图2-1-10所示。

图2-1-5　加工环境设置

图 2-1-6 几何视图选择

图 2-1-7 WORKPIECE 设置

图 2-1-8 指定部件

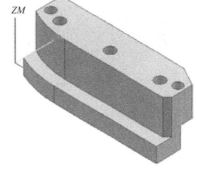

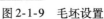

图 2-1-9 毛坯设置

图 2-1-10 加工坐标系设置

7）点击毛坯上表面，点击【确定】，如图 2-1-11 所示。点击【确定】，同样的方法设置 MCS＿MILL＿2，选择表面为毛坯的下表面，完成加工坐标系设置。

8）创建刀具 1。在加工操作导航器空白处，点击鼠标右键，选择【机床视图】，点击菜单条【插入】，点击【刀具】，弹出创建刀具对话框，如图 2-1-12 所示。类型选择为 mill＿planar，刀具子类型选择为 MILL，刀具位置为 GENERIC＿MACHINE，刀具名称为 T1D50，点击【确定】，弹出刀具参数设置对话框。

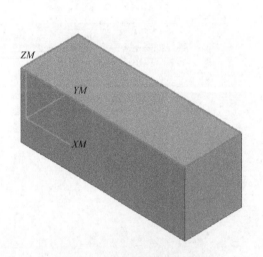

图 2-1-11　加工坐标系设置

图 2-1-12　创建刀具

9）设置刀具参数如图 2-1-13 所示，直径为 50，底圆角半径为 0，刀刃为 2，长度为 75，刀刃长度为 50，刀具号为 1，长度补偿为 1，刀具补偿为 1，点击【确定】，完成创建刀具。

10）用同样的方法创建刀具 2，类型选择为 mill＿planar，刀具子类型选择为 MILL，刀具位置为 GENERIC＿MACHINE，刀具名称为 T2D20，直径为 20，底圆角半径为 0，刀刃为 2，长度为 75，刀刃长度为 50，刀具号为 2，长度补偿为 2，刀具补偿为 2。

11）创建刀具 3，点击菜单条【插入】，点击【刀具】，弹出创建刀具对话框，如图2-1-14所示。类型选择为 drill，刀具子类型选择为 DRILLING＿TOOL，刀具位置为 GENERIC＿MACHINE，刀具名称为 T3D9.8，点击【确定】，弹出刀具参数设置对话框。

12）设置刀具参数如图 2-1-15 所示，直径为 9.8，长度为 50，刀刃为 2，刀具号为 3，长度补偿为 3，点击【确定】，完成创建刀具。

13）同样的方法创建刀具 4，刀具名称为 T4D11，直径为 11，刀具号为 4，长度补偿为 4。

14）用创建 2 号刀具的方法创建刀具 5，刀具名称为 T5D16，直径为 16，刀具号为 5，长度补偿为 5，刀具补偿为 5。

15）创建刀具 6，点击菜单条【插入】，点击【刀具】，弹出创建刀具对话框，如图2-1-16所示。类型选择为 drill，刀具子类型选择为 REAMER，刀具位置为 GENERIC＿MACHINE，刀具名称为 T6D10，点击【确定】，弹出刀具参数设置对话框。

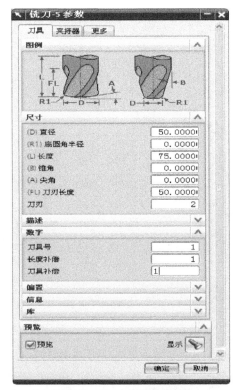

图 2-1-13　刀具参数设置

图 2-1-14　创建刀具

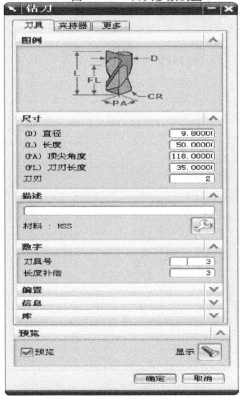

图 2-1-15　刀具参数设置

图 2-1-16　创建刀具

16）设置刀具参数如图2-1-17所示，直径为10，刀刃长度为75，刀刃为6，刀具号为6，长度补偿为6，点击【确定】，完成创建刀具。

17）在加工操作导航器空白处，点击鼠标右键，选择【程序视图】，点击菜单条【插入】，点击【操作】，弹出创建操作对话框，类型为 mill _ planar，操作子类型为 FACE _ MILLING，程序为 PROGRAM，刀具为 T1D50，几何体为 MCS _ MILL _ 1，方法为 MILL _ - ROUGH，名称为 FACE _ MILLING - ROUGH，如图2-1-18所示，点击【确定】，弹出操作设置对话框，如图2-1-19所示。

18）点击【指定面边界】，弹出指定面几何体对话框，如图2-1-20所示，选择曲线边界模式，平面设置为手工，弹出平面对话框，如图2-1-21所示，选择对象平面方式，选取如图2-1-22所示的平面，系统回到指定面几何体对话框，选择底部面的4条边，如图2-1-23所示，点击【确定】，完成指定面边界。

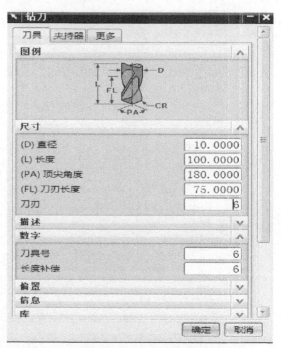

图2-1-17　刀具参数设置

图2-1-18　创建操作

图2-1-19　平面铣操作设置

图 2-1-20　面几何体

图 2-1-21　平面定义

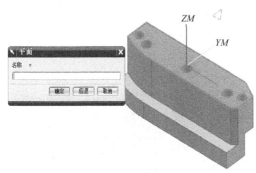

图 2-1-22　选择平面

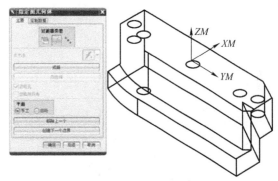

图 2-1-23　选择曲线

19）设置刀轴为 +ZM 轴，如图 2-1-24 所示。切削模式为往复，步距为刀具直径的 75%，毛坯距离为 5，每刀深度为 2.5，最终底部余量为 0，如图 2-1-25 所示。

图 2-1-24　设置刀轴

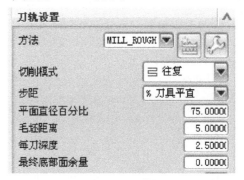

图 2-1-25　刀轨设置

20）点击【进给和速度】，弹出对话框，设置主轴速度为 3200，设置进给率为 1000，如图 2-1-26 所示。点击【确定】完成进给和速度设置。

21）点击【生成刀轨】，如图 2-1-27 所示，得到零件的加工刀轨，如图 2-1-28 所示。点击【确定】，得到零件上表面铣削加工刀轨。

22）点击菜单条【插入】，点击【操作】，弹出创建操作对话框，类型为 mill_contour，操作子类型为 CAVITY_MILL，程序为 PROGRAM，刀具为 T2D20，几何体为 MCS_MILL_1，方法为 MILL_ROUGH，名称为 MILL_ROUGH，如图 2-1-29 所示，点击【确定】，弹出操作设置对话框，如图 2-1-30 所示。

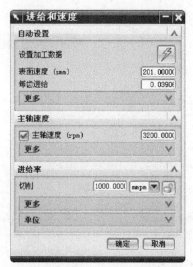

图 2-1-26　进给和速度

图 2-1-27　生成刀轨

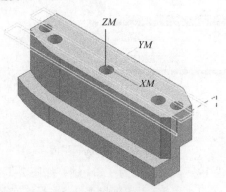

图 2-1-28　加工刀轨

图 2-1-29　创建操作

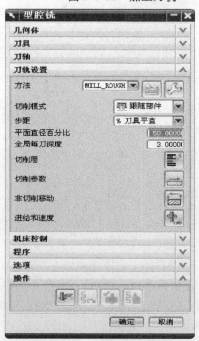

图 2-1-30　轮廓铣操作设置

23）全局每刀深度设置为3，如图2-1-31所示，设置部件余量为0.3，如图2-1-32所示。

24）点击【切削层】，设置切削层如图2-1-33所示。

25）点击【进给和速度】，弹出对话框，设置主轴速度为4500，设置进给率为1200，如图2-1-34所示。点击【确定】完成进给和速度设置。

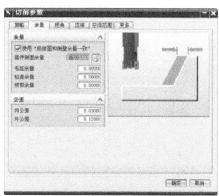

图 2-1-31 全局每刀深度设置　　　　　　　　图 2-1-32 部件余量设置

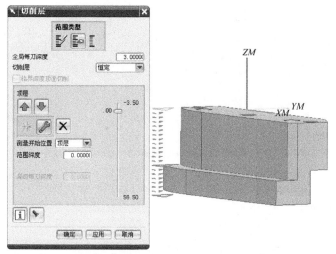

图 2-1-33 设置切削层

图 2-1-34 进给和速度

26）点击【生成刀轨】，如图2-1-35所示，得到零件的加工刀轨，如图2-1-36所示。点击【确定】，完成零件侧面粗加工刀轨设置。

图 2-1-35 生成刀轨

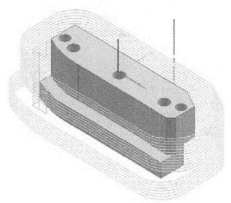

图 2-1-36 加工刀轨

27）点击菜单条【插入】，点击【操作】，弹出创建操作对话框，类型为 drill，操作子类型为 DRILLING，程序为 PROGRAM，刀具为 T3D9.8，几何体为 MCS_MILL_1，方法为 DRILL_METH-OD，名称为 DRILL_1，如图 2-1-37 所示，系统弹出钻孔操作设置对话框，如图 2-1-38 所示。

图 2-1-37 创建操作　　　　　　　　　　图 2-1-38 钻操作设置

28）点击【指定孔】，点击【确定】，选择如图 2-1-39 所示孔。点击【确定】完成操作。

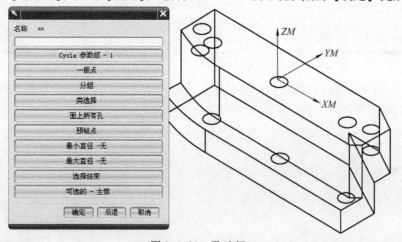

图 2-1-39 孔选择

29）选择循环类型为啄钻，如图 2-1-40 所示。弹出对话框，输入距离为 4，点击【确定】。弹出对话框，输入 1，点击【确定】。弹出对话框，设置钻孔深度为刀肩深度，输入 20。

30）点击【进给和速度】，设置主轴速度为 2400，切削率为 500，点击【确定】，完成操作。

点击【生成刀轨】，得到零件的加工刀轨，如图 2-1-41 所示。点击【确定】，完成钻孔刀轨。

图 2-1-40　循环类型

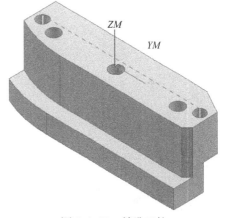

图 2-1-41　钻孔刀轨

31）复制 DRILL_1，然后粘贴 DRILL_1，将 DRILL_1_COPY 更名为 DRILL_2，双击 DRILL_2，将刀具更改为 T4D11，重新选择直径为 11 的孔，如图 2-1-42 所示。设置啄钻距离为 3，设置钻孔深度为模型深度，将主轴速度更改为 2200，进给率更改为 420，点击【确定】，完成操作。

图 2-1-42　选择孔

32）复制 MILL_ROUGH，然后粘贴 MILL_ROUGH，将 MILL_ROUGH_COPY 更名为 MILL_FINISH，双击 MILL_FINISH，将刀具更改为 T5D16，切削模式更改为配置文件，部件余量更改为 0，主轴速度更改为 5200，进给率更改为 2000，点击【确定】，生成加工刀轨如图 2-1-43 所示。

33）复制 DRILL_1，然后粘贴 DRILL_1，将 DRILL_1_COPY 更名为 DRILL_3，双击 DRILL_3，将刀具更改为 T6D10，将主轴速度更改为 600，进给率更改为 120，点击【确定】，完成铰孔刀轨创建，生成刀轨如图 2-1-44 所示。

（2）编制加工零件底面的 NC 程序

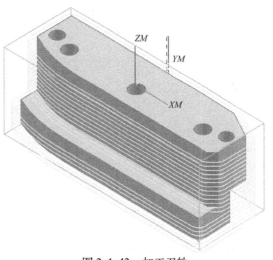

图 2-1-43　加工刀轨

1）复制 FACE_MILLING，然后粘贴 FACE_MILLING，将 FACE_MILLING 更名为 FACE_MILLING_1，双击 FACE_MILLING_1，更改几何体为 MCS_MILL_2，更改面边界如图 2-1-45 所示，生成加工刀轨如图 2-1-46 所示。

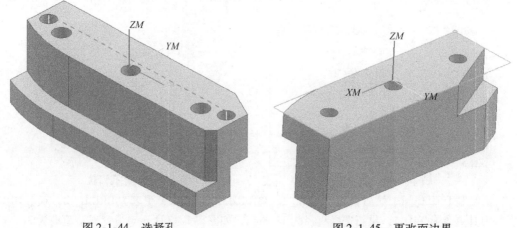

图 2-1-44　选择孔　　　　　　　　　　　　图 2-1-45　更改面边界

2）复制 MILL_ROUGH，然后粘贴 MILL_ROUGH，将 MILL_ROUGH 更名为 MILL_ROUGH_1，双击 MILL_ROUGH_1，更改几何体为 MCS_MILL_2，更改切削层，生成加工刀轨如图 2-1-47 所示。

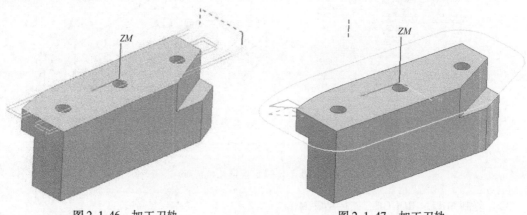

图 2-1-46　加工刀轨　　　　　　　　　　　图 2-1-47　加工刀轨

（3）仿真加工与后处理

1）在操作导航器中选择 PROGRAM，点击鼠标右键，选择刀轨，选择确认，如图 2-1-48 所示。弹出刀轨可视化对话框，选择 2D 动态，如图 2-1-49 所示。点击【确定】，开始仿真加工。

2）后处理得到加工程序。在刀轨操作导航器中选中加工零件顶面的加工操作，点击【工具】、【操作导航器】、【输出】、【NX Post 后处理】，如图 2-1-50 所示，弹出后处理对话框。

3）后处理器选择 MILL_3_AXIS，指定合适的文件路径和文件名，单位设置为定义了后处理，勾选列出输出，如图 2-1-51 所示，点击【确定】完成后处理，得到加工零件顶面的 NC 程序，如图 2-1-52 所示。使用同样的方法后处理得到加工零件底面的 NC 程序。

3. 零件加工

（1）加工准备　按照设备管理要求，对加工中心进行检查，确保设备完好，特别注意气压油压是否正常。对加工中心通电开机，并将机床各坐标轴回零，然后对机床进行低转速预热。对照工艺卡将平口钳安装到机床工作台，并校准平口钳，定位钳口与机床 X 轴平行，然后用压板将平口钳压紧固定。对照工艺卡,准备好所有刀具和相应的刀柄和夹头,将刀具安装到对应的刀柄中,调整刀具伸出长度,在满足加工要求的前提下,尽量使伸出长度短,然后将装有刀具的刀柄按刀具号装入刀库。加工顶面时,零件安装伸出长度要符合工艺要求,伸出太长时夹紧部分就少,容易在加工中松动,伸出太短造成加工时刀具碰到平口钳。零件下方必须有垫块支撑,零件左右位置可以与平口钳一侧齐平,保证每次装夹的位置基本一致。加工零件底面时,必须保证零件定位面和平口钳接触面之间无杂物,防止夹伤已加工面,装夹时要保证垫块固定不动,否则加工出来的零件上下面会不平行。左右位置要靠紧定位块,确保每次装夹位置完全一致。对每把刀进行 Z 向偏置设置,要使用同一表面进行对刀,使用寻边器进行加工原点找正,并设置相应数据。

图 2-1-48 刀轨确认

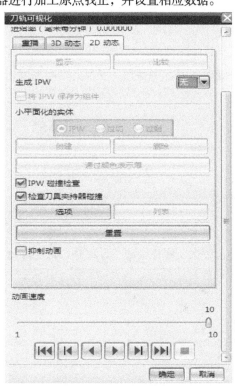

图 2-1-49 刀轨可视化

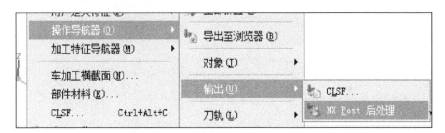

图 2-1-50 后处理命令

(2)程序传输 在关机状态使用 RS232 通信线连接机床系统与电脑,打开电脑和数控机床系统,进行相应的通信参数设置,要求数控系统内的通信参数与电脑通信软件内的参数一致。

(3)零件加工及注意事项 对刀和程序传输完成后,将机床模式切换到自动方式,按循环启动键,即可开始自动加工,在加工过程中,由于是首件第一次加工,所以要密切注意加工状态,有问题要及时停止。加工完一件后,待机床停机,使用气枪清除刀具上的切屑。

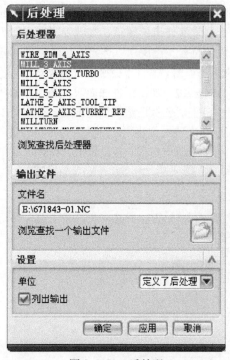

图 2-1-51　后处理

图 2-1-52　加工程序

（4）零件检测　零件检测是零件整个生产过程的重要环节，是保证零件质量，优化加工工艺的主要依据。零件检测主要步骤：制作检测用的 LAYOUT 图如图 2-1-53 所示，也就是对所有

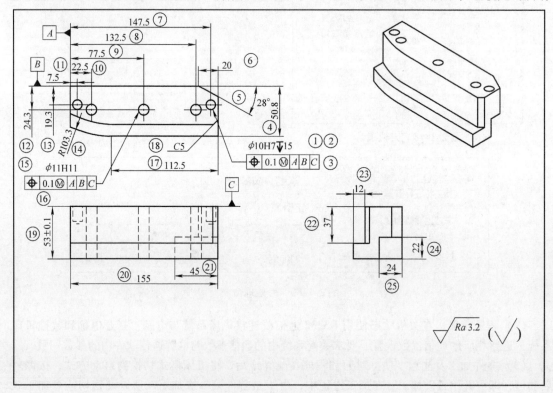

图 2-1-53　LAYOUT 图

需要检测的项目进行编号的图样；制作检测用空白检测报告如图 2-1-54 所示，报告包括检测项目、标准、所用量具、检测频率；对零件进行检测并填写报告。

检测报告(Inspection Report)									
零件名：侧导向块				零件材料：			送检数量：		
零件名：671843-0				表面处理：			送检日期：		
DIM No	图样尺寸			测量(Measurement)					
				测量尺寸(Measuring size)				测量工具 (Measurement tool)	备注(Remark)
	公称尺寸/ 3D Data-Size	上极限 偏差	下极限 偏差	1#	2#	3#	4#		
1	ϕ10H7	0.015	0					光滑塞规	
2	15.00	0.25	−0.25					游标卡尺	
3	位置度0.1	/	/					CMM	
4	50.80	0.25	−0.25					游标卡尺	
5	28°	0.25	−0.25					CMM	
6	20.00	0.25	−0.25					游标卡尺	
7	147.50	0.25	−0.25					游标卡尺	
8	132.50	0.25	−0.25					游标卡尺	
9	77.50	0.25	−0.25					游标卡尺	
10	22.50	0.25	−0.25					游标卡尺	
11	7.50	0.25	−0.25					游标卡尺	
12	24.30	0.25	−0.25					游标卡尺	
13	19.30	0.25	−0.25					游标卡尺	
14	R103.3	0.25	−0.25					CMM	
15	ϕ11H11	0.11	0					游标卡尺	
16	位置度0.1	/	/					CMM	
17	112.50	0.25	−0.25					游标卡尺	
18	C5	0.25	−0.25					游标卡尺	
19	53.00	0.1	−0.1					游标卡尺	
20	155.00	0.25	−0.25					游标卡尺	
21	45.00	0.25	−0.25					游标卡尺	
22	37.00	0.25	−0.25					游标卡尺	
23	12.00	0.25	−0.25					游标卡尺	
24	22.00	0.25	−0.25					游标卡尺	
25	24.00	0.25	−0.25					游标卡尺	
外观　碰伤　毛刺								目测	
是/否　合格									
测量员：					批准人：		页数：		

图 2-1-54　检测报告

（5）编制及完善相关工艺文件　根据加工中的实际情况和检测结果，对零件加工工艺和加工程序进行优化，最大限度的缩短加工时间，提高效率。主要是删除空运行的程序段，并调整切削参数。

2.1.4　专家点拨

1）加工中心属于精密设备且价格昂贵，使用前务必按要求做好安全检查，使用后做好维护。

2）在加工中心工作台面上安装平口钳时，要先预压紧，然后用指示表校准，然后再压紧，压紧后要再校验一遍，防止在压紧过程中平口钳产生轻微移动。

3）将铣刀装入刀柄时，要注意清洁铣刀柄、夹头、刀柄之间的接触面，不得有锈迹和微小杂物，否则会使刀具与主轴不同轴。

4）在铣削加工中，为提高表面质量，一般采用顺铣的走刀路径。

5）使用自动编程加工零件时，要注意后处理的正确与否，要保证后处理得到的程序在当前数控系统上是正确无误的。

2.1.5　课后训练

完成图 2-1-55 所示零件的加工工艺编制并制作工艺卡，完成零件的加工程序编制并仿真。

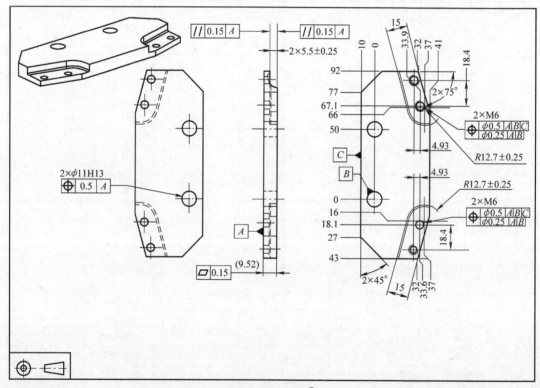

图 2-1-55　垫板[⊖]

项目 2.2　齿形压板的加工与调试

2.2.1　教学目标

【能力目标】能编制齿形压板的加工工艺

　　　　　　能使用 NX 6.0 软件编制齿形压板的加工程序

⊖　图样中有不尽符合国家标准之处，系企业引进技术内容，仅供参考。

　　能使用立式铣削加工中心加工齿形压板

　　能检测加工完成的齿形压板

【知识目标】掌握齿形压板的加工工艺

　　掌握齿形压板的程序编制方法

　　掌握齿形压板的加工方法

　　掌握齿形压板的检测方法

【素质目标】激发学生的学习兴趣，培养团队合作和创新精神

2.2.2 项目导读

　　该齿形压板是注塑机中的一个零件，此零件的特点是结构比较简单，零件整体外形为块状，零件的加工精度要求一般。零件由齿形凸条、腰形槽、螺纹孔等特征组成，其中齿形凸条为一个异形面，上面有斜面、圆角，在编程与加工过程中要特别注意异形面的加工精度和表面粗糙度的控制。

2.2.3 项目任务

　　学生以企业制造工程师的身份投入工作，分析齿形压板的零件图样，明确加工内容和加工要求，对加工内容进行合理的工序划分，确定加工路线，选用加工设备，选用刀具和夹具，制定加工工艺卡；运用 NX 软件编制齿形压板的加工程序并进行仿真加工，使用立式铣削加工中心加工齿形压板，对加工成品进行检测，并根据检测结果对整个加工工艺和加工程序提出修改建议。

1. 制定加工工艺

　　（1）图样分析　齿形压板零件图样如图 2-2-1 所示，该齿形压板结构比较简单，主要由齿形凸条、腰形槽、螺纹孔等特征组成。

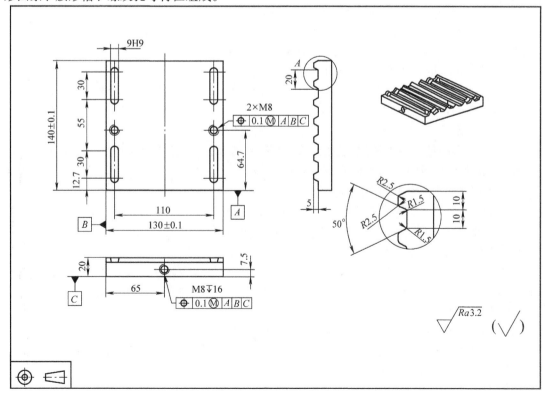

图 2-2-1　齿形压板零件图

零件材料为 AL 6061-T6，此材料属于航空铝，切削性能好，加工变形小，容易控制粗糙度。齿形压板主要加工内容见表 2-2-1。

此齿形压板的主要加工难点为齿形凸条，在齿形凸条上有斜面、圆角面，加工齿形凸条顶面 $R2.5$ 圆角时可以采用加工曲面方式加工，加工齿形凸条斜面和底部圆角时可以采用成形刀加工。

表 2-2-1 加工内容

内　容	要　求	备　注
外　形	零件整体外形，尺寸偏差为 ±0.1mm	
齿形凸条	凸条高度为 5 ± 0.25mm，斜面角度为 50°，底部宽度为 10 ± 0.25mm	
圆　角	凸条顶部圆角 $R2.5$，底部圆角为 $R1.5$	
腰形槽	宽度为 $9^{+0.036}_{0}$mm，长度为 30 ± 0.25mm，深度为贯通	
顶面螺纹孔	螺纹孔规格为 M8 × 1.25，深度为贯通	
侧面螺纹孔	螺纹孔规格为 M8 × 1.25，深度为 16mm	
零件总高	零件总高为 20 ± 0.25mm	
粗糙度	所有加工面粗糙度为 $Ra3.2\mu m$	
位置度	顶面螺纹孔、侧面螺纹孔相对基准 A、B、C 的位置度为 0.1	

（2）制定工艺路线　此零件分三次装夹，毛坯留有一定的夹持量，正面一次加工完成，保证位置度，然后反身装夹，把夹持部分铣掉，保证总高，最后加工侧面。由于选用了较好的刀具系统，所以在钻孔前不必先钻中心孔。

1）备料。AL 6061 - T6 铝块，150mm × 140mm × 25mm。

2）铣上表面。平口钳装夹零件，铣上表面，夹持厚度为 3mm ~ 4mm。

3）粗铣外形。粗铣零件外形，留 0.3mm 精加工余量。

4）精铣外形。精铣零件外形至图样尺寸。

5）粗铣齿形凸条和腰形槽。粗铣齿形凸条和腰形槽，留 0.3mm 精加工余量。

6）精铣腰形槽。精铣腰形槽至图样尺寸。

7）精铣齿形凸条。使用成形刀具精铣齿形凸条至图样尺寸。

8）精铣齿形凸条顶部圆角。精铣齿形凸条顶部圆角 $R2.5$mm 至图样尺寸。

9）钻螺纹底孔。钻两个 $\phi6.8$mm 螺纹底孔。

10）攻螺纹。攻两个 M8 × 1.25 螺纹孔。

11）铣反面。零件反身装夹，铣反面，保证零件总高。

12）钻侧面螺纹底孔。零件竖起装夹，钻 $\phi6.8$mm 螺纹底孔。

13）攻侧面螺纹。攻一个 M8 × 1.25 螺纹孔。

（3）选用加工设备　选用杭州友佳集团生产的 HV - 40A 立式铣削加工中心作为加工设备，此机床为水平床身，机械手换刀，刚性好，加工精度高，适合小型零件的大批量生产，机床主要技术参数和外观如表 2-2-2 所示。

（4）选用毛坯　零件材料为 AL 6061 - T6，此材料属于航空铝，切削性能好，加工变形小，容易控制粗糙度。根据零件尺寸和机床性能，并考虑零件装夹要求，选用 150mm × 140mm × 25mm 的块料作为毛坯。毛坯如图 2-2-2 所示。

表 2-2-2　机床指标

主要技术参数		机床外观
X 轴行程/mm	1000	
Y 轴行程/mm	520	
Z 轴行程/mm	505	
主轴最高转速/r/min	10000	
刀具交换形式	机械手	
刀具数量	24	
数控系统	FANUC：MateC	

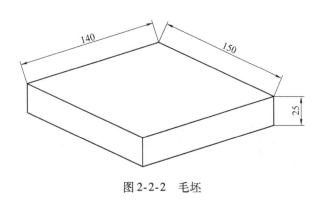

图 2-2-2　毛坯

（5）选用夹具　零件分三次装夹，加工顶面时，以毛坯作为基准，选用平口钳装夹，零件左侧面与平口钳左侧对齐，保证每次装夹位置基本一致，零件高度方向伸出量为 21mm，装夹示意图如图 2-2-3 所示。加工零件底面时，采用已经加工完毕的外形作为定位基准，使用平口钳装夹，零件左侧面与平口钳左侧对齐，装夹示意图如图 2-2-4 所示。加工侧面时，以已加工面为基准，选用平口钳装夹，零件竖起装夹，为保证侧面螺纹孔的位置度，在平口钳侧面添加一个定位块，装夹示意图如图 2-2-5 所示。

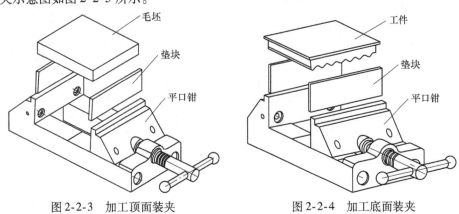

图 2-2-3　加工顶面装夹　　　　　　图 2-2-4　加工底面装夹

（6）选用刀具和切削用量　选用 SANDVIK 刀具系统，查阅 SANDVIK 刀具手册，选用刀具和切削用量如表 2-2-3 所示。

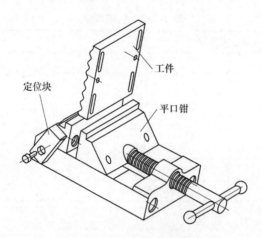

图 2-2-5　加工侧面装夹

表 2-2-3　刀具和切削用量

工序	刀号	刀具规格		加工内容	转速/ (r/min)	切深/ mm	进给速度/ (mm/min)
加工顶面	T01	R290 – 100Q32 – 12L	R290. 90 – 12T320M – PM	铣面	3800	2.5	1500
	T02	R216. 33 – 16045 – AC26P		粗铣外形	4500	1.5	1800
	T03	R216. 34 – 12045 – AC26N		精铣外形	5000	5	1500
	T04	R216. 32 – 06030 – AC10P		粗铣凸条 和槽	4500	2	1600
	T05	R215. 36 – 06050 – AC13L		精铣槽	5000	0.5	1500
	T06	成形刀		精铣凸条	2000		600

（续）

工序	刀号	刀具规格	加工内容	转速/ (r/min)	切深/ mm	进给速度/ (mm/min)
加工顶面	T07	R216.42 – 06030 – AC10P	精铣圆角	5200		1800
	T08	R840 – 0680 – 30 – A0A	钻孔	2400	5	500
	T09	M8 × 1.25	攻螺纹	1000		1250
加工底面	T01	R290 – 100Q32 – 12L　R290.90 – 12T320M – PM	铣反面	3800	2.5	1500
加工侧面	T08	R840 – 0680 – 30 – A0A	钻孔	2400	4	500
	T09	M8 × 1.25	攻螺纹	1000		1250

（7）制定工艺卡　以一次装夹作为一个工序，制定加工工艺卡如表 2-2-4、表 2-2-5、表 2-2-6 和表 2-2-7 所示。

表 2-2-4　工序清单

零件号：248416-0		工艺版本号：0	工艺流程卡_工序清单		
工序号	工序内容	工位	页码：1		页数：4
001	备料	外协	零件号：248416		版本：0
002	加工顶面	加工中心	零件名称：齿形压板		
003	加工底面(程序手工编制)	加工中心	材料：AL 6061-T6		
004	加工侧面(程序手工编制)	加工中心	材料尺寸：150mm×140mm×25mm		
005					
006			更改号	更改内容	批准	日期
007					
008			01		
009					
010			02		
011					
012			03		
013					
拟制：　日期：　审核：　日期：　批准：　日期：					

表 2-2-5　加工顶面工艺卡

零件号：248416-0		工序名称：加工顶面	工艺流程卡_工序单	
材料：AL 6061-T6	页码：2	工序号：02	版本号：0	
夹具：平口钳	工位：加工中心	数控程序号：248416-01.NC		

刀具及参数设置				
刀具号	刀具规格	加工内容	主轴转速(r/min)	进给速度(mm/min)
T01	R290-100Q32-12L, R290.90-12T320M-PM	铣面	3800	1500
T02	R216.33-16045-AC26P	粗铣外表	4500	1800
T03	R216.34-12045-AC26N	精铣外形	5000	1500
T04	R216.32-06030-AC10P	粗铣凸条和槽	4500	1600
T05	R215.36-06050-AC13L	精铣槽	5000	1500
T06	成形刀	精铣凸条	2000	600
T07	R216.42-06030-AC10P	精铣圆角	5200	1800
T08	R840-0680-30-A0A	钻孔	2400	500
T09	M8×1.25丝锥	攻螺纹	1000	1250

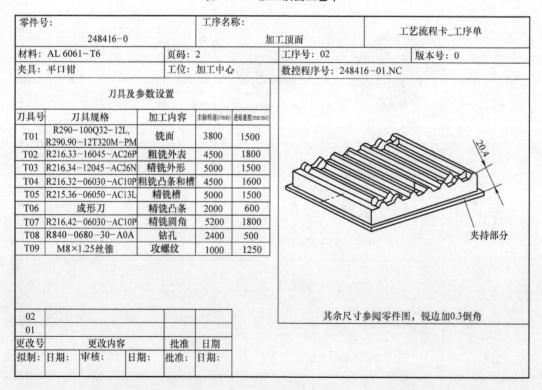

其余尺寸参阅零件图，锐边加0.3倒角

02				
01				
更改号	更改内容		批准	日期
拟制：　日期：　审核：　日期：　批准：　日期：				

表 2-2-6　加工底面工艺卡

零件号：248416-0			工序名称：加工底面		工艺流程卡_工序单	
材料：AL 6061-T6		页码：3		工序号：03	片本号：0	
夹具：平口钳		工位：加工中心		数控程序号：248416-02.NC		

<table>
<tr><td colspan="5">刀具及参数设置</td></tr>
<tr><td>刀具号</td><td>刀具规格</td><td>加工内容</td><td>主轴转速(r/min)</td><td>进给速度(mm/min)</td></tr>
<tr><td>T01</td><td>R290-100Q32-12L，R290.90-12T320M-PM</td><td>铣底面</td><td>3800</td><td>1500</td></tr>
<tr><td></td><td></td><td></td><td></td><td></td></tr>
<tr><td></td><td></td><td></td><td></td><td></td></tr>
<tr><td></td><td></td><td></td><td></td><td></td></tr>
<tr><td></td><td></td><td></td><td></td><td></td></tr>
<tr><td></td><td></td><td></td><td></td><td></td></tr>
</table>

02			
01			
更改号	更改内容	批准	日期
拟制：　日期：	审核：　日期：	批准：　日期：	

所有尺寸参阅零件图，锐边加0.3倒角

表 2-2-7　加工侧面工艺卡

零件号：248416-0			工序名称：加工侧面		工艺流程卡_工序单	
材料：AL 6061-T6		页码：4		工序号：04	版本号：0	
夹具：平口钳		工位：加工中心		数控程序号：248416-03.NC		

<table>
<tr><td colspan="5">刀具及参数设置</td></tr>
<tr><td>刀具号</td><td>刀具规格</td><td>加工内容</td><td>主轴转速(r/min)</td><td>进给速度(mm/min)</td></tr>
<tr><td>T08</td><td>R840-0680-30-A0A</td><td>钻孔</td><td>2400</td><td>500</td></tr>
<tr><td>T09</td><td>M8×1.25丝锥</td><td>攻螺纹</td><td>1000</td><td>1250</td></tr>
<tr><td></td><td></td><td></td><td></td><td></td></tr>
<tr><td></td><td></td><td></td><td></td><td></td></tr>
<tr><td></td><td></td><td></td><td></td><td></td></tr>
</table>

02			
01			
更改号	更改内容	批准	日期
拟制：　日期：	审核：　日期：	批准：　日期：	

所有尺寸参阅零件图，锐边加0.3倒角

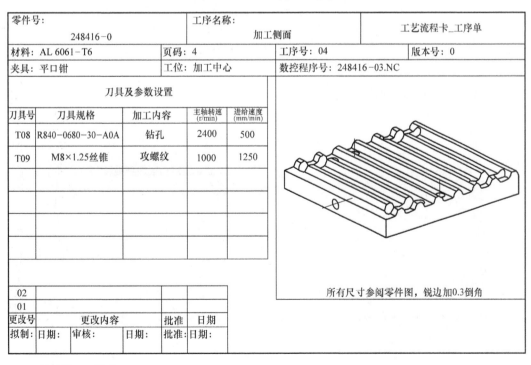

2. 编制加工程序

（1）编制加工零件顶面的 NC 程序

1）点击【开始】、【所有应用模块】、【加工】，弹出加工环境设置对话框，CAM 会话配置选择 cam＿general；要创建的 CAM 设置选择 mill＿planar，如图 2-2-6 所示，然后点击【确定】，进入加工模块。

2）在加工操作导航器空白处，点击鼠标右键，选择【几何视图】，如图 2-2-7 所示。

3）双击操作导航器中的【MCS＿MILL】，弹出加工坐标系对话框，设置安全距离为 50，如图 2-2-8 所示。

图 2-2-6　加工环境设置

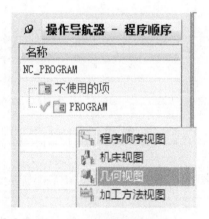

图 2-2-7　几何视图选择

4）点击指定 MCS 中的 CSYS 会话框，弹出对话框，然后选择参考坐标系中的 WCS，点击【确定】，使加工坐标系和工作坐标系重合。如图 2-2-9 所示。再点击【确定】完成加工坐标系设置。

图 2-2-8　加工坐标系设置

图 2-2-9　加工坐标系设置

5）双击操作导航器中的 WORKPIECE，弹出 WORKPIECE 设置对话框，如图 2-2-10 所示。

6）点击【指定部件】，弹出部件选择对话框，选择如图 2-2-11 所示为部件，点击【确定】，完成指定部件。

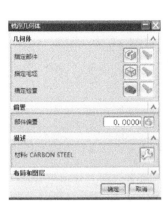

图 2-2-10　WORKPIECE 设置

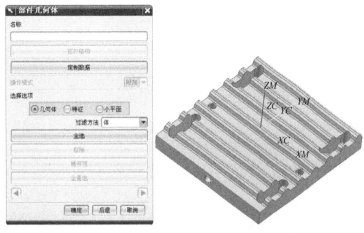

图 2-2-11　指定部件

7）点击【指定毛坯】，弹出毛坯选择对话框，选择几何体，选择毛坯（在建模中已经建好），如图2-2-12所示。点击【确定】完成毛坯设置，点击【确定】完成 WORKPIECE 设置。

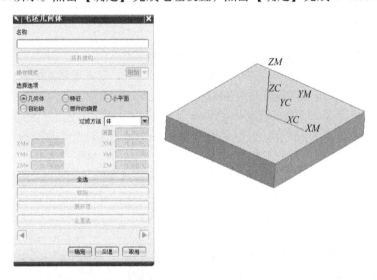

图 2-2-12　毛坯设置

8）在加工操作导航器空白处，点击鼠标右键，选择【机床视图】，点击菜单条【插入】，点击【刀具】，弹出创建刀具对话框，如图 2-2-13 所示。类型选择为 mill _ planar，刀具子类型选择为 MILL，刀具位置为 GENERIC _ MACHINE，刀具名称为 T1D50，点击【确定】，弹出刀具参数设置对话框。

9）设置刀具参数如图 2-2-14 所示，直径为 50，底圆角半径为 0，刀刃为 2，长度为 75，刀刃长度为 50，刀具号为 1，长度补偿为 1，刀具补偿为 1，点击【确定】，完成创建刀具。

10）用同样的方法创建刀具 2，类型选择为 mill _ planar，刀具子类型选择为 MILL，刀具位置为 GENERIC _ MACHINE，刀具名称为 T2D16，直径为 16，底圆角半径为 0，刀刃为 2，长度为 75，刀刃长度为 50，刀具号为 2，长度补偿为 2，刀具补偿为 2。

11）用同样的方法创建刀具 3，类型选择为 mill _ planar，刀具子类型选择为 MILL，刀具位置为 GENERIC _ MACHINE，刀具名称为 T3D12，直径为 12，底圆角半径为 0，刀刃为 2，长度为

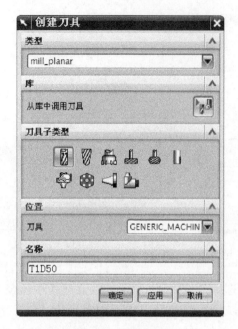

图 2-2-13　创建刀具

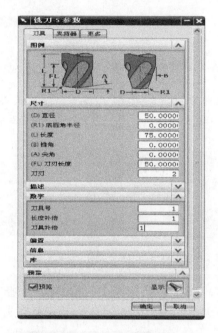

图 2-2-14　刀具参数设置

75，刀刃长度为 50，刀具号为 3，长度补偿为 3，刀具补偿为 3。

12）用同样的方法创建刀具 4，类型选择为 mill_planar，刀具子类型选择为 MILL，刀具位置为 GENERIC_MACHINE，刀具名称为 T4D6，直径为 6，底圆角半径为 0，刀刃为 2，长度为 75，刀刃长度为 50，刀具号为 4，长度补偿为 4，刀具补偿为 4。

13）用同样的方法创建刀具 5，类型选择为 mill_planar，刀具子类型选择为 MILL，刀具位置为 GENERIC_MACHINE，刀具名称为 T5D6，直径为 6，底圆角半径为 0，刀刃为 2，长度为 75，刀刃长度为 50，刀具号为 5，长度补偿为 5，刀具补偿为 5。

14）用同样的方法创建刀具 6，类型选择为 mill_planar，刀具子类型选择为 MILL，刀具位置为 GENERIC_MACHINE，刀具名称为 T6DEF，直径为 10，底圆角半径为 1.5，刀刃为 2，长度为 75，锥角为 25，刀刃长度为 50，刀具号为 6，长度补偿为 6，刀具补偿为 6。

15）用同样的方法创建刀具 7，类型选择为 mill_planar，刀具子类型选择为 MILL，刀具位置为 GENERIC_MACHINE，刀具名称为 T7D6，直径为 6，底圆角半径为 3，刀刃为 2，长度为 75，刀刃长度为 50，刀具号为 7，长度补偿为 7，刀具补偿为 7。

16）创建刀具 8，点击菜单条【插入】，点击【刀具】，弹出创建刀具对话框，如图 2-2-15 所示。类型选择为 drill，刀具子类型选择为 SPOTDRILLING_TOOL，刀具位置为 GENERIC_MACHINE，刀具名称为 T8D6.8。点击【确定】，弹出刀具参数设置对话框。

17）设置刀具参数如图 2-2-16 所示。直径为 6.8，长度为 50，刀刃为 2，刀具号为 8，长度补偿为 8。点击【确定】，完成创建刀具。

图 2-2-15　创建刀具

18）创建刀具9，点击菜单条【插入】，点击【刀具】，弹出创建刀具对话框，如图2-2-17所示。类型选择为drill，刀具子类型选择为THREAD_MILL，刀具位置为GENERIC_MACHINE，刀具名称为T9M8，点击【确定】，弹出刀具参数设置对话框。

图2-2-16 刀具参数设置

图2-2-17 创建刀具

19）设置刀具参数如图2-2-18所示，直径为8，长度为50，螺距为1.25，刀刃为2，刀具号为9，长度补偿为9，点击【确定】，完成创建刀具。

20）在加工操作导航器空白处，点击鼠标右键，选择【程序视图】，点击菜单条【插入】，点击【操作】，弹出创建操作对话框，类型为mill_planar，操作子类型为FACE_MILLING，程序为PROGRAM，刀具为T1D50，几何体为WORKPIECE，方法为MILL_ROUGH，名称为FACE_MILLING_ROUGH，如图2-2-19所示，点击【确定】，弹出操作设置对话框，如图2-2-20所示。

21）点击【指定面边界】，弹出指定面几何体对话框，如图2-2-21所示，选择曲线边界模式，平面设置为手工，弹出平面对话框，如图2-2-22所示，选择对象平面方式，选取如图2-2-23所示的平面，系统回到指定面几何体对话框，选择底部面的四条边，如图2-2-24所示。点击【确定】，完成指定面边界。

22）设置刀轴为+ZM轴，如图2-2-25所示。

23）切削模式为往复，步距为刀具直径的75%，毛坯距离为5，每刀深度为2.5，最终底部面余量为0，如图2-2-26所示。

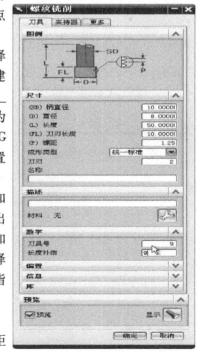

图2-2-18 刀具参数设置

图 2-2-19　创建操作

图 2-2-20　平面铣操作设置

图 2-2-21　面几何体

图 2-2-22　平面定义

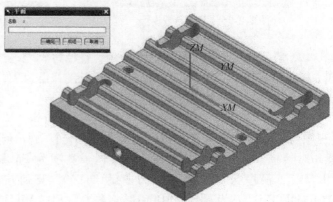

图 2-2-23　选择平面

图 2-2-24　选择曲线

图 2-2-25　设置刀轴

图 2-2-26　刀轨设置

24）点击【进给和速度】，弹出对话框，设置主轴速度为 3800，设置进给率为 1500，如图 2-2-27 所示。点击【确定】完成进给和速度设置。

25）点击【生成刀轨】，如图 2-2-28 所示，得到零件的加工刀轨，如图 2-2-29 所示。点击【确定】，完成零件上表面加工刀轨设置。

26）点击菜单条【插入】，点击【操作】，弹出创建操作对话框，类型为 mill _ planar，操作子类型为 PLANAR _ MILL，程序为 PROGRAM，刀具为 T2D16，几何体为 WORKPIECE，方法为 MILL _ ROUGH，名称为 MILL _ WX _ ROUGH，如图 2-2-30 所示。点击【确定】，弹出操作设置对话框，如图 2-2-31 所示。

27）点击【指定部件边界】，弹出边界几何体对话框，如图 2-2-32 所示，在模式中选择"曲线/边"，弹出对话

图 2-2-27　进给和速度

框，类型为封闭的，平面选择用户定义，弹出平面对话框，如图 2-2-33 所示。选择对象平面方式，选取如图 2-2-34 所示的平面，系统回到指定面几何体对话框，选择底部面的四条边，如图 2-2-35 所示。点击【确定】，完成指定面边界。

图 2-2-28　生成刀轨

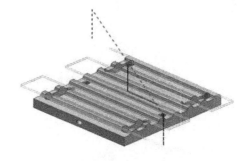

图 2-2-29　加工刀轨

28）点击【指定底面】，弹出对话框，选择如图 2-2-36 所示平面做为此操作的加工底面。

29）如图 2-2-37 所示，设置切削模式为轮廓，步距为% 直径，平面直径百分比为 50，附加刀路为 0。点击【切削层】，弹出对话框，如图 2-2-38 所示。类型为固定深度，最大值为 1.5，点击【确定】，完成切削层设置。

30）点击【切削参数】，选择【余量】，设置部件余量为 0.3，如图 2-2-39 所示。点击【确定】，完成切削参数设置。

31）点击【进给和速度】，弹出对话框，设置主轴速度为 4500，设置进给率为 1800，如图 2-2-40 所示。点击【确定】完成进给和速度设置。

图 2-2-30　创建操作

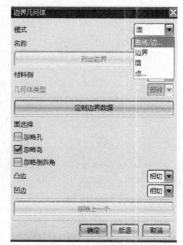

图 2-2-31　平面铣操作设置

边界几何体

图 2-2-32　边界几何体

图 2-2-33　平面定义

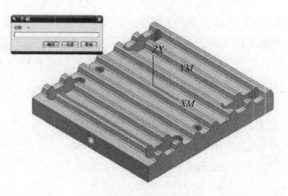

图 2-2-34　选择平面

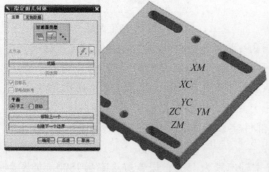

图 2-2-35　选择曲线

图 2-2-36　设置加工底面

图 2-2-37　刀轨设置

图 2-2-38　切削深度设置

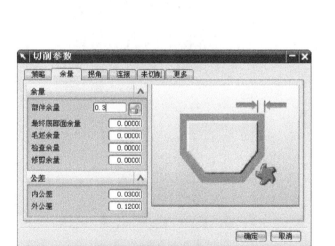

图 2-2-39　切削参数设置

图 2-2-40　进给和速度

32）点击【生成刀轨】，如图 2-2-41 所示。得到零件的加工刀路，如图 2-2-42 所示。点击【确定】，完成零件侧面粗加工刀轨设置。

图 2-2-41　生成刀轨

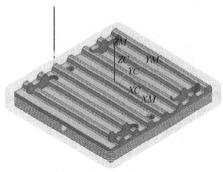

图 2-2-42　加工刀轨

33）复制 MILL _WX _ROUGH，然后粘贴，将 MILL _WX _ROUGH 更名为 MILL _WX _FIN-ISH，双击 MILL _WX _FINISH，将刀具更改为 T3D12，切削深度更改为 5，部件余量更改为 0，主轴速度更改为5000，进给率更改为1500，生成刀轨，如图 2-2-43 所示。

34）点击菜单条【插入】，点击【操作】，弹出创建操作对话框，类型为 MILL _CON-TOUR，操作子类型为 CAVITY _MILL，程序为 PROGRAM，刀具为 T4D6，几何体为 WORK-PIECE，方法为 MILL _ROUGH，名称为 MILL _ROUGH，如图 2-2-44 所示，点击【确定】，弹出操作设置对话框，如图 2-2-45 所示。

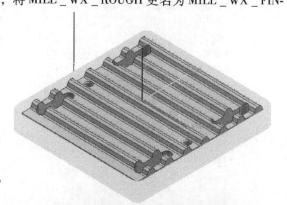

图 2-2-43　加工刀轨

图 2-2-44　创建操作

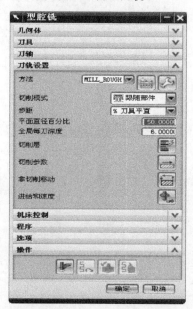

图 2-2-45　型腔铣操作设置

35）全局每刀深度设置为2，如图2-2-46所示。设置部件余量为0.3，如图2-2-47所示。

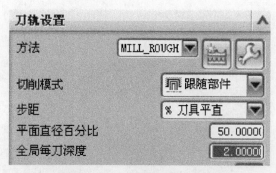

图 2-2-46　全局每刀深度设置

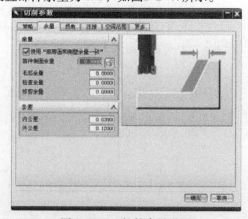

图 2-2-47　部件余量设置

36）点击【进给和速度】，弹出对话框，设置主轴速度为4500，设置进给率为1600，如图2-

2-48 所示。点击【确定】完成进给和速度设置。

37）点击【生成刀轨】，如图 2-2-49 所示，得到零件的加工刀轨，如图 2-2-50 所示。单击【确定】，完成齿形凸条和腰形槽粗加工刀轨设置。

图 2-2-48　进给和速度

图 2-2-49　生成刀轨

38）点击菜单条【插入】，点击【操作】，弹出创建操作对话框，类型为 MILL_CONTOUR，操作子类型为 CAVITY_MILL，程序为 PROGRAM，刀具为 T5D6，几何体为 WORKPIECE，方法为 MILL_FINISH，名称为 MILL_FINISH_1，如图 2-2-51 所示，点击【确定】，弹出操作设置对话框，如图 2-2-52 所示。

39）点击【指定切削区域】，设置四个槽侧面为加工面，如图 2-2-53 所示。

40）切削模式为配置文件，全局每刀深度设置为 0.5，如图 2-2-54 所示。切削顺序为深度优先，如图 2-2-55 所示。

41）点击【进给和速度】，弹出对话框，设置主轴速度为 5000，设置进给率为 1500，如图 2-2-56 所示。点击【确定】完成进给和速度设置。

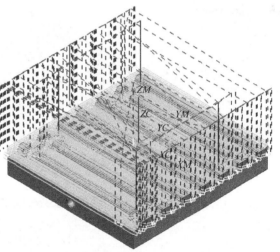

图 2-2-50　加工刀轨

42）点击【生成刀轨】，如图 2-2-57 所示。得到零件的加工刀轨，如图 2-2-58 所示。点击【确定】，完成零件腰形槽精加工刀轨设置。

43）点击菜单条【插入】，点击【操作】，弹出创建操作对话框，类型为 mill_planar，操作子类型为 PLANAR_MILL，程序为 PROGRAM，刀具为 T6DEF，几何体为 WORKPIECE，方法为 MILL_FINISH，名称为 MILL_FINISH_2，如图 2-2-59 所示。点击【确定】，弹出操作设置对话框，如图2-2-60所示。

44）点击【指定部件边界】，弹出边界几何体对话框，如图 2-2-61 所示。在模式中选择"曲线/边"，弹出创建边界对话框，如图 2-2-62 所示。类型为开放的，平面设置为用户定义，选择如图 2-2-63 所示的平面，刀具位置为对中，选择如图 2-2-64 所示的直线（在 41 层），点击

【确定】，完成指定边界。

图 2-2-51　创建操作

图 2-2-52　型腔铣操作设置

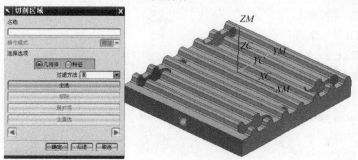

图 2-2-53　指定加工面

图 2-2-54　全局每刀深度设置

图 2-2-56　进给和速度

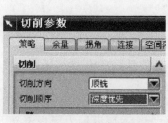

图 2-2-55　部件余量设置

图 2-2-57　生成刀轨

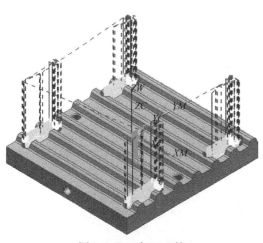

图 2-2-58 加工刀轨

图 2-2-59 创建操作

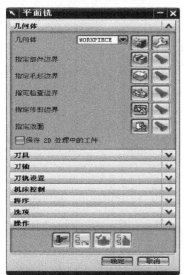

图 2-2-60 平面铣操作设置

图 2-2-61 边界几何体

45）点击【指定底面】，选择如图 2-2-65 所示的平面为底平面。

46）切削模式设置为配置文件，如图 2-2-66 所示。

47）点击【进给和速度】，弹出对话框，设置主轴速度为 2000，设置进给率为 600，如图 2-2-67 所示。点击【确定】完成进给和速度设置。

48）点击【生成刀轨】，如图 2-2-68 所示。得到零件的加工刀轨，如图 2-2-69 所示。点击【确定】，完成零件齿形凸条精加工刀轨创建。

49）选择 MILL_FINISH_2 操作，点击鼠标右键，选择对象 - 变换，弹出如图 2-2-70 所示的变换对话框，YC增量设置为 20，结果选择实例，距离/角度分割设置为 1，实例数设置为 7，点击【确定】，刀轨如图 2-2-71 所示。

图 2-2-62 创建边界

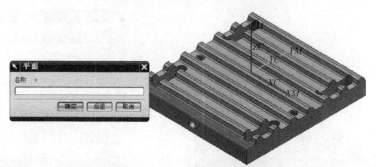

图 2-2-63　选择对象平面

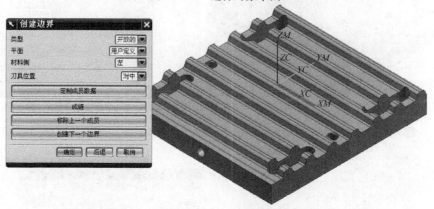

图 2-2-64　选择直线

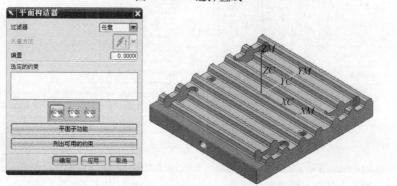

图 2-2-65　选择底平面

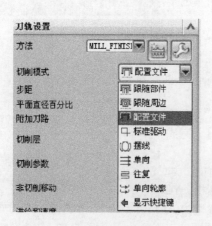

图 2-2-66　设置切削模式

图 2-2-67　进给和速度

图 2-2-68 生成刀轨

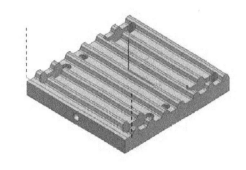

图 2-2-69 加工刀轨

图 2-2-70 变换

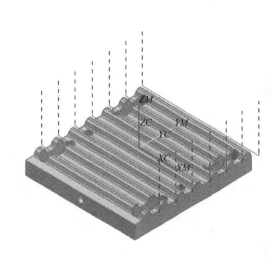

图 2-2-71 变换刀轨

50）点击菜单条【插入】，点击【操作】，弹出创建操作对话框，类型为 MILL_CONTOUR，操作子类型为 FIXED_CONTOUR，程序为 PROGRAM，刀具为 T7D6，几何体为 WORKPIECE，方法为 MILL_FINISH，名称为 MILL_FINISH_3，如图 2-2-72 所示。点击【确定】，弹出操作设置对话框，如图 2-2-73 所示。

51）点击【指定切削区域】，选择如图 2-2-74 所示的齿形凸条顶部的圆角面，驱动方法设置为区域铣削，如图 2-2-75 所示。系统弹出区域铣削驱动方法对话框，如图 2-2-76 所示。切削模式为往复，切削方向为顺铣，步距为恒定 0.2，切削角为 90。

52）点击【进给和速度】，弹出对话框，设置主轴速度为 5200，设置进给率为 1800，如图 2-2-77 所示。单击【确定】完成进给和速度设置。

53）点击【生成刀轨】，如图 2-2-78 所示。得到零件的加工刀轨，如图 2-2-79 所示。点击【确定】，完成零件圆角精加工刀轨设置。

54）点击菜单条【插入】，点击【操作】，弹出创建操作对话框，类型为 DRILL，操作子类型为 DRILLING，程序为 PROGRAM，刀具为 T8D6.8，几何体为 WORKPIECE，方法为 DRILL_METHOD，名称为 DRILL_1。点击【指定孔】，点击【确定】，选择如图 2-2-80 所示孔。点击【确定】完成操作。

图 2-2-72　创建操作

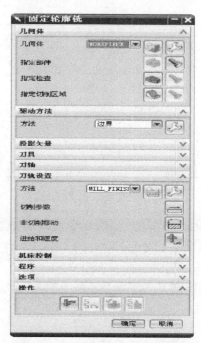

图 2-2-73　固定轮廓铣操作设置

图 2-2-74　切削区域

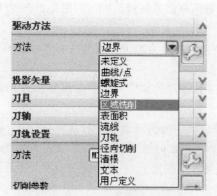

图 2-2-75　选择驱动方法

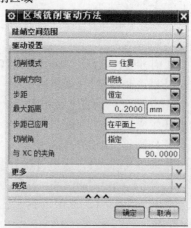

图 2-2-76　区域铣削驱动方法

55）选择循环类型为啄钻，如图 2-2-81，弹出对话框，输入距离为 5，点击【确定】，弹出对话框，输入 1，点击【确定】，弹出对话框，设置钻孔深度为刀尖深度，输入 28，设置进给率为 500。

56）在刀轨设置，点击【进给和速度】，设置主轴速度为 2400，点击【确定】，完成操作。点击【生成刀轨】，得到零件的加工刀轨，如图 2-2-82 所示。点击【确定】，完成钻孔刀轨设置。

57）复制 DRILL _ 1，然后粘贴 DRILL _ 1，将 DRILL _ 1 更名为 DRILL _ 2，双击 DRILL _ 2，将刀具更改为 T9M8，循环方式为标准攻螺纹，将主轴速度更改为 1000，进给率更改为 1250，点击【确定】，完成内螺纹刀轨设置。

（2）仿真加工与后处理

1）在操作导航器中选择 PROGRAM，点击鼠标右键，选择【刀轨】，选择【确认】，如图 2-2-83 所示。弹出刀轨可视化对话框，选择 2D 动态，如图 2-2-84 所示。点击【确定】，开始仿真加工。

图 2-2-77 进给和速度

图 2-2-78 生成刀轨

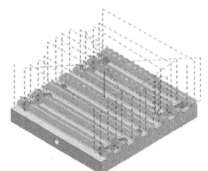

图 2-2-79 加工刀轨

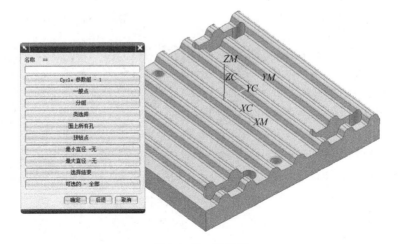

图 2-2-80 孔选择

图 2-2-81 循环类型

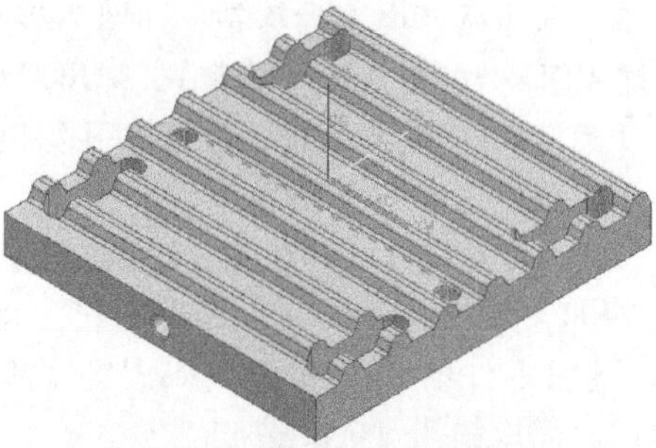

图 2-2-82 钻孔刀轨

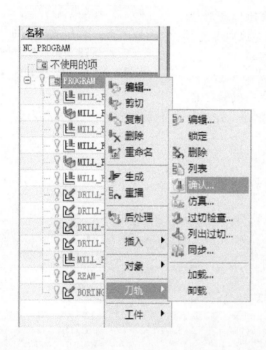

图 2-2-83 刀轨确认

图 2-2-84 刀轨可视化

2) 仿真结果如图 2-2-85 所示。

3) 后处理得到加工程序。在刀轨操作导航器中选中加工操作,点击【工具】、【操作导航器】、【输出】、【NX Post 后处理】,如图 2-2-86 所示,弹出后处理对话框。

4) 后处理器选择 MILL_3_AXIS,指定合适的文件路径和文件名,单位设置为定义了后处理,勾选列出输出,如图 2-2-87 所示。点击【确定】,完成后处理,得到 NC 程序,如图 2-2-88 所示。

图 2-2-85 仿真结果

图 2-2-86　后处理命令

3. 零件加工

（1）加工准备　按照设备管理要求，对加工中心进行检查，确保设备完好，特别注意气压油压是否正常。对加工中心通电开机，并将机床各坐标轴回零，然后对机床进行低转速预热。对照工艺卡将平口钳安装到机床工作台，并校准平口钳定位钳口与机床 X 轴平行，然后用压板将平口钳压紧固定。对照工艺卡，准备好所有刀具和相应的刀柄和夹头，将刀具安装到对应的刀柄中，调整刀具伸出长度，在满足加工要求的前提下，尽量减少伸出长度，然后将装有刀具的刀柄按刀具号装入刀库。使用成形刀时要将成形刀放入对刀仪，检测成形刀形状和尺寸，符合工艺要求方可使用。

加工顶面时，零件安装伸出长度要符合工艺要求，伸出太长时夹紧部分就少，容易在加工中松动，伸出太短会造成加工时刀具碰到平口钳。零件下方必须要有垫块支撑，零件左右位置可以与平口钳一侧齐平，保证每次装夹的位置基本一致。

图 2-2-87　后处理

加工底面时，必须保证零件定位面和平口钳接触面之间无杂物，防止夹伤已加工面，安装时齿条要垂直于平口钳定位面，以便下面安装垫块，装夹时要保证垫块固定不动，否则加工出来的零件上下面会不平行。左右位置要靠紧定位块，确保每次装夹的位置完全一致。

对每把刀进行 Z 向偏置设置，要使用同一表面进行对刀，使用寻边器进行加工原点找正，并设置相应数据。

（2）程序传输　在关机状态使用 RS232 通信线连接机床系统与电脑，打开电脑和数控机床系统，进行相应的通信参数设置，要求数控系统内的通信参数与电脑通信软件内的参数一致。

（3）零件加工及注意事项　对刀和程序传输完

图 2-2-88　加工程序

成后，将机床模式切换到自动方式，按循环启动键，即可开始自动加工，在加工过程中，由于是首件第一次加工，所以要密切注意加工状态，有问题要及时停止。加工完一件后，待机床停机，使用气枪清除刀具上的切屑。每次加工前应该将毛坯或者半成品的飞边去除干净。

（4）零件检测　零件检测是零件整个生产过程的重要环节，是保证零件质量，优化加工工艺的主要依据。零件检测主要步骤：制作检测用的 LAYOUT 图如图 2-2-89 所示，也就是对所有需要检测的项目进行编号的图样；制作检测用空白检测报告如图 2-2-90 所示，报告包括检测项目、标准、所用量具、检测频率；对零件进行检测并填写报告。

（5）编制及完善相关工艺文件　根据加工中的实际情况和检测结果，对零件加工工艺和加工程序进行优化，最大限度的缩短加工时间，提高效率，主要是删除空运行的程序段，并调整切削参数。

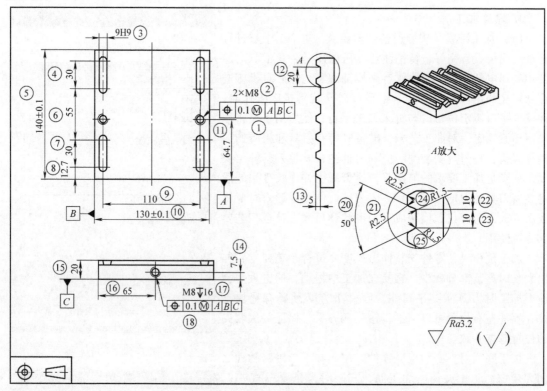

图 2-2-89　LAYOUT 图

2.2.4　专家点拨

1）在零件上存在一些异形面时，可以考虑用成形刀加工，以提高加工效率和加工质量的稳定性。

2）使用加工中心攻螺纹时，为方便切屑排出，提高加工效率和螺纹质量，一般会选用螺旋槽丝锥。

3）在加工反面时为保证厚度尺寸，一般在做首件时先把反面粗铣一刀，然后去测量零件的厚度，根据测量结果调整面铣刀的 Z 向补偿值，然后再加工。当首件加工合格后，接下来加工就可以直接运行程序，加工到位。

4）加工中心加工零件，一般情况下主轴转速都比较高，为了刀具散热，需要使用切削液，如果条件允许，应该根据被加工材料选用不同的切削液。

2.2.5　课后训练

完成图 2-2-91 所示零件的加工工艺编制并制作工艺卡，完成零件的加工程序编制并仿真。

检测报告(Inspection Report)

零件名：齿形压板			零件材料：				送检数量：	
零件号：248416-0			表面处理：				送检日期：	

MIN No	图样尺寸			测量尺寸(Measurement)					备注 (Remark)
				测量尺寸 (Measuring Size)				测量工具 (Measurement Tool)	
	公称尺寸	上极限偏差	下极限偏差	1#	2#	3#	4#		
1	位置度0.1	/	/					CMM	
2	2×M8	/	/					螺纹规	
3	9H9	0.036	0					游标卡尺	
4	30.00	0.25	−0.25					游标卡尺	
5	140.00	0.1	−0.1					游标卡尺	
6	55.00	0.25	−0.25					游标卡尺	
7	30.00	0.25	−0.25					游标卡尺	
8	12.70	0.25	−0.25					游标卡尺	
9	110.00	0.25	−0.25					游标卡尺	
10	130.00	0.1	−0.1					游标卡尺	
11	64.70	0.25	−0.25					游标卡尺	
12	20.00	0.25	−0.25					游标卡尺	
13	5.00	0.25	−0.25					游标卡尺	
14	7.50	0.25	−0.25					游标卡尺	
15	20.00	0.25	−0.25					游标卡尺	
16	65.00	0.25	−0.25					游标卡尺	
17	M8深16	/	/					螺纹规	
18	位置度0.1	/	/					CMM	
19	R2.5	0.25	−0.25					CMM	
20	50°	0.25	−0.25					CMM	
21	R2.5	0.25	−0.25					CMM	
22	10.00	0.25	−0.25					CMM	
23	10.00	0.25	−0.25					CMM	
24	R1.5	0.25	−0.25					CMM	
25	R1.5	0.25	−0.25					CMM	
	外观 碰伤 毛刺							目测	
	是/否 合格								
测量员：			批准人：				页数：	

图 2-2-90 检测报告

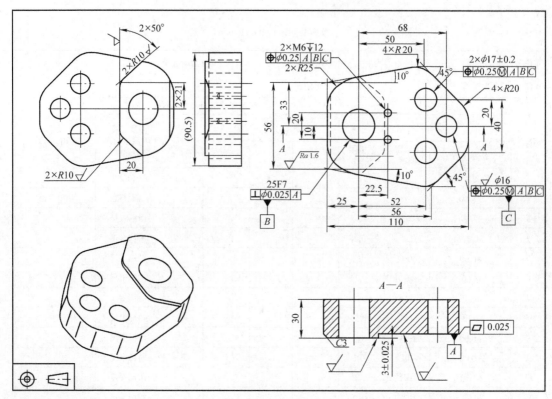

图 2-2-91　支撑块[一]

项目2.3　滑槽板的加工与调试

2.3.1　教学目标

【能力目标】能编制滑槽板的加工工艺

能使用 NX 6.0 软件编制滑槽板的加工程序

能使用立式铣削加工中心加工滑槽板

能检测加工完成的滑槽板

【知识目标】掌握滑槽板的加工工艺

掌握滑槽板的程序编制方法

掌握滑槽板的加工方法

掌握滑槽板的检测方法

【素质目标】激发学生的学习兴趣，培养团队合作和创新精神

2.3.2　项目导读

该滑槽板是注塑机中的一个零件，此零件的特点是结构相对复杂，零件整体外形为块状，零件的加工精度要求较高。零件由滑槽、孔、螺纹孔、斜角等特征组成，其中滑槽是一个扇形槽，槽宽和粗糙度要求都比较高，在编程与加工过程中要特别注意滑槽的宽度尺寸和粗糙度的控制。

─────────────

2.3.3　项目任务

学生以企业制造工程师的身份投入工作，分析滑槽板的零件图样，明确加工内容和加工要求，对加工内容进行合理的工序划分，确定加工路线，选用加工设备，选用刀具和夹具，制定加工工艺卡；运用 NX 软件编制滑槽板的加工程序并进行仿真加工，使用立式铣削加工中心加工滑槽板，对加工成品进行检测，并根据检测结果对整个加工工艺和加工程序提出修改建议。

1. 制定加工工艺

（1）图样分析　滑槽板零件图样如图 2-3-1 所示。该滑槽板结构相对复杂，主要由滑槽、孔、螺纹孔、斜角等特征组成。

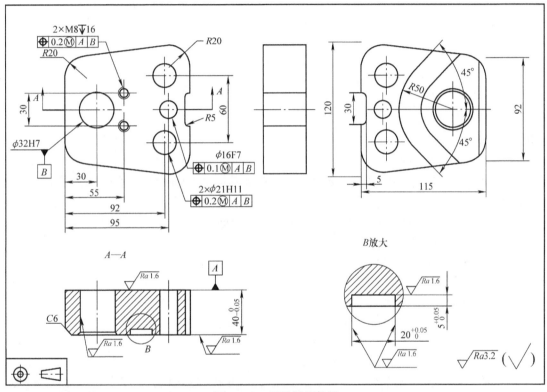

图 2-3-1　滑槽板零件图

零件材料为 42CrMo。材料硬度要求为 28～32HRC，属于中等硬度，可以采用铣削加工。滑槽板主要加工内容见表 2-3-1。

表 2-3-1　加工内容

内　容	要　求	备　注
外形	零件整体外形，尺寸偏差为 ±0.25mm	
滑槽	滑槽形状 ±0.25mm，滑槽宽度为 $20^{+0.05}_{0}$ mm，滑槽深度为 $5^{+0.05}_{0}$ mm	
ϕ32H7 孔	孔径为 $\phi32^{+0.025}_{0}$ mm，深度为贯通	
ϕ16F7 孔	孔径为 $\phi16^{+0.034}_{+0.016}$ mm，深度为贯通	
ϕ21H11 孔	孔径为 $\phi21^{+0.13}_{0}$ mm，深度为贯通	
M8 螺纹孔	螺纹规格 M8×1.25，有效深度为 16mm	
C6	C6	
零件总高	零件总高为 $40^{0}_{-0.05}$ mm	

（续）

内　容	要　求	备　注
粗糙度	零件上下面粗糙度为 $Ra1.6\mu m$，滑槽底面侧面粗糙度为 $Ra1.6\mu m$，$\phi32H7$ 孔粗糙度为 $Ra1.6\mu m$，其余加工面粗糙度为 $Ra3.2\mu m$	
位置度	两个 M8 螺纹孔相对基准 A、B 的位置度为 0.2；两个 $\phi21H11$ 孔相对基准 A、B 的位置度为 0.2；$\phi16F7$ 孔相对基准 A、B 的位置度为 0.1	

此滑槽板的主要加工难点为滑槽的深度、宽度和粗糙度，$\phi32H7$ 孔和 $\phi16F7$ 孔的直径尺寸和粗糙度，上下表面的粗糙度。

（2）制定工艺路线　此零件分两次装夹，毛坯留有一定的夹持量，正面一次加工完成，保证位置度，然后反身装夹，把夹持部分铣掉，保证总高，并加工两个螺纹孔。由于选用了较好的刀具系统，所以在钻孔前不必先钻中心孔。

1）备料。42CrMo 块料，130mm×125mm×45mm。

2）铣上表面。平口钳装夹零件，铣上表面，夹持厚度为 3mm～4mm。

3）粗铣外形。粗铣零件外形，留 0.3mm 精加工余量。

4）精铣外形。精铣零件外形至图样尺寸。

5）凹槽清根。加工 $R5$ 圆角至图样尺寸。

6）粗铣滑槽。粗铣滑槽深度和宽度各留 0.3mm 精加工余量。

7）钻孔。钻两个 $\phi21H11$ 孔，在 $\phi32H7$ 孔位置也钻一个 $\phi21mm$ 孔，在 $\phi16F7$ 孔位置钻一个 $\phi15.6$ 孔。

8）扩孔。将 $\phi32H7$ 孔位置的 $\phi21mm$ 孔扩大到 $\phi31mm$。

9）精铣倒角。铣 $C6$ 倒角至图样要求。

10）精铣滑槽。精铣滑槽至图样要求。

11）精镗 $\phi32H7$ 孔。精镗至图样要求。

12）精镗 $\phi16F7$ 孔。精镗至图样要求。

13）铣反面。零件反身装夹，铣反面，保证零件总高。

14）钻底面面螺纹底孔。钻 $\phi6.8mm$ 螺纹底孔。

15）攻底面螺纹。攻 2 个 M8×1.25 螺纹孔。

（3）选用加工设备　选用杭州友佳集团生产的 HV–40A 立式铣削加工中心作为加工设备，此机床为水平床身，机械手换刀，刚性好，加工精度高，适合小型零件的大批量生产，机床主要技术参数和外观如表 2-3-2 所示。

表 2-3-2　机床主要技术参数和外观

主要技术参数		机床外观
X 轴行程（mm）	1000	
Y 轴行程（mm）	520	
Z 轴行程（mm）	505	
主轴最高转速（r/min）	10000	
刀具交换形式	机械手	
刀具数量	24	
数控系统	FANUC：MateC	

（4）选用毛坯　零件材料为 42CrMo。材料硬度要求为 28～32HRC，属于中等硬度，可以采用铣削加工。根据零件尺寸和机床性能，并考虑零件装夹要求，选用 130mm × 125mm × 45mm 的块料作为毛坯。毛坯如图 2-3-2 所示。

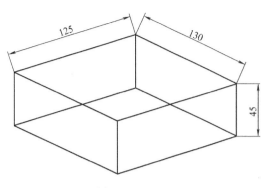

图 2-3-2　毛坯

（5）选用夹具　零件分两次装夹，加工顶面时，以毛坯作为基准，选用平口钳装夹，零件左侧面与平口钳左侧对齐，零件高度方向伸出量为 41mm，装夹示意图如图 2-3-3 所示。加工零件底面时，采用已经加工完毕外形作为定位基准，为保证底面螺纹孔的位置度，在平口钳侧面添加一个定位块，装夹示意图如图 2-3-4 所示。

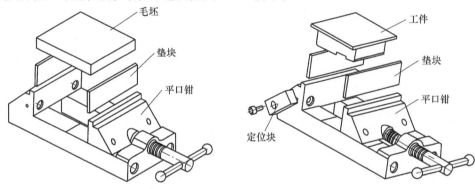

图 2-3-3　加工顶面装夹　　　　　　　　图 2-3-4　加工底面装夹

（6）选用刀具和切削用量　选用 SANDVIK 刀具系统，查阅 SANDVIK 刀具手册，选用刀具和切削用量如表 2-3-3 所示。

表 2-3-3　刀具和切削用量

工序	刀号	刀具规格		加工内容	转速/(r/min)	切深/mm	进给速度/(mm/min)
加工顶面	T01	R290 – 100Q32 – 12L	R290.90 – 12T320M – PM	铣面	3800	2.5	1500
	T02	R390 – 020C5 – 11M095	R390 – 11T308E – PL	粗铣外形	4500	3	1200
	T03	R216.33 – 16045 – AC26P		精铣外形	5000	5	1500

（续）

工序	刀号	刀具规格	加工内容	转速/ (r/min)	切深 /mm	进给速度 /(mm/min)
加工顶面	T04	R216.33 – 08045 – AC26P	凹槽清根	4500	2	1200
	T05	R216.32 – 16030 – AC10P	粗铣滑槽	5000	2	1500
	T06	R840 – 2100 – 30 – A0A	钻孔	800		240
	T07	R840 – 1560 – 30 – A0A	钻孔	1200		360
	T08	R840 – 3100 – 30 – A0A	扩孔	500		80
	T09	R216.42 – 06030 – AC10P	铣倒角	5400		1800
	T10	R215.36 – 06050 – AC13L	精铣滑槽	5200		1200
	T11	392.410 37A – 63 12 063B	镗孔	1400		200
	T12	392.410 37A – 63 12 063B	镗孔	1600		340

（续）

工序	刀号	刀具规格	加工内容	转速/ （r/min）	切深 /mm	进给速度 /（mm/min）
加工底面	T01	R290 - 100Q32 - 12L　　R290. 90 - 12T320M - PM	铣面	3800	2.5	1500
	T13	R840 - 0680 - 30 - A0A	钻孔	2400	4	500
	T14	M8 × 1.25	攻螺纹	1000		1250

（7）制定工艺卡　以一次装夹作为一个工序，制定加工工艺卡如表 2-3-4、表 2-3-5、表 2-3-6 所示。

表 2-3-4　工 序 清 单

零件号：367513-0		工艺版本号：0	工艺流程卡_工序清单		
工序号	工序内容	工位	页码：1		页数：3
001	备料	外协	零件号：367613		版本：0
002	加工顶面	加工中心	零件名称：滑槽板		
003	加工底面	加工中心	材料：42CrMo		
004			材料尺寸：130mm×125mm×45mm		
005			更改号	更改内容	批准	日期
006						
007						
008			01			
009						
010			02			
011						
012			03			
013						
拟制：　日期：　审核：　日期：　批准：　日期：						

表2-3-5　加工顶面工艺卡

零件号：367513-0		工序名称：加工顶面		工艺流程卡_工序单	
材料：42CrMo	页码：2		工序号：02		版本号：0
夹具：平口钳	工位：加工中心		数控程序号：367513 01.NC		

刀具及参数设置					
刀具号	刀具规格	加工内容	主轴转速(r/min)	进给速度(mm/min)	
T01	R290-100Q32-12L；R290.90-12T32OM-PM	铣面	3800	1500	
T02	R390-020C5-11M095，R390-11T308E-PL	粗铣外形	4500	1200	
T03	R216.33-16045-AC26P	精铣外形	5000	1500	
T04	R216.33-08045-AC26P	凹槽清根	4500	1200	
T05	R216.32-16030-AC10P	粗铣滑槽	5000	1500	
T06	R840-2100-30-A0A	钻孔	800	240	
T07	R840-1560-30-A0A	钻孔	1200	360	
T08	R840-3100-30-A0A	扩孔	500	80	
T09	R216.42-06030-AC10P	铣倒角	5400	1800	
T10	R215.36-06050-AC13L	精铣滑槽	5200	1200	
T11	392.410 37A-63 12 063B	精镗ϕ32孔	1400	200	
T12	392.410 37A-63 12 063B	精镗ϕ16孔	1600	340	

其余尺寸参阅零件图，锐边加0.3倒角

35.5

02				
01				
更改号	更改内容	批准	日期	
拟制：日期：	审核：日期：	批准：日期：		

表2-3-6　加工底面工艺卡

零件号：367513-0		工序名称：加工底面		工艺流程卡_工序单	
材料：42CrMo	面码：3		工序号：03		版本号：0
夹具：平口钳	工位：加工中心		数控程序号：367513-02.NC		

刀具及参数设置					
刀具号	刀具规格	加工内容	主轴转速(r/min)	进给速度(mm/min)	
T01	R290-100Q32-12L，R290.90-12T320M-PM	铣面	3800	1500	
T13	R840-0680-30-A0A	钻孔	2400	500	
T14	M8×1.25丝锥	攻螺纹	1000	1250	

所有尺寸参阅零件图，锐边加0.3倒角

02				
01				
更改号	更改内容	批准	日期	
拟制：日期：	审核：日期：	批准：日期：		

2. 编制加工程序

（1）编制加工零件顶面的 NC 程序

1）点击【开始】、【所有应用模块】、【加工】，弹出加工环境设置对话框，CAM 会话配置选择 cam＿general；要创建的 CAM 设置选择 mill＿planar，如图 2-3-5 所示，然后点击【确定】，进入加工模块。

2）在加工操作导航器空白处，点击鼠标右键，选择【几何视图】，更改 WORKPIECE 和 MCS＿MILL 的父子关系，复制 MCS＿MILL，然后粘贴，将 MCS＿MILL 更名为 MCS＿MILL＿1，将 MCS＿MILL＿COPY 更名为 MCS＿MILL＿2，如图 2-3-6 所示。

3）双击操作导航器中的 WORKPIECE，弹出 WORK-PIECE 设置对话框，如图 2-3-7 所示。

4）点击【指定部件】，弹出部件选择对话框，选择如图 2-3-8 所示为部件，点击【确定】，完成指定部件。

5）点击【指定毛坯】，弹出毛坯选择对话框，选择几何体，选择毛坯（在建模中已经建好，在图层 2 中），如图 2-3-9 所示。点击【确定】完成毛坯设置，点击【确定】完成 WORKPIECE 设置。

图 2-3-5　加工环境设置

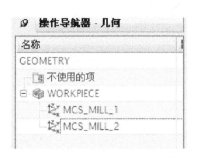

图 2-3-6　几何视图选择

图 2-3-7　WORKPIECE 设置

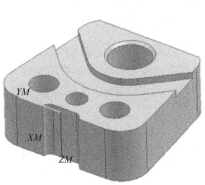

图 2-3-8　指定部件

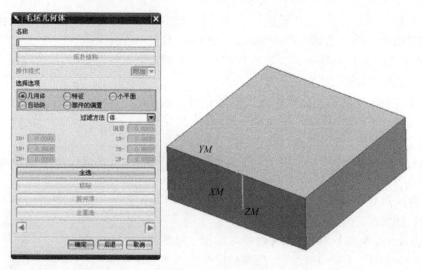

图 2-3-9   毛坯设置

6）双击操作导航器中的【MCS_MILL_1】，弹出加工坐标系对话框，设置安全距离为50，如图 2-3-10 所示。

7）点击毛坯上表面，点击【确定】，如图 2-3-11 所示。点击【确定】，同样的方法设置 MCS_MILL_2，选择表面为毛坯的下表面，完成加工坐标系设置。

图 2-3-10   加工坐标系设置

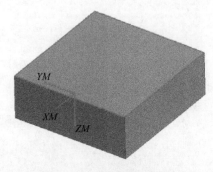

图 2-3-11   加工坐标系设置

8）在加工操作导航器空白处，点击鼠标右键，选择【机床视图】，点击菜单条【插入】，点击【刀具】，弹出创建刀具对话框，如图 2-3-12 所示。类型选择为 mill_planar，刀具子类型选择为 MILL，刀具位置为 GENERIC_MACHINE，刀具名称为 T1D50，点击【确定】，弹出刀具参数设置对话框。

9）设置刀具参数如图 2-3-13 所示。直径为 50，底圆角半径为 0，刀刃为 2，长度为 75，刀刃长度为 50，刀具号为 1，长度补偿为 1，刀具补偿为 1，点击【确定】，完成创建刀具。

10）用同样的方法创建刀具 2，类型选择为 mill_planar，刀具子类型选择为 MILL，刀具位置为 GENERIC_MACHINE，刀具名称为 T2D20，直径为 20，底圆角半径为 0，刀刃为 2，长度为 75，刀刃长度为 50，刀具号为 2，长度补偿为 2，刀具补偿为 2。

11）用同样的方法创建刀具 3，刀具名称为 T3D16，直径为 16，刀具号为 3，长度补偿为 3，刀具补偿为 3。

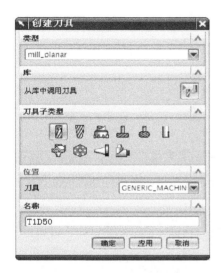

图 2-3-12　创建刀具

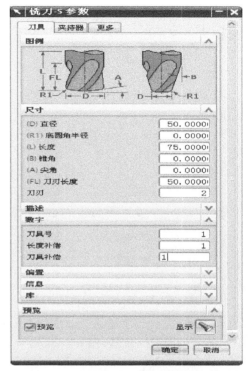

图 2-3-13　刀具参数设置

12）用同样的方法创建刀具 4，刀具名称为 T4D8，直径为 8，刀具号为 4，长度补偿为 4，刀具补偿为 4。

13）用同样的方法创建刀具 5，刀具名称为 T5D16，直径为 16，刀具号为 5，长度补偿为 5，刀具补偿为 5。

14）创建刀具 6，点击菜单条【插入】，点击【刀具】，弹出创建刀具对话框，如图 2-3-14 所示。类型选择为 drill，刀具子类型选择为 DRILLING _ TOOL，刀具位置为 GENERIC _ MACHINE，刀具名称为 T6D21，点击【确定】，弹出刀具参数设置对话框。

15）设置刀具参数如图 2-3-15 所示，直径为 21，长度为 50，刀刃为 2，刀具号为 6，长度补偿为 6，点击【确定】，完成创建刀具。

16）同样的方法创建 7 号钻头，刀具名称为 T7D15.6，直径为 15.6，刀具号为 7，长度补偿为 7。

图 2-3-14　创建刀具

17）同样的方法创建 8 号扩孔钻，刀具名称为 T8D31，直径为 31，刀具号为 8，长度补偿为 8。

18）用创建刀具 1 的方法创建刀具 9，刀具名称为 T9D6，直径为 6，底圆角半径为 3，刀具号为 9，长度补偿为 9。

19）用创建刀具1的方法创建刀具10，刀具名称为T10D6，直径为6，底圆角半径为0，刀具号为10，长度补偿为10，刀具补偿为10。

20）用创建刀具1的方法创建刀具11，刀具名称为T11D32，直径为32，刀具号为11，长度补偿为11，刀具补偿为11。

21）用创建刀具1的方法创建刀具12，刀具名称为T12D16，直径为16，刀具号为12，长度补偿为12，刀具补偿为12。

22）用创建刀具6的方法创建13号钻头，刀具名称为T13D6.8，直径为6.8，刀具号为13，长度补偿为13。

23）创建刀具14，点击菜单条【插入】，点击【刀具】，弹出创建刀具对话框，如图2-3-16所示。类型选择为drill，刀具子类型选择为THREAD_MILL，刀具位置为GENERIC_MACHINE，刀具名称为T14M8，点击【确定】，弹出刀具参数设置对话框。

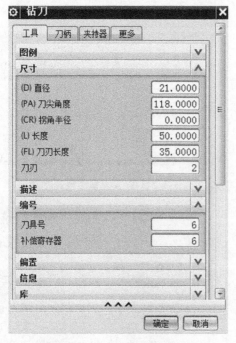

图2-3-15　刀具参数设置

图2-3-16　创建刀具

24）设置刀具参数如图2-3-17所示，直径为8，长度为50，螺距为1.25，刀刃为2，刀具号为14，长度补偿为14，点击【确定】，完成创建刀具。

25）在加工操作导航器空白处，点击鼠标右键，选择【程序视图】，点击菜单条【插入】，点击【操作】，弹出创建操作对话框，类型为mill_planar，操作子类型为FACE_MILLING，程序为PROGRAM，刀具为T1D50，几何体为MCS_MILL_1，方法为MILL_ROUGH，名称为FACE_MILLING_ROUGH，如图2-3-18所示，点击【确定】，弹出操作设置对话框，如图2-3-19所示。

26）点击【指定面边界】，弹出指定面几何体对话框，如图2-3-20所示，选择曲线边界模式，平面设置为手工，弹出平面对话框，如图2-3-21所示，选择对象平面方式，选取如图2-3-22所示的平面，系统回到指定面几何体对话框，选择底部面的轮廓边，如图2-3-23所示，点击【确定】，完成指定面边界。

图 2-3-17　刀具参数设置

图 2-3-18　创建操作

图 2-3-19　平面铣操作设置

图 2-3-20　面几何体

图 2-3-21　平面定义

27）设置刀轴为 + ZM 轴，如图 2-3-24 所示。

28）切削模式为往复，步距为刀具直径的75%，毛坯距离为5，每刀深度为2.5，最终底部余量为0，如图2-3-25所示。

29）点击【进给和速度】，弹出对话框，设置主轴速度为3800，设置进给率为1500，如图2-3-26所示。点击【确定】完成进给和速度设置。

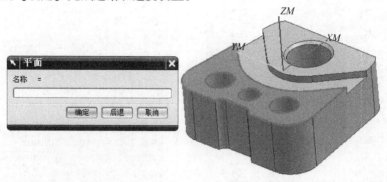

图2-3-22　选择平面

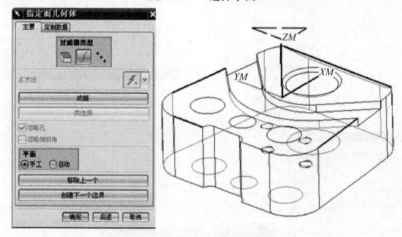

图2-3-23　选择曲线

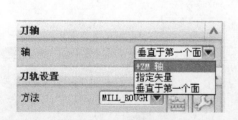

图2-3-24　设置刀轴

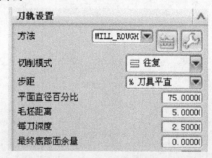

图2-3-25　刀轨设置

30）点击【生成刀轨】，如图2-3-27所示。得到零件的加工刀轨，如图2-3-28所示。单击【确定】，完成零件上表面加工刀轨设置。

31）在加工操作导航器空白处，点击鼠标右键，选择【程序视图】，点击菜单条【插入】，点击【操作】，弹出创建操作对话框，类型为mill_planar，操作子类型为PLANAR_MILL，程序为PROGRAM，刀具为T2D20，几何体为MCS_MILL_1，方法为MILL_ROUGH，名称为MILL_

ROUGH，如图 2-3-29 所示，点击【确定】，弹出操作设置对话框，如图 2-3-30 所示。

32）点击【指定部件边界】，设置部件边界如图 2-3-31 所示。

33）点击【指定毛坯边界】，设置毛坯边界如图 2-3-32 所示。

34）点击【指定底面】，设置底面如图 2-3-33 所示。

35）切削模式为配置文件，步距为刀具直径的 50%，如图 2-3-34 所示。

36）点击【切削层】，设置每刀切削深度为 3，如图 2-3-35 所示。

37）设置部件余量为 0.3，如图 2-3-36 所示。

38）点击【进给和速度】，弹出对话框，设置主轴速度为 4500，设置进给率为 1200，如图 2-3-37 所示。单击【确定】完成进给和速度设置。

图 2-3-26　进给和速度

图 2-3-27　生成刀轨

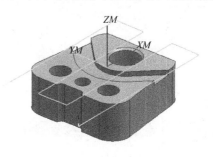

图 2-3-28　加工刀路

图 2-3-29　创建操作

图 2-3-30　平面铣操作设置

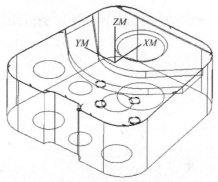

图 2-3-31　部件边界

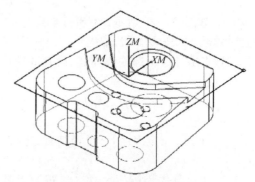

图 2-3-32　毛坯几何体

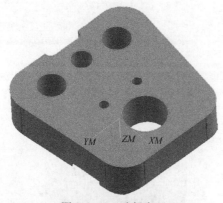

图 2-3-33　选择底面

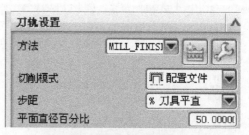

图 2-3-34　刀轨设置

图 2-3-35　每刀切削深度

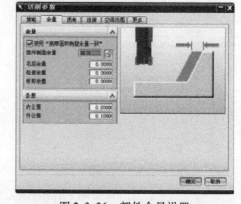

图 2-3-36　部件余量设置

39）点击【生成刀轨】，如图 2-3-38 所示，得到零件的加工刀轨，如图 2-3-39 所示。单击【确定】，完成零件侧面粗加工刀轨设置。

40）复制 MILL_ROUGH，然后粘贴，将 MILL_ROUGH_COPY 更名为 MILL_FINISH，双击 MILL_FINISH，将刀具更改为 T3D16，全局每刀深度更改为 5，部件余量更改为 0，主轴速度更改为 5000，进给率更改为 1500，生成加工刀轨如图 2-3-40 所示。

41）点击菜单条【插入】，点击【操作】，弹出创建操作对话框，类型为 MILL_CONTOUR，操作子类型为 ZLEVEL_PROFILE，程序为 PROGRAM，刀具为 T4D8，几何体为 MCS_MILL_1，方法为 MILL_FINISH，名称为 MILL_FINISH_1，如图 2-3-41 所示。点击【确定】，弹出操作设置对话框，如图 2-3-42 所示。

42）点击【指定切削区域】，选择如图 2-3-43 所示的面作为加工面。

图2-3-37　进给和速度

图2-3-38　生成刀轨

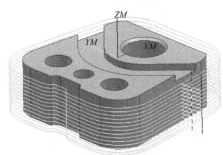

图2-3-39　加工刀轨

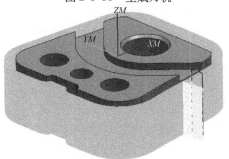

图2-3-40　加工刀轨

图2-3-41　创建操作

图2-3-42　深度加工轮廓操作设置

43）全局每刀深度设置为2，如图2-3-44所示。

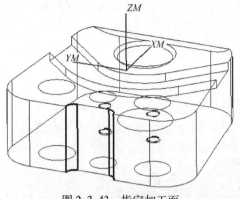

图2-3-43　指定加工面

图2-3-44　全局每刀深度设置

44）点击【进给和速度】，弹出对话框，设置主轴速度为4500，设置进给率为1200，如图2-3-45所示。单击【确定】完成进给和速度设置。

45）点击【生成刀轨】，如图2-3-46所示，得到零件的加工刀轨，如图2-3-47所示。点击【确定】，完成零件侧面清根加工刀轨设置。

46）点击菜单条【插入】，点击【操作】，弹出创建操作对话框，类型为MILL_CONTOUR，操作子类型为CAVITY_MILL，程序为PROGRAM，刀具为T5D16，几何体为MCS_MILL_1，方法为MILL_ROUGH，名称为MILL_ROUGH_1，如图2-3-48所示，点击【确定】，弹出操作设置对话框，如图2-3-49所示。

47）点击【指定切削区域】，选择如图2-3-50所示的加工区域。

48）全局每刀深度设置为2，如图2-3-51所示。设置部件余量为0.3，如图2-3-52所示。

图2-3-45　进给和速度

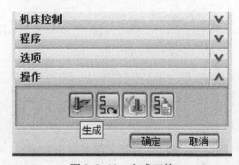

图2-3-46　生成刀轨

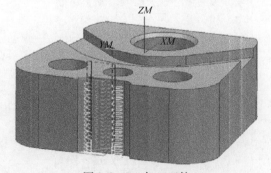

图2-3-47　加工刀轨

49）点击【进给和速度】，弹出对话框，设置主轴速度为5000，设置进给率为1500，如图2-3-53所示。点击【确定】完成进给和速度设置。

50）点击【生成刀轨】，如图2-3-54所示，得到零件的加工刀轨，如图2-3-55所示。点击【确定】，完成滑槽粗加工刀轨设置。

图 2-3-48　创建操作

图 2-3-49　型腔铣操作设置

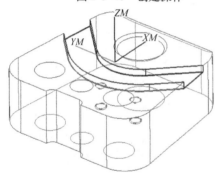

图 2-3-50　加工区域

图 2-3-51　全局每刀深度设置

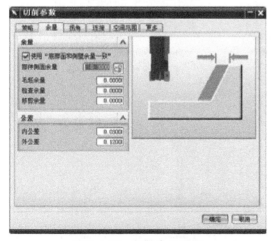

图 2-3-52　部件余量设置

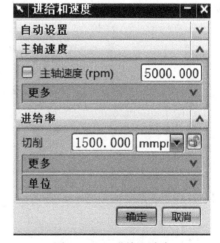

图 2-3-53　进给和速度

51）点击菜单条【插入】，点击【操作】，弹出创建操作对话框，类型为 DRILL，操作子类型为 DRILLING，程序为 PROGRAM，刀具为 T6D21，几何体为 MCS_MILL_1，方法为 DRILL_METHOD，名称为 DRILL_1，如图 2-3-56 所示，系统弹出钻孔操作设置对话框，如图 2-3-57 所示。

52）点击【指定孔】，点击【确定】，选择如图 2-3-58 所示孔。点击【确定】完成操作。

图 2-3-54　生成刀轨

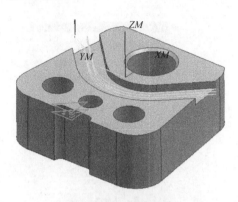

图 2-3-55　加工刀轨

图 2-3-56　创建操作

图 2-3-57　钻操作设置

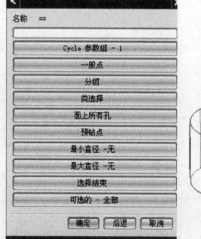

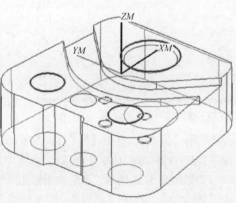

图 2-3-58　指定孔

53）选择循环类型为啄钻，如图 2-3-59，弹出对话框，输入距离为 4，点击【确定】，弹出对话框，输入 1，点击【确定】，弹出对话框，设置钻孔深度为模型深度。

54）点击【进给和速度】，设置主轴速度为 800，进给率为 240，点击【确定】，完成操作。点击【生成刀轨】，得到零件的加工刀轨，如图 2-3-60 所示。点击【确定】，完成钻孔刀轨设置。

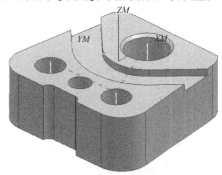

图 2-3-59　循环类型　　　　　　　图 2-3-60　钻孔刀轨

55）复制 DRILL_1，然后粘贴 DRILL_1，将 DRILL_1_COPY 更名为 DRILL_2，双击 DRILL_2，将刀具更改为 T7D15.6，重新选择直径为 16 的孔，主轴速度更改为 1200，进给率更改为 360，点击【确定】，生成刀轨如图 2-3-61 所示。

56）复制 DRILL_1，然后粘贴 DRILL_1，将 DRILL_1_COPY 更名为 DRILL_3，双击 DRILL_3，将刀具更改为 T8D31，重新选择直径为 32 的孔，主轴速度更改为 500，进给率更改为 80，点击【确定】，生成刀轨如图 2-3-62 所示。

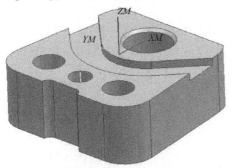
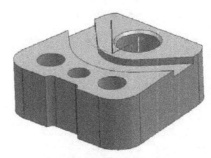

图 2-3-61　生成刀轨　　　　　　　图 2-3-62　生成刀轨

57）复制 MILL_FINISH_1，然后粘贴 MILL_FINISH_1，将 MILL_FINISH_1_COPY 更名为 MILL_FINISH_2，双击 MILL_FINISH_2，将刀具更改为 T9D6，重新选择加工面为倒角面，全局每刀深度更改为 0.2，主轴速度更改为 5400，进给率更改为 1800，点击【确定】，生成加工刀轨如图 2-3-63 所示。

58）复制 MILL_ROUGH_1，然后粘贴 MILL_ROUGH_1，将 MILL_ROUGH_1_COPY 更名为 MILL_FINISH_3，双击 MILL_FINISH_3，将刀具更改为 T10D6，切削模式更改为配置文件，部件余量更改为 0，主轴速度更改为 5200，进给率更改为 1200，点击【确定】，生成加工刀轨如图 2-3-64 所示。

59）复制 DRILL_3，然后粘贴 DRILL_3，将 DRILL_3_COPY 更名为 DRILL_4，双击 DRILL_4，将刀具更改为 T11D32，循环模式更改为标准镗，主轴速度更改为 1400，进给率更改为 200，点击【确定】，生成加工刀轨如图 2-3-65 所示。

60）复制 DRILL_2，然后粘贴 DRILL_2，将 DRILL_2_COPY 更名为 DRILL_5，双击

DRILL_5，将刀具更改为 T12D16，循环模式更改为标准镗，主轴速度更改为 1600，进给率更改为 340，点击【确定】，生成加工刀轨如图 2-3-66 所示。

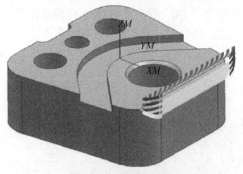

图 2-3-63　加工刀轨

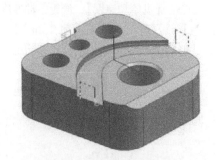

图 2-3-64　加工刀轨

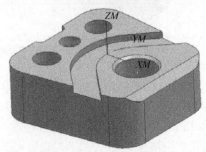

图 2-3-65　加工刀轨

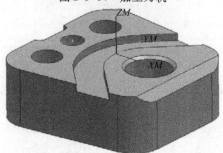

图 2-3-66　加工刀轨

（2）编制加工零件底面的 NC 程序

1）复制 FACE_MILLING_ROUGH，然后粘贴 FACE_MILLING_ROUGH，将 FACE_MILL-ING_ROUGH_COPY 更名为 FACE_MILLING_1，双击 FACE_MILLING_1，更改几何体为 MCS_MILL_2，更改边界如图 2-3-67 所示，生成加工刀轨如图 2-3-68 所示。

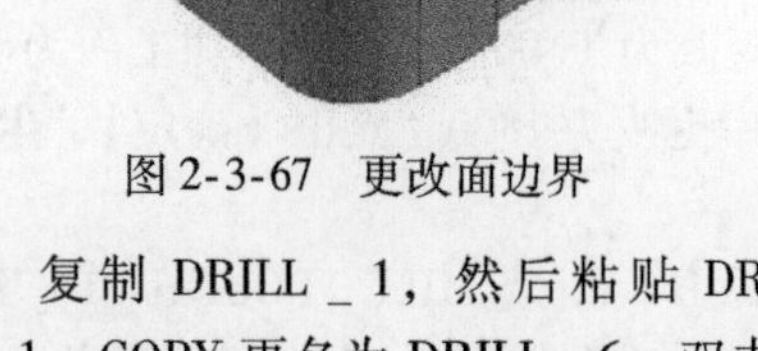

图 2-3-67　更改面边界

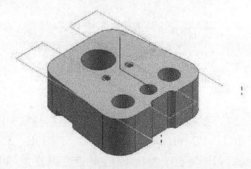

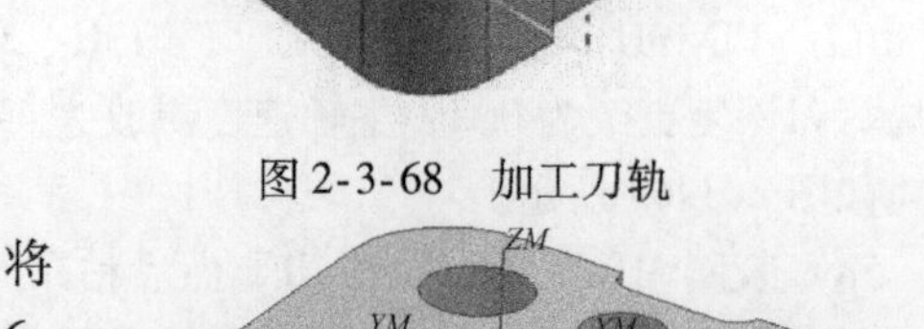

图 2-3-68　加工刀轨

2）复制 DRILL_1，然后粘贴 DRILL_1，将 DRILL_1_COPY 更名为 DRILL_6，双击 DRILL_6，更改几何体为 MCS_MIILL_2，更改刀具为 T13D6.8，重新指定直径为 8 的孔，主轴速度更改为 2400，进给率更改为 500，生成加工刀轨如图 2-3-69 所示。

3）复制 DRILL_6，然后粘贴 DRILL_6，将 DRILL_6_COPY 更名为 DRILL_7，双击 DRILL_7，将刀具更改为 T14M8，循环方式为标准攻螺纹，将主

图 2-3-69　加工刀轨

速度更改为1000，进给率更改为1250，单击【确定】，完成攻螺纹操作。

（3）仿真加工与后处理

1）在操作导航器中选择 PROGRAM，点击鼠标右键，选择刀轨，选择确认，如图2-3-70所示。弹出刀轨可视化对话框，选择 2D 动态，如图 2-3-71 所示。点击【确定】，开始仿真加工。

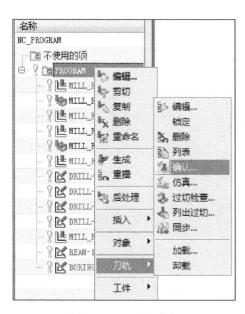

图 2-3-70　刀轨确认

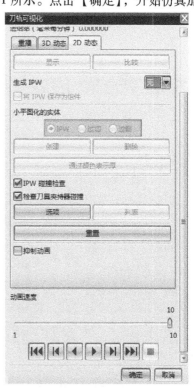

图 2-3-71　刀轨可视化

2）仿真结果如图 2-3-72 所示。

3）后处理得到加工程序。在刀轨操作导航器中选中加工顶面的加工操作，点击【工具】、【操作导航器】、【输出】、【NX Post 后处理】，如图 2-3-73 所示，弹出后处理对话框。

4）后处理器选择 MILL_3_AXIS，指定合适的文件路径和文件名，单位设置为定义了后处理，勾选列出输出，如图 2-3-74 所示，点击【确定】，完成后处理，得到加工顶面的 NC 程序，如图 2-3-75所示。使用同样的方法后处理得到加工底面的 NC 程序。

3. 零件加工

（1）加工准备　按照设备管理要求，对加工中心进行检查，确保设备完好，特别注意气压油压是否正常。对加工中心通电开机，并将机床各坐标轴回零，然后对机床进行低转速预热。

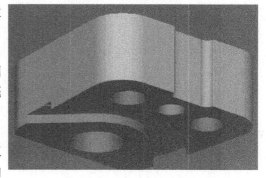

图 2-3-72　仿真结果

对照工艺卡将平口钳安装到机床工作台，并校准平口钳定位钳口与机床 X 轴平行，然后用压板将平口钳压紧固定。

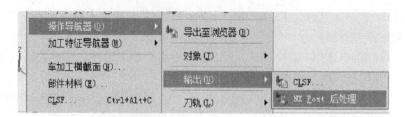

图 2-3-73　后处理命令

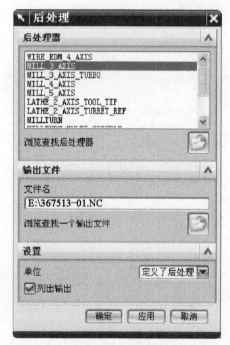

图 2-3-74　后处理

图 2-3-75　加工程序

对照工艺卡，准备好所有刀具和相应的刀柄和夹头，将刀具安装到对应的刀柄中，调整刀具伸出长度，在满足加工要求的前提下，尽量减少伸出长度，然后将装有刀具的刀柄按刀具号装入刀库。在加工本零件时要使用镗刀，镗刀必须先在对刀仪上进行调整，将镗刀尺寸调整到符合要求才能使用。

加工顶面时，零件安装伸出长度要符合工艺要求，伸出太长时夹紧部分就少，容易在加工中松动，伸出太短会造成加工时刀具碰到平口钳。零件下方必须要有垫块支撑，零件左右位置可以与平口钳一侧齐平，保证每次装夹的位置基本一致。

加工底面时，必须保证零件定位面和平口钳接触面之间无杂物，防止夹伤已加工面，装夹时要保证垫块固定不动，否则加工出来的零件上下面会不平行。左右位置要靠紧定位块，确保每次装夹位置完全一致。

对每把刀进行 Z 向偏置设置，要使用同一表面进行对刀，使用寻边器进行加工原点找正，并设置相应数据。

（2）程序传输　在关机状态使用 RS232 通信线连接机床系统与电脑，打开电脑和数控机床系统，进行相应的通信参数设置，要求数控系统内的通信参数与电脑通信软件内的参数一致。

（3）零件加工及注意事项　对刀和程序传输完成后，将机床模式切换到自动方式，按循环启动键，即可开始自动加工，在加工过程中，由于是首件第一次加工，所以要密切注意加工状态，有问题要及时停止。加工完一件后，待机床停机，使用气枪清除刀具上的切屑。

（4）零件检测　零件检测是零件整个生产过程的重要环节，是保证零件质量，优化加工工艺的主要依据。零件检测主要步骤有：制作检测用的 LAYOUT 图如图 2-3-76 所示，也就是对所有需要检测的项目进行编号的图样；制作检测用空白检测报告如图 2-3-77 所示，报告包括检测项目、标准、所有量具、检测频率；对零件进行检测并填写报告。

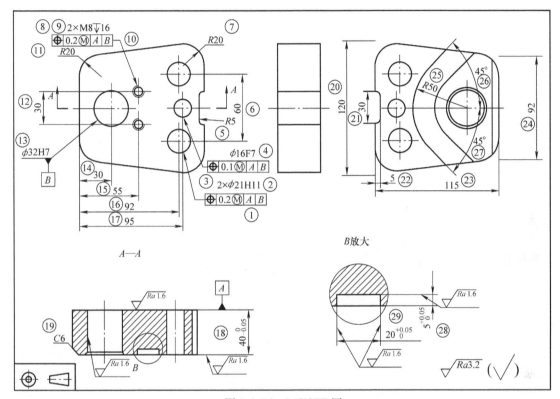

图 2-3-76　LAYOUT 图

（5）编制及完善相关工艺文件　根据加工中的实际情况和检测结果，对零件加工工艺和加工程序进行优化，最大限度的缩短加工时间，提高效率，主要是删除空运行的程序段，并调整切削参数。

2.3.4　专家点拨

1）在立式加工中心加工零件时，如果要加工直径要求比较高的内孔，一般会选用镗孔工艺，用可调式精镗刀加工内孔。

2）镗刀加工内孔时，如果内孔为盲孔或者台阶孔，为了防止损坏镗刀，在镗孔时 Z 向留 0.05mm 左右的余量。

3）在立式加工中心上加工表面时，最好选用的面铣刀直径大于被加工面的宽度，保证一刀就可以加工完成，如面铣刀直径小于被加工面的宽度，就必须走多刀，那表面会留有明显的接刀痕迹。

4）用铣刀加工尺寸要求比较高的特征时，一般选用整体式铣刀，而不是选用可转位式铣刀。

5）所有产品加工都应先编制工艺文件，后编制加工程序。

检测报告(Inspecton Report)

零件名：滑槽板			零件材料：				送检数量：	
零件号：367513-0			表面处理：				送检日期：	

序号	图样尺寸			测量尺寸(Measurement)				测量工具 (Measurement Tool)	备注 (Remark)
	公称尺寸	上极限偏差	下极限偏差	测量尺寸 (Measuring Size)					
				1#	2#	3#	4#		
1	位置度0.2	/	/					CMM	
2	ϕ21H11	0.13	0					游标卡尺	
3	位置度0.1	/	/					CMM	
4	ϕ16F7	0.034	0.016					内径量表	
5	R5	0.25	−0.25					CMM	
6	60.00	0.25	−0.25					游标卡尺	
7	R20	0.25	−0.25					CMM	
8	2×M8	/	/					螺纹规	
9	16.00	0.25	−0.25					游标卡尺	
10	位置度0.2	/	/					CMM	
11	R20	0.25	−0.25					CMM	
12	30.00	0.25	−0.25					游标卡尺	
13	ϕ32H7	0.025	0					内径千分尺	
14	30.00	0.25	−0.25					游标卡尺	
15	55.00	0.25	−0.25					游标卡尺	
16	92.00	0.25	−0.25					游标卡尺	
17	95.00	0.25	−0.25					游标卡尺	
18	40.00	0	−0.05					千分尺	
19	C6	0.25	−0.25					CMM	
20	120.00	0.25	−0.25					CMM	
21	30.00	0.25	−0.25					游标卡尺	
22	5.00	0.25	−0.25					游标卡尺	
23	115.00	0.25	−0.25					游标卡尺	
24	92.00	0.25	−0.25					CMM	
25	R50	0.25	−0.25					CMM	
26	45°	0.25	−0.25					CMM	
27	45°	0.25	−0.25					CMM	
28	5.00	0.05	0					深度千分尺	
29	20.00	0.05	0					内测千分尺	
	外观 碰伤 毛刺							目测	
	是/否 合格								
测量员：			批准人：				页数：	

图 2-3-77   检测报告

2.3.5   课后训练

完成图 2-3-78 所示连接块的加工工艺编制并制作工艺卡，完成零件的加工程序编制并进行仿真加工。

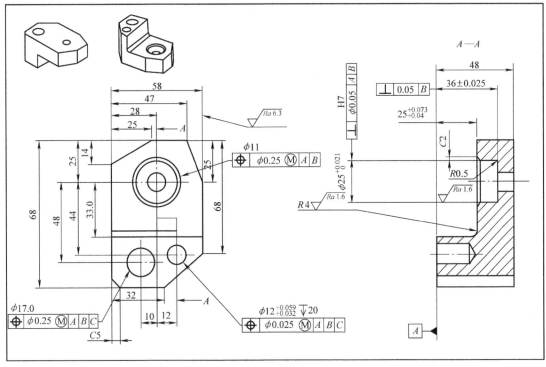

图 2-3-78　连接块[一]

项目2.4　锁紧板的加工与调试

2.4.1　教学目标

【能力目标】能编制锁紧板的加工工艺

能使用 NX 6.0 软件编制锁紧板的加工程序

能使用立式铣削加工中心加工锁紧板

能检测加工完成的锁紧板

【知识目标】掌握锁紧板的加工工艺

掌握锁紧板的程序编制方法

掌握锁紧板的加工方法

掌握锁紧板的检测方法

【素质目标】激发学生的学习兴趣，培养团队合作和创新精神

2.4.2　项目导读

该锁紧板是注塑机中的一个零件，此零件的特点是结构相对复杂，零件整体外形为块状，外轮廓呈异形轮廓，零件的加工精度要求较高。零件上由 U 形槽、孔、螺纹、沟槽、倒角等特征组成，其中孔的加工精度和粗糙度要求都比较高，在编程与加工时要特别注意。

2.4.3　项目任务

学生以企业制造工程师的身份投入工作，分析锁紧板的零件图样，明确加工内容和加工要求，

[一]　图样中有不尽符合国家标准之处系企业引进技术内容，仅供参考。

对加工内容进行合理的工序划分，确定加工路线，选用加工设备，选用刀具和夹具，制定加工工艺卡；运用 NX 软件编制锁紧板的加工程序并进行仿真加工，使用加工中心加工锁紧板；对加工成品进行检测，并根据检测结果对整个加工工艺和加工程序提出修改建议。

1. 制定加工工艺

（1）图样分析　锁紧板零件图样如图 2-4-1 所示，该锁紧板结构相对复杂，主要由 U 形槽、孔、螺纹，沟槽、斜角等特征组成。

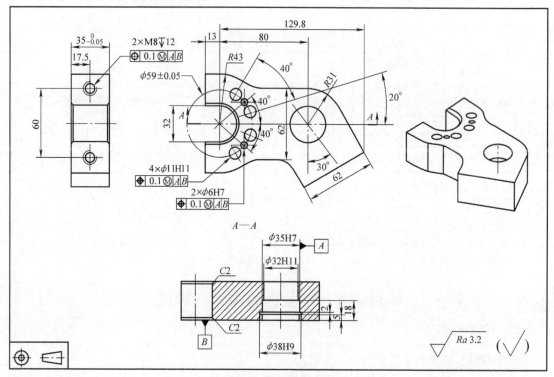

图 2-4-1　锁紧板零件图

零件材料为 42CrMo。材料硬度要求为 28~32HRC，属于中等硬度，可以采用铣削加工。锁紧板主要加工内容见表 2-4-1。

表 2-4-1　加工内容

内　容	要　求	备　注
外形	零件整体外形，尺寸偏差为 ±0.25mm	
U 形槽	U 形槽宽 32±0.25mm	
4 个 φ11H11 孔	孔径为 $\phi 11_{0}^{+0.13}$mm，深度为贯通	
2 个 φ6H7 孔	孔径为 $\phi 6_{0}^{+0.018}$mm，深度 16±0.25mm	
φ32H11 孔	孔径为 $\phi 32_{0}^{+0.13}$mm，深度为贯通	
φ35H7 孔	孔径为 $\phi 35_{0}^{+0.025}$mm，深度 18±0.25mm	
φ38H9 沟槽	沟槽直径为 $\phi 38_{0}^{+0.062}$mm，宽度为 2±0.25mm	
2 个 M8 螺纹孔	螺纹规格 M8×1.25，有效深度为 16±0.25mm	
斜角	2 个 C2 倒角	
零件总高	零件总高为 $35_{-0.05}^{0}$mm	
粗糙度	所有加工面粗糙度为 Ra3.2μm	
位置度	2 个 M8 螺纹孔相对基准 A、B 的位置度为 0.1；4 个 φ11H11 孔相对基准 A、B 的位置度为 0.1；2 个 φ6H7 孔相对基准 A、B 的位置度为 0.1	

　　此锁紧板的主要加工难点为 ϕ35H7 孔和 ϕ6H7 孔的直径尺寸和粗糙度,上下表面的粗糙度以及沟槽的加工。

　　(2) 制定工艺路线　此零件分三次装夹,毛坯留有一定的夹持量,正面一次加工完成,保证位置度;然后反身装夹,把夹持部分铣掉,保证总高;最后零件竖起装夹加工两个螺纹孔。由于选用了较好的刀具系统,所以在钻孔前不必先钻中心孔。

　　1) 备料。42CrMo 块料,150mm×110mm×40mm。

　　2) 铣上表面。平口钳装夹零件,铣上表面,夹持厚度为 3mm~4mm。

　　3) 粗铣外形。粗铣零件外形,留 0.3mm 精加工余量。

　　4) 精铣外形。精铣零件外形至图样尺寸。

　　5) 钻孔。钻四个 ϕ11H11 孔,深度贯通。

　　6) 钻孔。在两个 ϕ6H7 孔位置钻 2 个 ϕ5.8mm 孔,深度贯通。

　　7) 钻孔。在 ϕ32H11 孔位置钻 ϕ30mm 孔,深度贯通。

　　8) 铣孔。铣 ϕ32H11 孔至图样要求,深度贯通。

　　9) 铰孔。精铰两个 ϕ6H7 孔。

　　10) 铣倒角。铣 U 形槽口倒角。

　　11) 铣反面。零件反身装夹,铣反面,保证零件总厚。

　　12) 铣孔。铣 ϕ35H7 孔至 ϕ34.5mm,深度 18mm。

　　13) 铣沟槽。用 T 形刀铣 ϕ38mm×2mm 沟槽至图样尺寸。

　　14) 镗孔。精镗 ϕ35H7 孔至图样尺寸。

　　15) 钻侧面螺纹底孔。钻 ϕ6.8mm 螺纹底孔。

　　16) 攻侧面螺纹。攻两个 M8×1.25 螺纹孔。

　　(3) 选用加工设备　选用杭州友佳集团生产的 HV-40A 立式铣削加工中心作为加工设备,此机床为水平床身,机械手换刀,刚性好,加工精度高,适合小型零件的大批量生产,机床主要技术参数和外观如表 2-4-2 所示。

表 2-4-2　机床主要技术参数和外观

主要技术参数		机床外观
X 轴行程/mm	1000	
Y 轴行程/mm	520	
Z 轴行程/mm	505	
主轴最高转速/ (r/min)	10000	
刀具交换形式	机械手	
刀具数量	24	
数控系统	FANUC:MateC	

　　(4) 选用毛坯　零件材料为 42CrMo。材料硬度要求为 28~32HRC,属于中等硬度,可以采用铣削加工。根据零件尺寸和机床性能,并考虑零件装夹要求,选用 150mm×110mm×40mm 的块料作为毛坯。毛坯如图 2-4-2 所示。

（5）选用夹具　零件分三次装夹，加工顶面时，以毛坯作为基准，选用平口钳装夹，零件左侧面与平口钳左侧对齐，零件高度方向伸出量为36mm，装夹示意图如图2-4-3所示。加工零件底面时，采用已经加工完毕的外形作为定位基准，由于零件的外形不规则，所以在零件装夹位置增加2个垫块，保证零件装夹牢固，装夹示意图如图2-4-4所示。加工侧面螺纹孔时，采用钳口加高的平口钳装夹，为保证侧面螺纹孔的位置度，在零件上2个ϕ11mm孔内装入2个ϕ11mm的销，装夹示意图如图2-4-5所示。

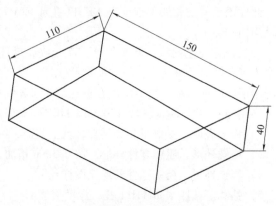

图2-4-2　毛坯

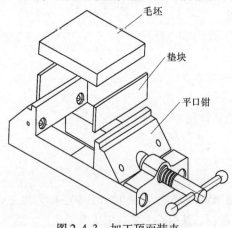

图2-4-3　加工顶面装夹

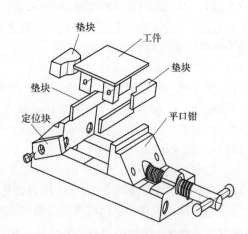

图2-4-4　加工底面装夹

（6）选用刀具和切削用量　选用SANDVIK刀具系统，查阅SANDVIK刀具手册，选用刀具和切削用量如表2-4-3所示。

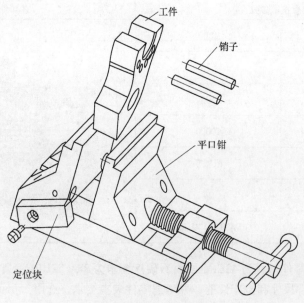

图2-4-5　加工侧面装夹

表 2-4-3　刀具和切削用量

工序	刀号	刀具规格		加工内容	转速 /(r/min)	切深 /mm	进给速度 /(mm/min)
加工顶面	T01	R290－100Q32－12L	R290.90－12T320M－PM	铣面	3800	2.5	1500
	T02	R216.33－20045－AC26P		粗铣外形	4500	2	1200
	T03	R216.33－12045－AC26P		精铣外形	5000	5	1500
	T04	R840－1100－30－A0A		钻孔	800		240
	T05	R840－0580－30－A0A		钻孔	1200		360
	T06	R840－3000－30－A0A		扩孔	500		80
	T07	R215.36－16050－AC13L		铣孔	3800	3	1500
	T08	Φ6H7		铰孔	500		50

（续）

工序	刀号	刀具规格	加工内容	转速 /(r/min)	切深 /mm	进给速度 /(mm/min)
加工顶面	T09	R215.64 – 12A20 – 4512	铣倒角	2500		300
加工底面	T01	R290 – 100Q32 – 12L　　R290.90 – 12T320M – PM	铣面	3800	2.5	1500
	T10	R216.33 – 16045 – AC26P	铣孔	4000	5	1500
	T11	R331.91 – 032 – 3 – 028	铣沟槽	2000		400
	T12	392.410 37A – 63 12 063B	镗孔	1600		340
加工侧面	T13	R840 – 0680 – 30 – A0A	钻孔	1800		360
	T14	M8×1.25	攻螺纹	1000		1250

（7）制定工艺卡　以一次装夹作为一个工序，制定加工工艺卡如表 2-4-4、表 2-4-5、表 2-4-6、表 2-4-7 所示。

表 2-4-4　工序清单

零件号: 476214-0		工艺版本号:		工艺流程卡_工序清单		
工序号	工序内容		工位	页码: 1	页数: 4	
001	备料		外协	零件号: 476214	版本: 0	
002	加工顶面		加工中心	零件名称: 锁紧板		
003	加工底面		加工中心	材料: 42CrMo		
004	加工侧面 (程序手工编制)		加工中心	材料尺寸: 150mm×110mm×40mm		
005				更改号	更改内容	批准	日期
006							
007							
008				01			
009							
010				02			
011							
012				03			
013							
拟制:	日期:	审核:	日期:	批准:	日期:	

表 2-4-5　加工顶面工艺卡

零件号: 476214-0		工序名称: 加工顶面		工艺流程卡_工序清单	
材料: 42CrMo		页码: 2	工序号: 02	版本号: 0	
夹具: 平口钳		工位: 加工中心	数控程序号: 476214-01.NC		

刀具及参数设置					
刀具号	刀具规格	加工内容	主轴转速 (r/min)	进给速度 (mm/min)	
T01	R290-100Q32-12L, R290.90-12T320M-PM	铣上表面	3800	1500	
T02	R216.33-20045-AC26P	粗铣外形	4500	1200	
T03	R216.33-12045-AC26P	精铣外形	5000	1500	
T04	R840-1100-30-A0A	钻孔	800	240	
T05	R840-0580-30-A0A	钻孔	1200	360	
T06	R840-3000-30-A0A	扩孔	500	80	
T07	R215.36-16050-AC13L	铣孔	3800	1500	
T08	ϕ6H7铰刀	铰孔	500	50	
T09	R215.64-12A20-4512	铣倒角	2500	300	
T10					
T11					
T12					

其余尺寸参阅零件图, 锐边加0.3倒角

02				
01				
更改号	更改内容		批准	日期
拟制:	日期:	审核:	批准:	日期:

表 2-4-6　加工底面工艺卡

零件号: 476214-0		工序名称: 加工底面			工艺流程卡_工序清单	
材料: 42CrMo		页码: 3		工序号: 03		版本号: 0
夹具: 平口钳		工位: 加工中心		数控程序号: 476214-02.NC		
刀具及参数设置						
刀具号	刀具规格	加工内容	主轴转速 (r/min)	进给速度 (mm/min)		
T01	R290-100Q32-12L, R290.90-12T320M-PM	铣表面	3800	1500		
T10	R216.33-16045-AC26P	铣孔	4000	1500		
T11	R331.91-032-3-028	铣沟槽	2000	400		
T12	392.410 37A-63 12 063B	镗孔	1600	340		
02				所有尺寸参阅零件图, 锐边加0.3倒角		
01						
更改号	更改内容		批准	日期		
拟制:	日期:	审核:	日期:	批准:	日期:	

表 2-4-7　加工侧面工艺卡

零件号: 476214-0		工序名称: 加工侧面			工艺流程卡_工序清单	
材料: 42CrMo		页码: 4		工序号: 04		版本号: 0
夹具: 平口钳		工位: 加工中心		数控程序号: 476214-03.NC(采用手工编程)		
刀具及参数设置						
刀具号	刀具规格	加工内容	主轴转速 (r/min)	进给速度 (mm/min)		
T13	R840-0680-30-A0A	钻螺纹底孔	1800	360		
T14	M8×1.25丝锥	攻螺纹	1000	1250		
02				所有尺寸参阅零件图, 锐边加0.3倒角		
01						
更改号	更改内容		批准	日期		
拟制:	日期:	审核:	日期:	批准:	日期:	

2. 编制加工程序

（1）编制加工零件顶面的 NC 程序

1）点击【开始】、【所有应用模块】、【加工】，弹出加工环境设置对话框，CAM会话配置选择 cam _ general；要创建的 CAM 设置选择mill _ planar，如图 2-4-6 所示，然后点击【确定】，进入加工模块。

图 2-4-6 加工环境设置

2）在加工操作导航器空白处，点击鼠标右键，选择【几何视图】，更改 WORKPIECE 和 MCS _ MILL 的父子关系，复制 MCS _ MILL，然后粘贴，将 MCS _ MILL 更名为 MCS _ MILL _ 1，将 MCS _ MILL _ COPY 更名为MCS _MILL _ 2，如图 2-4-7 所示。

3）双击操作导航器中的 WORKPIECE，弹出WORKPIECE 设置对话框，如图 2-4-8 所示。

4）点击【指定部件】，弹出部件选择对话框，选择如图 2-4-9 所示为部件，点击【确定】，完成指定部件。

5）点击【指定毛坯】，弹出毛坯选择对话框，选择几何体，选择毛坯（在建模中已经建好，在图层 2 中），如图 2-4-10 所示。点击【确定】完成毛坯设置，点击【确定】完成 WORKPIECE设置。

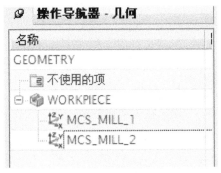

图 2-4-7 几何视图选择

图 2-4-8 WORKPIECE 设置

6）双击操作导航器中的【MCS _ MILL _ 1】，弹出加工坐标系对话框，设置安全距离为 50，如图 2-4-11 所示。

7）点击毛坯上表面，点击【确定】，如图 2-4-12 所示，点击【确定】。同样的方法设置MCS _ MILL _ 2，选择表面为毛坯的下表面，完成加工坐标系设置。

8）创建刀具 1。在加工操作导航器空白处，点击鼠标右键，选择【机床视图】，点击菜单条【插入】，点击【刀具】，弹出创建刀具对话框，如图 2-4-13 所示。类型选择为 mill _ planar，刀具子类型选择为 MILL，刀具位置为 GENERIC _ MACHINE，刀具名称为 T1D50，点击【确定】，弹出刀具参数设置对话框。

9）设置刀具参数如图 2-4-14 所示，直径为 50，底圆角半径为 0，刀刃为 2，长度为 75，刀刃长度为 50，刀具号为 1，长度补偿为 1，刀具补偿为 1，点击【确定】，完成创建刀具。

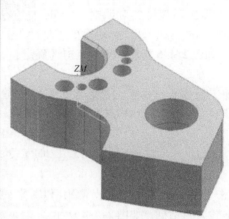

图 2-4-9   指定部件

图 2-4-10   毛坯设置

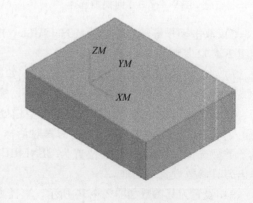

图 2-4-11   加工坐标系设置   图 2-4-12   加工坐标系设置

10）用同样的方法创建刀具 2，类型选择为 mill _ planar，刀具子类型选择为 MILL，刀具位置为 GENERIC _ MACHINE，刀具名称为 T2D20，直径为 20，底圆角半径为 0，刀刃为 2，长度为 75，刀刃长度为 50，刀具号为 2，长度补偿为 2，刀具补偿为 2。

图 2-4-13　创建刀具

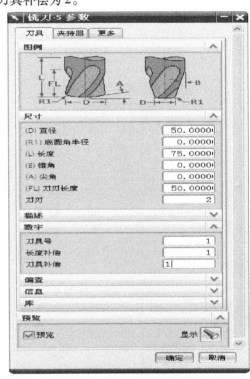

图 2-4-14　刀具参数设置

11）用同样的方法创建刀具 3，刀具名称为 T3D12，直径为 12，刀具号为 3，长度补偿为 3，刀具补偿为 3。

12）创建刀具 4，点击菜单条【插入】，点击【刀具】，弹出创建刀具对话框，如图 2-4-15 所示。类型选择为 drill，刀具子类型选择为 DRILLING _ TOOL，刀具位置为 GENERIC _ MACHINE，刀具名称为 T4D11，点击【确定】，弹出刀具参数设置对话框。

13）设置刀具参数如图 2-4-16 所示，直径为 11，长度为 50，刀刃为 2，刀具号为 4，长度补偿为 4，点击【确定】，完成创建刀具。

14）同样的方法创建刀具 5，刀具名称为 T5D5.8，直径为 5.8，刀具号为 5，长度补偿为 5。

15）同样的方法创建 6 号刀，刀具名称为 T6D30，直径为 30，刀具号为 6，长度补偿为 6。

16）用创建刀具 1 的方法创建刀具 7，刀具名称为 T7D16，直径为 16，刀具号为 7，长度补偿为 7，刀具补偿为 7。

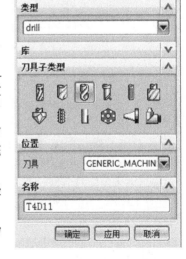

图 2-4-15　创建刀具

17）用创建刀具 4 的方法创建刀具 8，刀具名称为 T8D6，直径为 6，刀具号为 8，长度补偿为 8。

18）用创建刀具 1 的方法创建刀具 9，刀具名称为 T9D12，直径为 12，锥角为 45，刀刃长度为 5，刀具号为 9，长度补偿为 9，刀具补偿为 9。

19）用创建刀具 1 的方法创建刀具 10，刀具名称为 T10D16，直径为 16，刀具号为 10，长度补偿为 10，刀具补偿为 10。

20）创建刀具 11。点击菜单条【插入】，点击【刀具】，弹出创建刀具对话框，如图 2-4-17 所示。类型选择为 mill_planar，刀具子类型选择为 T_CUTTER，刀具位置为 GENERIC_MACHINE，刀具名称为 T11D32-28，点击【确定】，弹出刀具参数设置对话框。

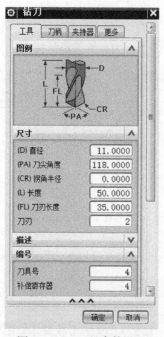

图 2-4-16 刀具参数设置

图 2-4-17 创建刀具

21）设置刀具参数如图 2-4-18 所示，直径为 32，刀刃长度为 2，柄直径为 28，刀具号为 11，长度补偿为 11，刀具补偿为 11，点击【确定】，完成创建刀具。

22）用创建刀具 1 的方法创建刀具 12，刀具名称为 T12D35，直径为 35，刀具号为 12，长度补偿为 12，刀具补偿为 12。

23）在加工操作导航器空白处，点击鼠标右键，选择【程序视图】，点击菜单条【插入】，点击【操作】，弹出创建操作对话框，类型为 mill_planar，操作子类型为 FACE_MILLING，程序为 PROGRAM，刀具为 T1D50，几何体为 MCS_MILL_1，方法为 MILL_FINISH，名称为 FACE_MILLING，如图 2-4-19 所示，点击【确定】，弹出操作设置对话框，如图 2-4-20 所示。

24）点击【指定面边界】，弹出指定面几何体对话框，如图 2-4-21 所示，选择曲线边界模式，平面设置为手工，弹出平面对话框，如图 2-4-22 所示，选择对

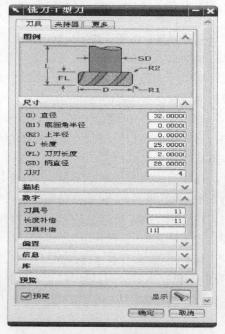

图 2-4-18 刀具参数设置

象平面方式，选取如图2-4-23所示的平面，系统回到指定面几何体对话框，选择底部面的4条边，如图2-4-24所示，点击【确定】，完成指定面边界。

25）设置刀轴为+ZM轴，如图2-4-25所示。

26）切削模式为往复，步距为刀具直径的75%，毛坯距离为5，每刀深度为2.5，最终底部余量为0，如图2-4-26所示。

图2-4-19 创建操作

图2-4-20 平面铣操作设置

图2-4-21 面几何体

图2-4-22 平面定义

27）点击【进给和速度】，弹出对话框，设置主轴速度为3800，设置进给率为1500，如图2-4-27所示。单击【确定】完成进给和速度设置。

28）点击【生成刀轨】，如图2-4-28所示，得到零件的加工刀轨，如图2-4-29所示。点击【确定】，完成零件顶面加工刀轨设置。

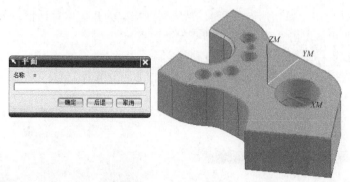

图 2-4-23　选择平面

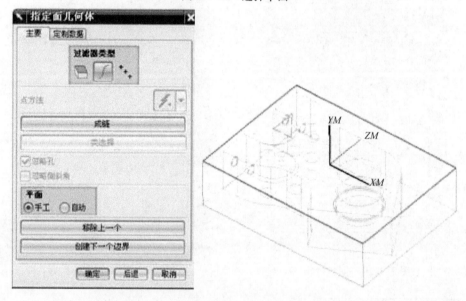

图 2-4-24　选择曲线

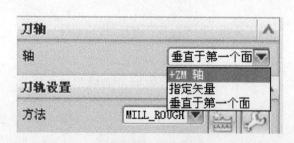

图 2-4-25　设置刀轴

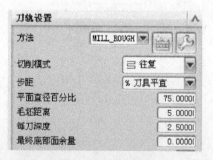

图 2-4-26　刀轨设置

29）点击菜单条【插入】，点击【操作】，弹出创建操作对话框，类型为 MILL_CONTOUR，操作子类型为 CAVITY_MILL，程序为 PROGRAM，刀具为 T2D20，几何体为 MCS_MILL_1，方法为 MILL_ROUGH，名称为 MILL_ROUGH，如图 2-4-30 所示，点击【确定】，弹出操作设置对话框，如图2-4-31所示。

30）全局每刀深度设置为2，如图 2-4-32 所示，设置部件余量为 0.3，如图 2-4-33 所示。

31）点击【切削层】，设置切削层如图 2-4-34 所示。

32）点击【进给和速度】，弹出对话框，设置主轴速度为 4500，设置进给率为 1200，如图 2-4-35 所示。点击【确定】完成进给和速度设置。

33）点击【生成刀轨】，如图 2-4-36 所示，得到零件的加工刀轨，如图 2-4-37 所示。点击【确定】，完成零件侧面粗加工刀轨设置。

34）复制 MILL＿ROUGH，然后粘贴 MILL＿ROUGH，将 MILL＿ROUGH＿COPY 更名为 MILL＿FIN-ISH，双击 MILL＿FINISH，选择指定修剪边界，选择如图 2-4-38 所示的圆，刀具更改为 T3D12，切削模式更改为配置文件，全局每刀深度更改为 5，部件余量更改为 0，主轴速度更改为 5000，切削进给率更改为 1500，生成加工刀轨如图 2-4-39 所示。

35）点击菜单条【插入】，点击【操作】，弹出创建操作对话框，类型为 DRILL，操作子类型为 DRILL-ING，程序为 PROGRAM，刀具为 T4D11，几何体为 MCS＿MILL＿1，方法为 DRILL＿METHOD，名称为 DRILL＿1，如图 2-4-40 所示。系统弹出钻孔操作设置对话框，如图 2-4-41 所示。

图 2-4-27　进给和速度

图 2-4-28　生成刀轨

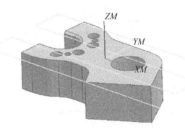

图 2-4-29　加工刀轨

图 2-4-30　创建操作

图 2-4-31　型腔铣操作设置

图 2-4-32　全局每刀深度设置

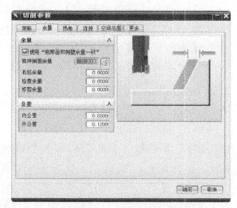

图 2-4-33　部件余量设置

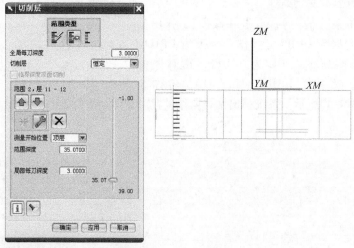

图 2-4-34　设置切削层

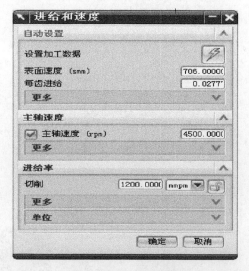

图 2-4-35　进给和速度

图 2-4-36　生成刀轨

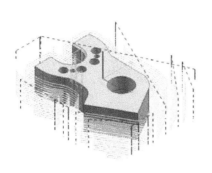

图 2-4-37 加工刀轨

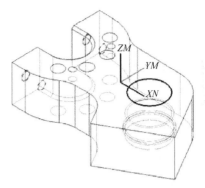

图 2-4-38 选择修剪边界

图 2-4-39 加工刀轨

图 2-4-40 创建操作

图 2-4-41 钻操作设置

36）点击【指定孔】，点击【确定】，选择如图 2-4-42 所示孔。点击【确定】，点击【确定】完成操作。

37）选择循环类型为啄钻，如图 2-4-43，弹出对话框，输入距离为 4，点击【确定】，点击【确定】，弹出对话框，设置钻孔深度为模型深度。

38）点击【进给和速度】，设置主轴速度为 800，切削进给率为 240，点击【确定】，完成操作。点击【生成刀轨】，得到零件的加工刀轨，如图 2-4-44 所示。点击【确定】，完成钻孔刀轨创建。

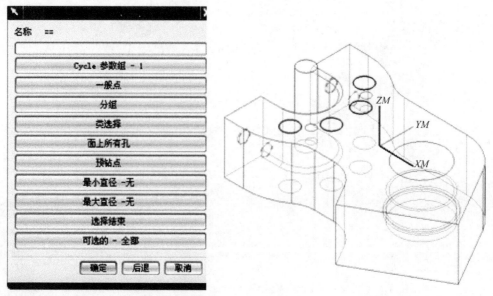

图 2-4-42 孔选择

图 2-4-43 循环类型

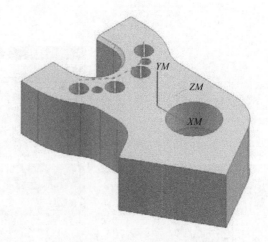

图 2-4-44 钻孔刀轨

39）复制 DRILL_1，然后粘贴 DRILL_1，将 DRILL_1_COPY 更名为 DRILL_2，双击 DRILL_2，将刀具更改为 T5D5.8，重新选择直径为 6 的孔，主轴速度更改为 1200，进给率更改为 360，点击【确定】，生成加工刀轨如图 2-4-45 所示。

40）复制 DRILL_1，然后粘贴 DRILL_1，将 DRILL_1_COPY 更名为 DRILL_3，双击 DRILL_3，将刀具更改为 T6D30，重新选择直径为 32 的孔，主轴速度更改为 500，进给率更改为 80，点击【确定】，生成加工刀轨如图 2-4-46 所示。

41）在加工操作导航器空白处点击菜单条【插入】，点击【操作】，弹出创建操作对话框，类型为 mill_planar，操作子类型为 PLANAR_MILL，程序为 PROGRAM，刀具为 T7D16，几何体为 MCS_MILL_1，方法为 MILL_FINISH，名称为 MILL_FINISH_1，如图 2-4-47 所示，点击【确定】，弹出操作设置对话框，如图 2-4-48 所示。

42）点击【指定部件边界】，设置部件边界如图 2-4-49 所示。

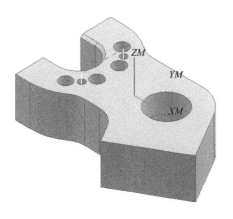

图 2-4-45　加工刀轨

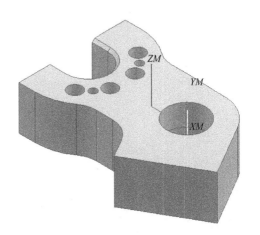

图 2-4-46　加工刀轨

图 2-4-47　创建操作

图 2-4-48　平面铣操作设置

43）点击【指定底面】，设置底面如图 2-4-50 所示。

44）切削模式为配置文件，步距为刀具直径的 50%，如图 2-4-51 所示。

45）点击切削层，设置每刀切削深度为 3，如图 2-4-52 所示。

46）点击【进给和速度】，弹出对话框，设置主轴速度为 3800，设置进给率为 1500，如图 2-4-53 所示。点击【确定】完成进给和速度设置。

47）点击【生成刀轨】，如图 2-4-54 所示，得到零件的加工刀轨，如图 2-4-55 所示。点击【确定】，完成零件加工刀轨设置。

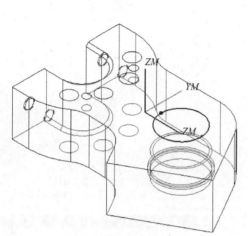

图 2-4-49　部件边界

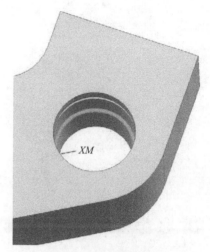

图 2-4-50　指定底面

图 2-4-51　刀轨设置

图 2-4-52　每刀切削深度

48）复制 DRILL＿2，然后粘贴 DRILL＿2，将 DRILL＿2＿COPY 更名为 DRILL＿4，双击 DRILL＿4，将刀具更改为 T8D6，主轴速度更改为 500，进给率更改为 50，点击【确定】，生成加工刀轨如图 2-4-56 所示。

49）复制 MILL＿FINISH，然后粘贴 MILL＿FINISH，将 MILL＿FINISH＿COPY 更名为 MILL＿FINISH＿2，双击 MILL＿FINISH＿2，将刀具更改为 T9D12，重新选择加工面为斜角面，全局每刀深度更改为 0.2，主轴速度更改为 2500，进给率更改为 300，点击【确定】，生成加工刀轨如图 2-4-57 所示。

（2）编制加工零件底面的 NC 程序

1）复制 FACE＿MILLING，然后粘贴 FACE＿MILL-ING，将 FACE＿MILLING 更名为 FACE＿MILLING＿1，双击 FACE＿MILLING＿1，更改几何体为 MCS＿MILL＿2，更改面边界如图 2-4-58 所示。生成加工刀轨如图 2-4-59 所

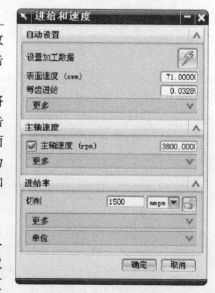

图 2-4-53　进给和速度

示。

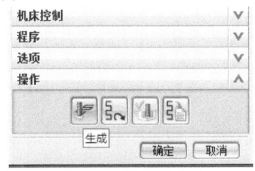

图 2-4-54　生成刀轨

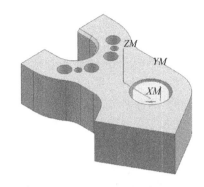

图 2-4-55　加工刀轨

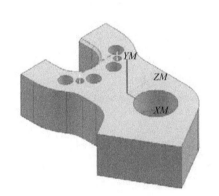

图 2-4-56　加工刀轨

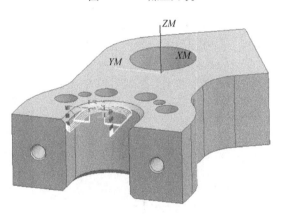

图 2-4-57　加工刀轨

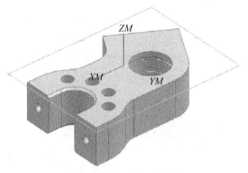

图 2-4-58　更改面边界

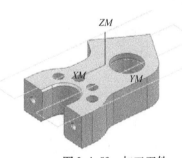

图 2-4-59　加工刀轨

2）复制 MILL＿FINISH＿1，然后粘贴MILL＿
FINISH＿1，将 MILL＿FINISH＿1＿COPY 更名为
MILL＿ROUGH＿1，双击 MILL＿ROUGH＿1，更
改几何体为 MCS＿MIILL＿2，更改刀具为
T10D16，重新选择直径为 35 的圆，重新选择底
面，部件余量更改为 0.5，主轴速度更改为
4000，进给率更改为 1500，生成加工刀轨如图
2-4-60所示。

3）复制 MILL＿ROUGH＿1，然后粘贴

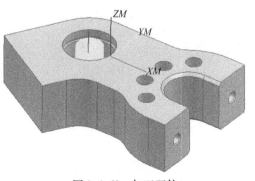

图 2-4-60　加工刀轨

MILL _ROUGH _ 1，将 MILL _ ROUGH _ 1 _ COPY 更名为 MILLL _ FINISH _ 3，双击 MILLL _ FINISH _ 3，重新选择部件边界如图 2-4-61 所示，重新选择底面如图 2-4-62 所示，将刀具更改为 T11D32 − 28，部件余量更改为 0，点击指定非切削移动，选择进刀类型为插削，如图 2-4-63 所示，将主轴速度更改为 2000，进给率更改为 400，生成加工刀轨如图 2-4-64 所示，点击【确定】，完成操作。

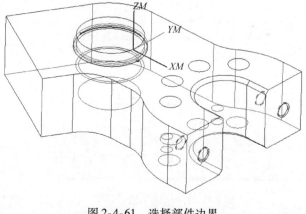

图 2-4-61　选择部件边界

4）复制 DRILL _ 3，然后粘贴 DRILL _ 3，将 DRILL _3 _ COPY 更名为 DRILL _ 4，双击 DRILL _ 4，更改几何体为 MCS _ MILL _ 2，更改刀具为 T12D35，循环模式更改为标准镗。重新选择 φ35 圆，设定主轴转速为 1600，进给率为 340，生成加工刀轨如图 2-4-65 所示。单击【确定】，完成操作。

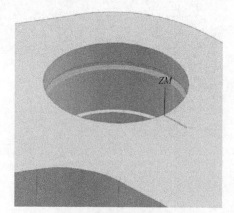

图 2-4-62　指定底面

图 2-4-63　选择进刀类型为插削

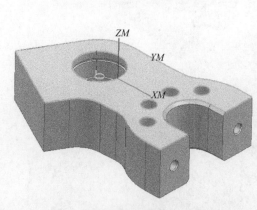

图 2-4-64　加工刀轨

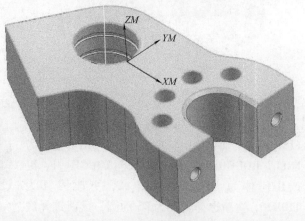

图 2-4-65　加工刀轨

（3）仿真加工与后处理

1）在操作导航器中选择 PROGRAM，点击鼠标右键，选择刀轨，选择确认，如图2-4-66所示。弹出仿真加工对话框，选择 2D 动态，如图 2-4-67 所示。点击【确定】，开始仿真加工。

图 2-4-66　刀轨仿真

图 2-4-67　刀轨可视化

2）仿真结果如图 2-4-68 所示。

3）后处理得到加工程序。在刀轨操作导航器中选中加工顶面的加工操作，点击【工具】、【操作导航器】、【输出】、【NX Post 后处理】，如图 2-4-69 所示，弹出后处理对话框。

4）后处理器选择 MILL ＿3＿AXIS，指定合适的文件路径和文件名，单位设置为定义了后处理，勾选列出输出，如图 2-4-70 所示。点击确定完成后处理，得到加工程序，如图 2-4-71 所示。

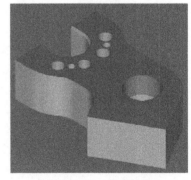

图 2-4-68　仿真结果

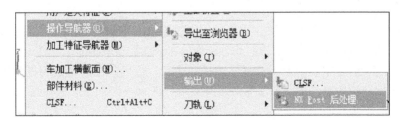

图 2-4-69　后处理命令

3. 零件加工

（1）加工准备　按照设备管理要求，对加工中心进行检查，确保设备完好，特别注意气压油压是否正常。对加工中心通电开机，并将机床各坐标轴回零，然后对机床厂进行低转速预热。

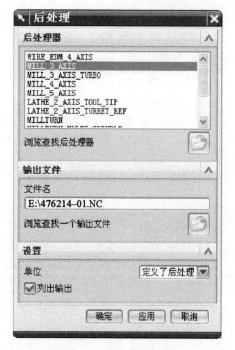

图 2-4-70　后处理

图 2-4-71　加工程序

对照工艺卡将平口钳安装到机床工作台，并校准平口钳定位钳口与机床 X 轴平行，然后用压板将平口钳压紧固定。

对照工艺卡，准备好所有刀具和相应的刀柄和夹头，将刀具安装到对应的刀柄，调整刀具伸出长度，在满足加工要求的前提下，尽量减少伸出长度，然后将装有刀具的刀柄按刀具号装入刀库。对于镗刀，要使用对刀仪进行预调整。对于 T 形槽刀要进行直径、厚度的检测。

加工顶面时，零件安装伸出长度要符合工艺要求。伸出太长，加紧部分就变少，容易在加工中松动；伸出太短会造成加工时刀具碰到平口钳。零件下方必须有垫块支撑，零件左右位置可以与平口钳一侧齐平，保证每次装夹的位置基本一致。

加工底面时，必须保证零件定位面和平口钳接触面之间无杂物，防止夹伤已加工面，装夹时要保证垫块固定不动，否则加工出来的零件上下面会不平行。左右位置要靠紧定位块，确保每次装夹位置完全一致。

对每把刀进行 Z 向偏置设置，要使用同一表面进行对刀，使用寻边器进行加工原点找正，并设置相应数据。

（2）程序传输　在关机状态使用 RS232 通信线连接机床系统与电脑，打开电脑和数控机床系统，进行相应的通信参数设置，要求数控系统内的通信参数与电脑通信软件内的参数一致。

（3）零件加工及注意事项　对刀和程序传输完成后，将机床模式切换到自动方式，按循环启动键，即可开始自动加工，在加工过程中，由于是首件第一次加工，所以要密切注意加工状态，有问题要及时停止。加工完一件后，待机床停机，使用气枪清除刀具上的切屑。

（4）零件检测　零件检测是零件整个生产过程的重要环节，是保证零件质量、优化加工工艺的主要依据。零件检测主要步骤：制作检测用的 LAYOUT 图如图 2-4-72 所示，也就是对所有需要检测的项目进行编号的图样；制作检测用空白检测报告如图 2-4-73 所示，报告包括检测项目、标准、所用量具、检测频率；对零件进行检测并填写报告。

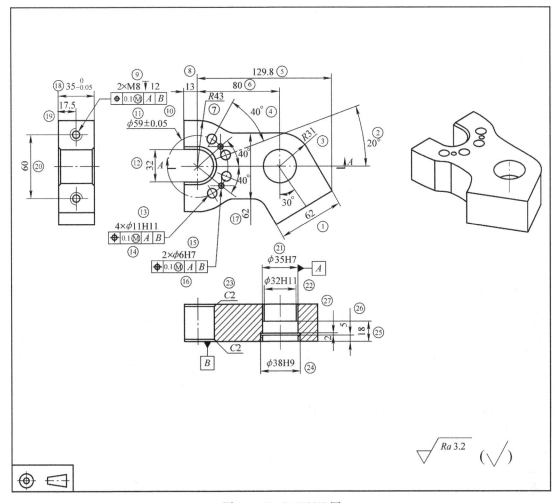

图 2-4-72　LAYOUT 图

（5）编制及完善相关工艺文件　根据加工中的实际情况和检测结果，对零件加工工艺和加工程序进行优化，最大限度的缩短加工时间，提高效率，主要是删除空运行的程序段，并调整切削参数。

2.4.4　专家点拨

1）在加工中心上镗高精度内孔时，一般使用对刀仪对镗刀进行预调整，留 0.2mm～0.3mm 余量，进行镗削，然后对孔直径进行测量，根据测量结果，调整镗刀直径，再次运行镗削程序。

2）使用 T 形刀加工沟槽时，由于刀具刃口直径大于刀柄直径很多，所以在编程时要特别注意进刀和退刀的设置，以防发生干涉。

3）在加工 45°倒角时，如果尺寸不大（小于 5mm）可以采用倒角刀直接加工，如果尺寸比较大，可以采用加工曲面的方式来加工。

4）对于产品而言，一个特征或尺寸不合格则整个产品就不合格，所以要不断提高质量意识。

2.4.5　课后训练

完成图 2-4-74 所示零件的加工工艺编制并制作工艺卡，完成零件的加工程序编制并仿真。

		检测报告(Inspection Report)							
零件名:锁紧板			零件材料:			送检数量:			
零件号:476214-0			表面处理:			送检日期:			
				测量(Measurement)					
序号	图样尺寸			测量尺寸(Measuring size)				测量工具(Measurement Tool)	备注(Remark)
	公称尺寸	上极限偏差	下极限偏差	1#	2#	3#	4#		
1	62.00	0.25	−0.25					游标卡尺	
2	20°	0.25	−0.25					CMM	
3	R31	0.25	−0.25					CMM	
4	40°	0.25	−0.25					CMM	
5	129.80	0.25	−0.25					CMM	
6	80.00	0.25	−0.25					游标卡尺	
7	R43	0.25	−0.25					CMM	
8	13.00	0.25	−0.25					CMM	
9	2×M8	/	/					螺纹规	
10	位置度0.1	/	/					CMM	
11	ϕ59	0.05	−0.05					CMM	
12	32.00	0.25	−0.25					游标卡尺	
13	ϕ11H11	0.11	0					游标卡尺	
14	位置度0.1	/	/					CMM	
15	2×ϕ6H7	0.012	0					内测千分尺	
16	位置度0.1	/	/					CMM	
17	62.00	0.25	−0.25					游标卡尺	
18	35.00	0	−0.05					千分尺	
19	17.50	0.25	−0.25					游标卡尺	
20	60.00	0.25	−0.25					游标卡尺	
21	ϕ35H7	0.025	0					内径量表	
22	ϕ32H11	0.16	0					游标卡尺	
23	C2	0.25	−0.25					游标卡尺	
24	ϕ38H9	0.062	0					内沟槽卡尺	
25	18.00	0.25	−0.25					游标卡尺	
26	5.00	0.25	−0.25					游标卡尺	
27	2.00	0.25	−0.25					游标卡尺	
	外观 碰伤 毛刺							目测	
	是/否 合格								
测量员:			批准人:				页数:		

图 2-4-73 检测报告

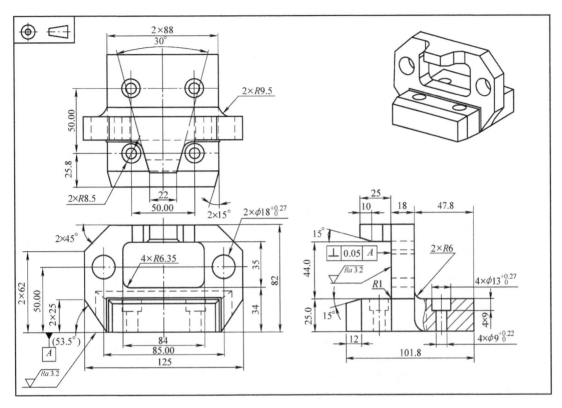

图 2-4-74　安装板⊖

模块3　车铣复合零件加工与调试

 学前见闻　北京精雕——将专注进行到底

项目3.1　锁紧螺钉的加工与调试

3.1.1　教学目标

【能力目标】能编制锁紧螺钉的加工工艺

能使用 NX 6.0 软件编制锁紧螺钉的加工程序

能使用数控车床和加工中心加工锁紧螺钉

能检测加工完成的锁紧螺钉

【知识目标】掌握锁紧螺钉的加工工艺

掌握锁紧螺钉的程序编制方法

掌握锁紧螺钉的加工方法

掌握锁紧螺钉的检测方法

【素质目标】激发学生的学习兴趣，培养团队合作和创新精神

3.1.2　项目导读

该锁紧螺钉是注塑机中的一个零件，此零件的特点是结构比较简单，零件整体外形为螺钉状，零件前端为螺纹，后端为手柄，零件的加工精度要求不高。零件由螺纹、沟槽、圆柱、圆弧面等特征组成。

3.1.3　项目任务

学生以企业制造工程师的身份投入工作，分析锁紧螺钉的零件图样，明确加工内容和加工要求，对加工内容进行合理的工序划分，确定加工路线，选用加工设备，选用刀具夹具，制定加工工艺卡；运用 NX 软件编制锁紧螺钉的加工程序并进行仿真加工，使用数控车床和加工中心加工锁紧螺钉，对加工成品进行检测，并根据检测结果对整个加工工艺和加工程序提出修改建议。

1. 制定加工工艺

（1）图样分析　锁紧螺钉零件图样如图 3-1-1 所示，该锁紧螺钉结构相对简单，主要由螺纹、沟槽、圆柱、圆弧面等特征组成。

零件材料为 AL 6061 铝合金，加工性能好，变形小。锁紧螺钉主要加工内容见表 3-1-1。

此锁紧螺钉的主要加工难点为螺纹部分和前面把手部分无法在同一机床完成，需要车铣复合加工。

（2）制定工艺路线　此零件分两次装夹，选用棒料做毛坯。第一次使用数控车床完成螺纹、沟槽、把手外圆的加工；第二次使用加工中心完成球面、开口槽、圆角的加工。

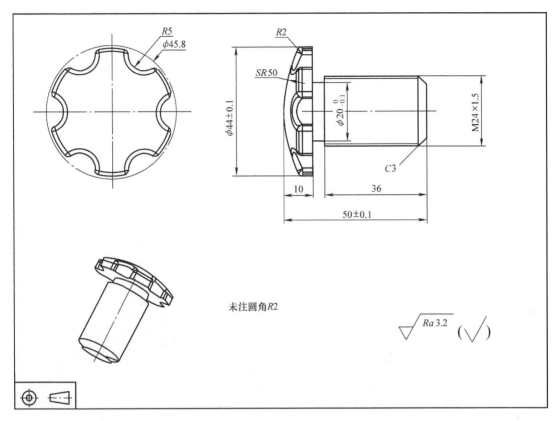

图 3-1-1　锁紧螺钉零件图

表 3-1-1　加工内容

内　容	要　求	备　注
M24×1.5 螺纹	螺纹规格 M24×1.5；螺纹长度 36±0.25mm	
外沟槽	槽底直径 $\phi20_{-0.1}^{\ 0}$ mm，槽宽 4±0.25mm	
ϕ44 外圆	外圆直径为 ϕ44±0.1mm	
SR50 球面	半径为 50mm	
R5 开口槽	槽口半径为 R5，中心圆直径为 ϕ45.8mm	
总长	总长为 50±0.1mm	
圆角	未注圆角 R2	
倒角	1 个 C3 倒角	
粗糙度	所有加工面粗糙度为 Ra3.2μm	

1）备料。AL 6061 棒料，$\phi45\text{mm} \times 1000\text{mm}$。

2）车螺纹。自定心卡盘装夹，车外圆、沟槽、螺纹。

3）切断。零件切断，总长留 1mm 余量。

4）铣球面。自定心卡盘 + 辅助夹具装夹，加工球面、开口槽、圆角。

（3）选用加工设备 本零件需要选用数控车床和加工中心两种加工设备。数控车床选用杭州友佳集团生产的 FTC - 10 斜床身数控车床作为加工设备，此机床为斜床身，转塔刀架、液压卡盘，刚性好、加工精度高，适合小型零件的大批量生产，机床主要技术参数和外观如表3-1-2所示。

表 3-1-2　机床主要技术参数和外观

主要技术参数		机床外观
最大车削直径/mm	240	
最大车削长度/mm	255	
X 轴行程/mm	120	
Z 轴行程/mm	290	
主轴最高转速/(r/min)	6000	
通孔/拉管直径/mm	56	
刀具位置数	8	
数控系统	FANUC：0i Mate - TC	

加工中心选用杭州友佳集团生产的 HV - 40A 立式铣削加工中心作为加工设备，此机床为水平床身，机械手换刀，刚性好，加工精度高，适合小型零件的大批量生产，机床主要技术参数和外观如表3-1-3所示。

表 3-1-3　机床主要技术参数和外观

主要技术参数		机床外观
X 轴行程/mm	1000	
Y 轴行程/mm	520	
Z 轴行程/mm	505	
主轴最高转速/(r/min)	1000	
刀具交换形式	机械手	
刀具数量	24	
数控系统	FANUC：MateC	

（4）选用毛坯 零件材料为 AL 6061，加工性能好，变形小，特别适合高速切削。根据零件尺寸和机床性能，并考虑零件装夹要求，选用直径45mm的长度为1000mm的棒料作为毛坯。

（5）选用夹具 零件分两次装夹，加工右端螺纹时，以棒料毛坯作为基准，选用自定心卡盘装夹，零件伸出量为60mm，装夹简图如图3-1-2所示。加工左端把手时，采用已经加工完毕的螺纹作为定位基准，选用自定心卡盘 + 螺纹套筒装夹，装夹简图如图3-1-3所示。在加工时为保证零件不从螺纹孔中松动，走刀方式必须选用顺时针。

（6）选用刀具和切削用量 选用 SANDVIK 刀具系统，查阅 SANDVIK 刀具手册，选用刀具和切削用量如表3-1-4所示。

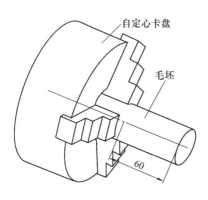

图 3-1-2　车削装夹

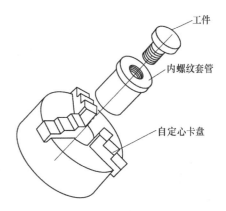

图 3-1-3　铣削装夹

表 3-1-4　刀具和切削用量

工序	刀号	刀具规格		加工内容	转速/ (r/min)	切深 /mm	进给速度 /进给量
车加工	T01	DCLNL2020M09	CCMT090404 - PF	车外圆，端面	1500	2	0.1 /(mm/r)
	T02	C6 - RF123G20 - 45065B	N123G2 - 0300 - 0001 - CF	切槽，切断	1000		0.15 /(mm/r)
	T03	266RFG - 2525 - 22	266RG - 22MM02A250E	车外螺纹	800		1.5 /(mm/r)
铣加工	T01	R216. 33 - 10045 - AC26P		粗铣球面，铣 开口槽	4000	0.5	1500 /(mm /min)
	T02	R216. 42 - 06030 - AC10P		铣球面、圆角	5200		1800 /(mm /min)

（7）制定工艺卡　以一次装夹作为一个工序，制定加工工艺卡如表3-1-5、表3-1-6、表3-1-7所示。

表3-1-5　工序清单

零件号：287693-0		工艺版本号：0	工艺流程卡_工序清单	
工序号	工序内容	工位	页码:1	页数:3
001	备料	外协	零件号: 287693	版本:0
002	车右端	数车	零件名称: 锁紧螺钉	
003	铣左端	加工中心	材料: AL 6061	
004			材料尺寸: ϕ45mm×1000mm棒料	
005			更改号	更改内容	批准	日期
006				
007			01	
008				
009			02	
010				
011			03	
012				
013				
拟制:	日期:	审核:	日期:	批准:	日期:

表3-1-6　车右端工艺卡

零件号：287693-0		工序名称：车右端	工艺流程卡_工序单	
材料: AL 6061	页码:2	工序号:02	版本号:0	
夹具:自定心卡盘	工位:数控车床	数控程序号: 287693-01.NC		
刀具及参数设置				
刀具号	刀具规格	加工内容	主轴转速(r/min)	进给量(mm/r)
T01	DCLNL2020M09, CCMT090404-PF	车外圆、端面	1500	0.1
T02	C6-RF123G20-45065B, N123G2-0300-0001-CF	切槽	1000	0.15
T03	266RFG-2525-22, 266RG-22MM02A250E	车螺纹	800	1.5
T02	C6-RF123G20-45065B, N123G2-0300-0001-CF	切断	1000	0.15

51

锐边加0.3倒角

02			
01			
更改号	更改内容	批准	日期
拟制:	日期:	审核:	日期:	批准:	日期:

表 3-1-7　铣左端工艺卡

零件号: 287693-0		工序名称: 铣左端		工艺流程卡＿工序单	
材料:AL 6061	页码:3		工序号:03		版本号:0
夹具:自定心卡盘	工位:加工中心		数控程序号:287693-02.NC		
刀具及参数设置					
刀具号	刀具规格	加工内容	主轴转速 (r/min)	进给速度 (mm/min)	
T01	R216.33-10045-AC26P	球面粗加工,开槽	4000	1500	
T02	R216.42-06030-AC10P	球面精加工	5200	1800	
T03					
T04					
T05					

02			
01			
更改号	更改内容	批准	日期
拟制:　日期:	审核:　日期:	批准:　日期:	

锐边加工0.3倒角

2. 编制加工程序

（1）编制加工零件右端的 NC 程序

1）点击【开始】、【所有应用模块】、【加工】，弹出加工环境设置对话框，CAM 会话配置选择 cam_general；要创建的 CAM 设置选择 turning，如图 3-1-4 所示。然后点击【确定】，进入加工模块。

2）在加工操作导航器空白处，点击鼠标右键，选择【几何视图】，如图 3-1-5 所示。

图 3-1-4　加工环境设置

图 3-1-5　操作导航器

3）双击操作导航器中的【MCS_SPINDLE】，弹出加工坐标系对话框，指定平面为XM – YM，如图 3-1-6 所示。将 MCS_SPINDLE 更名为 MCS_SPINDLE_R。

4）点击指定 MCS 中的 CSYS 会话框，弹出对话框，然后选择参考坐标系中的选定的 CSYS，选择 71 图层中的参考坐标系，点击【确定】，使加工坐标系和参考坐标系重合。如图 3-1-7 所示。再点击【确定】完成加工坐标系设置。

5）指定平面为 XM – YM，如图 3-1-8 所示。

6）双击操作导航器中的 WORKPIECE，弹出 WORKPIECE 设置对话框，如图 3-1-9 所示。将 WORKPIECE 更名为 WORKPIECE_R。

7）点击【指定部件】，弹出部件选择对话框，选择如图 3-1-10 所示为部件，点击【确定】，完成指定部件。

8）点击【指定毛坯】，弹出毛坯选择对话框，选择如图 3-1-11 所示圆柱为毛坯（该圆柱在建模中预先建好，在图层 2 中）。点击【确定】完成毛坯选择，点击【确定】完成 WORKPIECE 设置。

图 3-1-6　加工坐标系设置

图 3-1-7　加工原点设置

图 3-1-8　加工坐标系设置

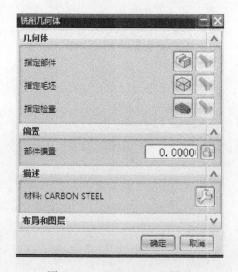

图 3-1-9　WORKPIECE 设置

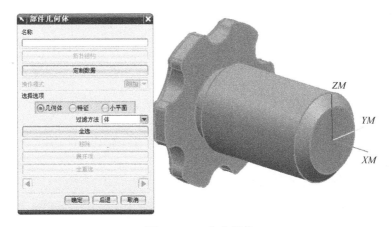

图 3-1-10　指定部件

图 3-1-11　毛坯设置

9）双击操作导航器中的 TURNING_WORKPIECE，自动生成车加工截面和毛坯截面，如图 3-1-12所示。

10）在加工操作导航器空白处，点击鼠标右键，选择【机床视图】，点击菜单条【插入】，点击【刀具】，弹出创建刀具对话框，如图 3-1-13 所示。类型选择为 turning，刀具子类型选择为 OD_80_L，刀具位置为 GE-NERIC_MACHINE，刀具名称为 OD_ROUGH_TOOL，点击【确定】，弹出刀具参数设置对话框。设置刀具参数如图 3-1-14 所示，刀尖角度为 80，方向角度为 5，刀具号为 1，点击【确定】，完成创建刀具。

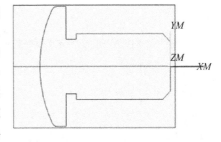

图 3-1-12　车加工截面和毛坯截面

11）点击菜单条【插入】，点击【刀具】，弹出创建刀具对话框，如图 3-1-15 所示。类型选择为 turning，刀具子类型选择为 OD_GROOVE_L，刀具位置为 GENERIC_MACHINE，刀具名称为 OD_GROOVE_TOOL，点击【确定】，弹出刀具参数设置对话框。设置刀具参数如图 3-1-16所示，方向角度为 90，刀片长度为 12，刀片宽度为 4，半径为 0.2，侧角为 2，尖角为 0，刀具号为 2，点击【确定】，完成创建刀具。

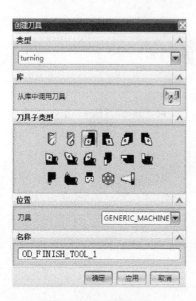

图 3-1-13　创建刀具

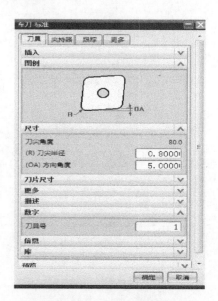

图 3-1-14　刀具参数设置

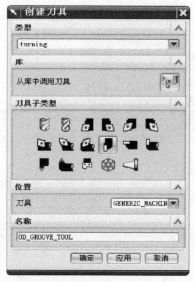

图 3-1-15　创建刀具

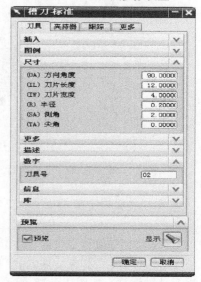

图 3-1-16　刀具参数

12）点击菜单条【插入】，点击【刀具】，弹出创建刀具对话框，如图 3-1-17 所示。类型选择为 turning，刀具子类型选择为 OD_THREAD_L，刀具位置为 GENERIC_MACHINE，刀具名称为 OD_THREAD_TOOL，点击【确定】，弹出刀具参数设置对话框。设置刀具参数如图 3-1-18 所示，方向角度为 90，刀片长度为 20，刀片宽度为 10，左角为 30，右角为 30，尖角半径为 0，刀具号为 3，点击【确定】，完成创建刀具。

13）在加工操作导航器空白处，点击鼠标右键，选择【程序视图】，点击菜单条【插入】，点击【操作】，弹出创建操作对话框，类型为 turning，操作子类型为 ROUGH_TURNING_OD，程序为 PROGRAM，刀具为 OD_ROUGH_TOOL，几何体为 TURNING_WORKPIECE，方法为 METH-OD，名称为 ROUGH_TURNING_OD_R，如图 3-1-19 所示，点击【确定】，弹出操作设置对话框，如图 3-1-20 所示。

图 3-1-17　创建刀具

图 3-1-18　刀具参数

图 3-1-19　创建操作

图 3-1-20　粗车 OD 操作设置

14）点击【刀轨设置】，方法为 METHOD，水平角度为 180，方向为向前，切削深度为变量平均值，最大值为 2，最小值为 1，变换模式为根据层，清理为全部，如图 3-1-21 所示。

15）点击【切削参数】，点击【策略】，设置最后切削边缘为 5，如图 3-1-22 所示，设置面余量为 0，径向余量为 0，如图 3-1-23 所示，点击【确定】，完成切削参数设置。

图 3-1-21　刀轨设置

图 3-1-22　策略设置

图 3-1-23　余量设置

16）点击【非切削移动】，弹出对话框，进刀设置如图 3-1-24 所示，退刀设置如图 3-1-25 所示，点击【确定】，完成操作。

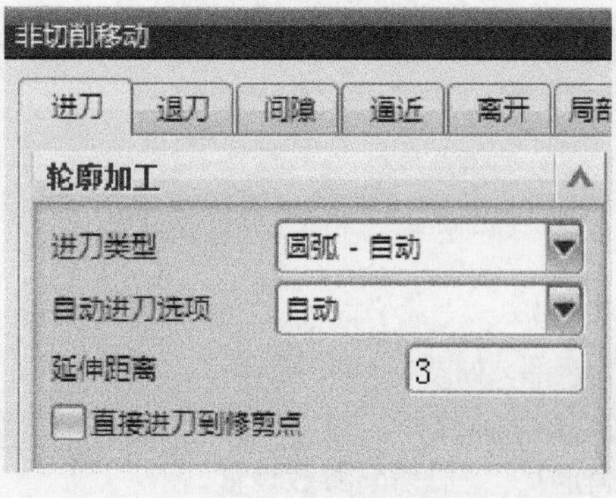

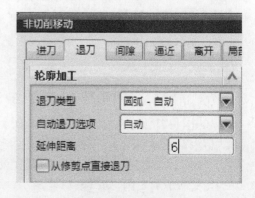

图 3-1-24　进刀设置

图 3-1-25　退刀设置

17）设置出发点为（100，50，0），如图 3-1-26 所示；设置回零点为（100，50，0），如图 3-1-27 所示。点击【确定】，完成操作。

18）点击【进给和速度】，弹出对话框，设置主轴速度为 1500，设置进给率为 0.1，如图 3-1-28 所示。点击【确定】完成进给和速度设置。点击【生成刀轨】，得到零件的加工刀轨，如图 3-1-29 所示。

图 3-1-26 出发点设置

图 3-1-27 回零点设置

图 3-1-28 进给和速度

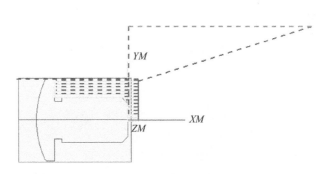

图 3-1-29 加工刀轨

19）点击菜单条【插入】，点击【操作】，弹出创建操作对话框，类型为 turning，操作子类型为 GROOVE_OD，程序为 PROGRAM，刀具为 OD_GROOVE_TOOL，几何体为 TURNING_WORKPIECE，方法为 LATHE_FINISH，名称为 GROOVE_OD_L，如图 3-1-30 所示。点击【确定】，弹出操作设置对话框，如图 3-1-31 所示。

20）点击【切削区域】，弹出对话框，分别指定轴向修剪平面 1 和轴向修剪平面 2，指定如图 3-1-32 所示点，点击【确定】，完成操作。

21）点击【刀轨设置】，设置步进角度为 180，方向为前进，如图 3-1-33 所示。

22）点击【非切削移动】，弹出对话框，进刀设置如图 3-1-34 所示，退刀设置如图 3-1-35

所示，点击【确定】，完成操作。

图 3-1-30　创建操作　　　　　　　　图 3-1-31　切槽操作设置

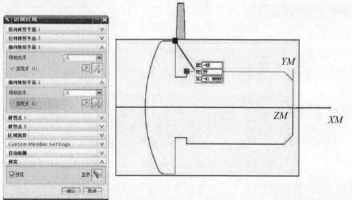

图 3-1-32　切削区域

23）设置出发点为（100，50，0），如图 3-1-36 所示；设置回零点为（100，50，0），如图 3-1-37 所示。点击【确定】，完成操作。

24）点击进给和速度，弹出对话框，设置主轴速度为 1000，设置进给率为 0.15，如图 3-1-38 所示。单击【确定】完成进给和速度设置。点击【生成刀轨】，得到零件的加工刀轨，如图 3-1-39 所示。

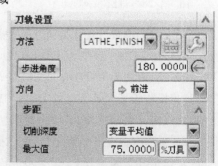

图 3-1-33　刀轨设置

图 3-1-34 进刀设置

图 3-1-35 退刀设置

图 3-1-36 出发点设置

图 3-1-37 回零点设置

图 3-1-38 进给和速度

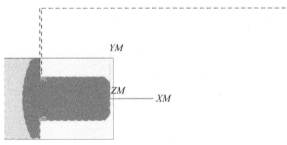

图 3-1-39 加工刀轨

25）点击菜单条【插入】，点击【操作】，弹出创建操作对话框，类型为 turning，操作子类型为 THREAD_OD，程序为 PROGRAM，刀具为 OD_THREAD_TOOL，几何体为 TURNING_WORKPIECE，方法为 LATHE_FINISH，名称为 OD_THREAD_L，如图 3-1-40 所示，点击【确定】，弹出操作设置对话框，如图 3-1-41 所示。

26）在螺纹参数设置中，分别设定螺纹顶线和终止线，深度选项为深度和角度，设置深度为 0.9，螺旋角为 180，起始偏置为 5，终止偏置为 2，如图 3-1-42 所示。

图 3-1-40　创建操作

图 3-1-41　螺纹 OD 操作设置

27）点击【刀轨设置】，切削深度为恒定，深度为 0.2，切削深度公差为 0.01，螺纹头数为 1，如图 3-1-43 所示。

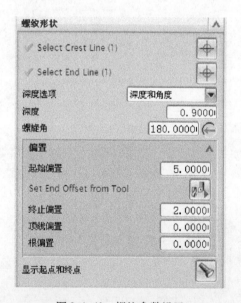

图 3-1-42　螺纹参数设置

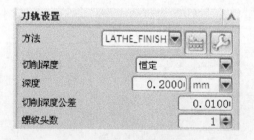

图 3-1-43　刀轨设置

28）设置出发点为（100，50，0），如图 3-1-44 所示；设置回零点为（100，50，0），如图 3-1-45 所示。点击【确定】，完成操作。

29）点击【进给和速度】，弹出对话框，设置主轴速度为 800，设置进给率为 1.5，如图 3-1-46 所示。点击【确定】完成进给和速度设置。点击【生成刀轨】，得到零件的加工刀路，如图 3-1-47 所示。

图 3-1-44　出发点设置

图 3-1-45　回零点设置

图 3-1-46　进给和速度

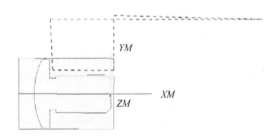

图 3-1-47　加工刀轨

30）点击菜单条【插入】，点击【操作】，弹出创建操作对话框，类型为 turning，操作子类型为 TEACH_MODE，程序为 PROGRAM，刀具为 OD_GROOVE_TOOL，几何体为 TURNING_WORKPIECE，方法为 METHOD，名称为 CUT_OFF，如图 3-1-48 所示，点击【确定】，弹出操作设置对话框，如图 3-1-49 所示。

31）点击【线性快速】，弹出快速运动对话框，如图 3-1-50 所示，设置点为（-52，30，0），点击线性进给，弹出线性进给运动对话框，如图 3-1-51 所示。设置点为（-52，0，0），点击线性快速；设置点为（-5，30，0），结果如图 3-1-52 所示。

32）点击【进给和速度】，弹出对话框，设置主轴速度为 1000，设置进给率为 0.15，如图 3-1-53所示。点击【确定】完成进给和速度设置。点击【生成刀轨】，得到零件的加工刀轨，如图 3-1-54 所示。

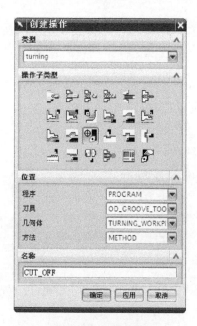

图 3-1-48　创建操作

图 3-1-49　切断操作设置

图 3-1-50　快速运动

图 3-1-51　线性进给运动

（2）编制铣削零件左端的 NC 程序

1）选择 WORKPIECE，然后右击，选择插入—几何体，类型选择 mill_planar，几何体子类型选择 MCS，名称为 MCS_MILL，如图 3-1-55 所示。

2）在加工操作导航器空白处，点击鼠标右键，选择【机床视图】，点击菜单条【插入】，点击【刀具】，弹出创建刀具对话框，如图 3-1-56 所示。类型选择为 mill_planar，刀具子类型选择为 MILL，刀具位置为 GENERIC_MACHINE，刀具名称为 T1D10，点击【确定】，弹出刀具参数设置对话框。

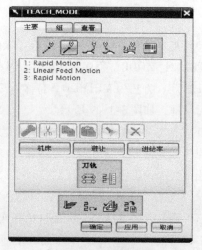

图 3-1-52　切槽设置

图 3-1-53　进给和速度

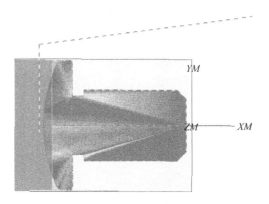

图 3-1-54　加工刀轨

3）设置刀具参数如图 3-1-57 所示，直径为 10，底圆角半径为 0，刀刃为 2，长度为 75，刀刃长度为 50，刀具号为 1，长度补偿为 1，刀具补偿为 1，点击【确定】，完成创建刀具。

4）用同样的方法创建刀具 2，类型选择为 mill_planar，刀具子类型选择为 MILL，刀具位置为 GENERIC_MACHINE，刀具名称为 T2D6，直径为 6，底角半径为 3，刀刃为 2，长度为 75，刀刃长度为 50，刀具号为 2，长度补偿为 2，刀具补偿为 2。

图 3-1-55　创建坐标系

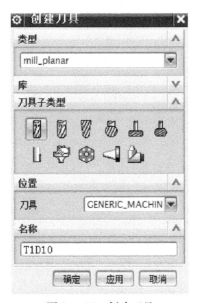

图 3-1-56　创建刀具

图 3-1-57　刀具参数设置

5）点击菜单条【插入】，点击【操作】，弹出创建操作对话框，类型为 mill_contour，操作子类型为 CAVITY_MILL，程序为 PROGRAM，刀具为 T1D10，几何体为 WORKPIECE，方法为

MILL_ROUGH，名称为 MILL_ROUGH，如图 3-1-58 所示，点击【确定】，弹出操作设置对话框，如图 3-1-59 所示。

图 3-1-58　创建操作

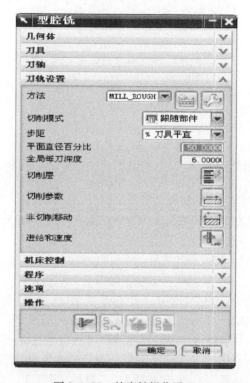

图 3-1-59　轮廓铣操作设置

6）全局每刀深度设置为 0.5，如图 3-1-60 所示，设置部件余量为 0.5，如图 3-1-61 所示。

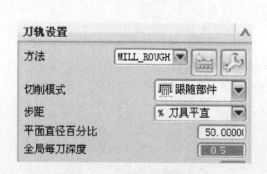

图 3-1-60　全局每刀深度设置

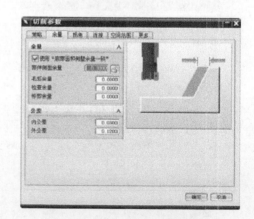

图 3-1-61　部件余量设置

7）点击【切削层】，设置切削层如图 3-1-62 所示。

8）点击【进给和速度】，弹出对话框，设置主轴速度为 4000，设置进给率为 1500，如图 3-1-63所示。点击【确定】完成进给和速度设置。

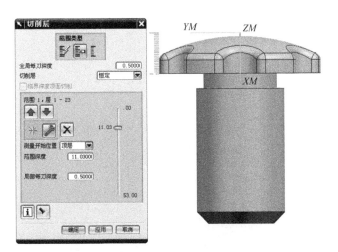

图 3-1-62　设置切削层

图 3-1-63　进给率和速度

9）点击【生成刀轨】，如图 3-1-64 所示，得到零件的加工刀轨，如图 3-1-65 所示。点击【确定】，完成零件球面粗加工刀轨创建。

图 3-1-64　生成刀轨

图 3-1-65　加工刀轨

10）点击菜单条【插入】，点击【操作】，弹出创建操作对话框，类型为 mill_contour，操作子类型为 FIXED_CONTOUR，程序为 PROGRAM，刀具为 T2D6，几何体为 WORKPIECE，方法为 MILL_FINISH，名称为 MILL_FINISH_1，如图 3-1-66 所示，点击【确定】，弹出操作设置对话框，如图 3-1-67 所示。

11）点击【指定切削区域】，选择如图 3-1-68 所示的面。驱动方法设置为区域铣削，如图 3-1-69 所示。系统弹出区域铣削驱动方法对话框，如图 3-1-70 所示，切削模式为跟随周边，切削方向为顺铣，步距为恒定 0.2，切削角为 90。

图 3-1-66　创建操作

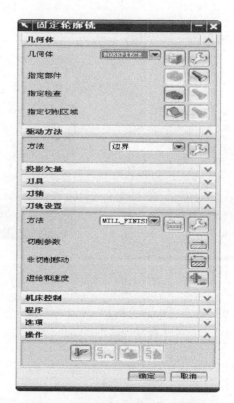

图 3-1-67　固定轮廓铣操作设置

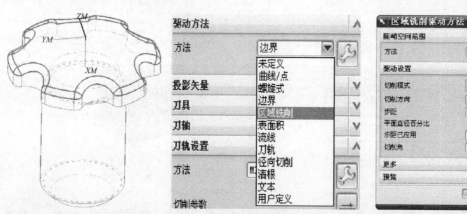

图 3-1-68　切削区域　　　　图 3-1-69　驱动方法　　　　图 3-1-70　区域铣削驱动方法

　　12）点击【进给和速度】，弹出对话框，设置主轴速度为 5200，设置进给率为 1800，如图 3-1-71 所示。单击【确定】完成进给和速度设置。

　　13）点击【生成刀轨】，如图 3-1-72 所示，得到零件的加工刀轨，如图 3-1-73 所示。单击【确定】，完成零件球面精加工刀轨的创建。

　　（3）仿真加工与后处理

　　1）在操作导航器中选择所有车削加工操作，点击鼠标右键，选择刀轨，选择确认，弹出刀轨可视化对话框，选择 3D 动态，如图 3-1-74 所示。点击【确定】，开始仿真加工。

图 3-1-71 进给和速度

图 3-1-72 生成刀轨

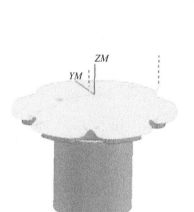

图 3-1-73 加工刀轨

图 3-1-74 刀轨可视化

2）后处理得到加工程序。在刀轨操作导航器中选中加工零件右端的加工操作，点击【工具】、【操作导航器】、【输出】、【NX Post 后处理】，如图 3-1-75 所示，弹出后处理对话框。

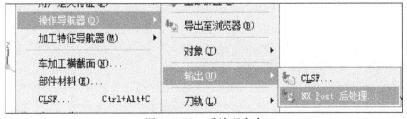

图 3-1-75 后处理命令

3）后处理器选择 LATHE_2_ AXISTOOL_TIP，指定合适的文件路径和文件名，单位设置为定义了后处理，勾选列出输出，如图 3-1-76 所示，点击确定完成后处理，得到车削零件右端的 NC 程序，如图 3-1-77 所示。

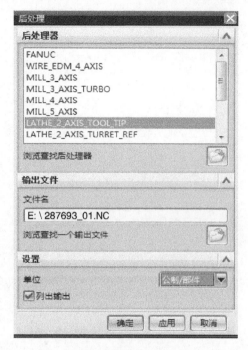

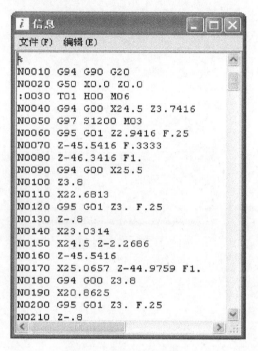

<table>
<tr><td>图 3-1-76　后处理</td><td>图 3-1-77　加工程序</td></tr>
</table>

4）后处理得到加工程序。在刀轨操作导航器中选中铣削加工零件左端的加工操作，点击【工具】、【操作导航器】、【输出】、【NX Post 后处理】，如图 3-1-78 所示，弹出后处理对话框。

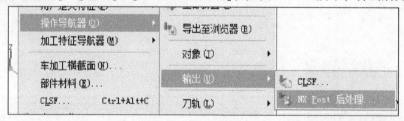

图 3-1-78　后处理命令

5）后处理器选择 MILL_3_ AXIS，指定合适的文件路径和文件名，单位设置为定义了后处理，勾选列出输出，如图 3-1-79 所示。点击【确定】完成后处理，得到铣削零件左端的 NC 程序，如图 3-1-80 所示。

3. 零件加工

（1）加工准备　按照设备管理要求，对加工中心和数控车床进行检查，确保设备完好，特别注意气压油压是否正常。对设备通电开机，并将机床各坐标轴回零，然后对机床进行低转速预热。车削时按工艺要求将棒料毛坯安装在自定心卡盘上，并确认伸出长度符合工艺要求。铣削时对照工艺卡将自定心卡盘安装到机床工作台并压紧。

对照工艺卡，准备好所有刀具和相应的刀柄和夹头，将车刀按照刀具号安装到数控车床刀架上，并调整刀尖中心与主轴轴线等高。将加工中心刀具安装到对应的刀柄，调整刀具伸出长度，在满足加工要求的前提下，尽量伸出长度短，然后将装有刀具的刀柄按刀具号装入刀库。

（2）程序传输　在关机状态使用 RS232 通信线连接机床系统与电脑，打开电脑和数控机床系统，进行相应的通信参数设置，要求数控系统内的通信参数与电脑通信软件内的参数一致。

（3）零件加工及注意事项　本零件需要车铣复合加工，在车削加工完毕后，要注意保护零件，不允许磕碰零件已加工面。铣削加工时，零件采用螺纹装夹，注意相配螺纹的清洁。

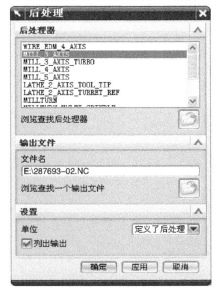

图 3-1-79　后处理

图 3-1-80　加工程序

（4）零件检测　零件检测是零件整个生产过程的重要环节，是保证零件质量、优化加工工艺的主要依据。零件检测主要步骤：制作检测用的 LAYOUT 图如图 3-1-81 所示，也就是对所有需要检测的项目进行编号的图样；制作检测用空白检测报告如图 3-1-82 所示，报告包括检测项目、标准、所用量具、检测频率；对零件进行检测并填写报告。

（5）编制及完善相关工艺文件　根据加工中的实际情况和检测结果，对零件加工工艺和加工程序进行优化，最大限度的缩短加工时间，提高效率，主要是删除空运行的程序段，并调整切削参数。

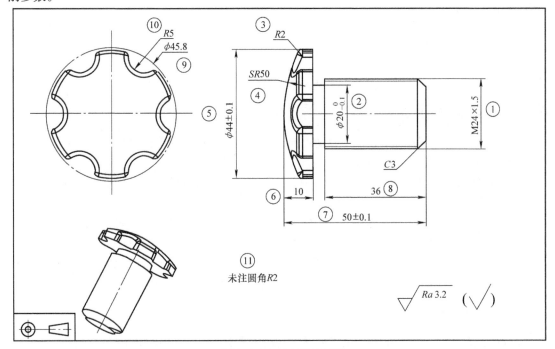

图 3-1-81　LAYOUT 图

检测报告(Inspection Report)								
零件名:锁紧螺钉			零件材料:			送检数量:		
零件号:287693-0			表面处理:			送检日期:		
序号	图样尺寸			测量 (Measurement)				备注(Remark)
				测量尺寸(Measuring slze)			测量工具 (Measurement Tool)	
	公称尺寸	上极限偏差	下极限偏差	1#	2#	3#	4#	
1	M42×1.5	/	/				螺纹规	
2	ϕ20	0	-0.1				游标卡尺	
3	R2	0.25	-0.25				CMM	
4	SR50	0.25	-0.25				CMM	
5	ϕ44	0.1	-0.1				游标卡尺	
6	10.00	0.25	-0.25				CMM	
7	50.00	0.1	-0.1				游标卡尺	
8	36.00	0.25	-0.25				游标卡尺	
9	45.80	0.25	-0.25				CMM	
10	R5	0.25	-0.25				CMM	
11	R2	0.25	-0.25				CMM	
外观 碰伤 毛刺							目测	
是/否 合格								
测量员:		批准人:				页数:		

图 3-1-82　检测报告

3.1.4　专家点拨

1）对于既有车削工序又有铣削工序的产品，要特别注意在工序交接过程中对产品表面的保护，不得有划伤、碰伤。

2）车削螺纹时，要选用与螺纹规格（一般是指螺距）相符合的刀片，保证螺纹的加工质量和尺寸的稳定性。

3）对于螺纹的检测，一般选用螺纹规作为检具，但是单件生产时，采购一个螺纹规成本过高，此时可以采用三针测量法来检测螺纹。

4）零件上存在的一些过渡圆角，可以采用目测或者 R 规比对的方式检测，而不需要每个都用三坐标去检测。

3.1.5　课后训练

完成图 3-1-83 所示零件的加工工艺编制并制作工艺卡，完成零件的加工程序编制并仿真。

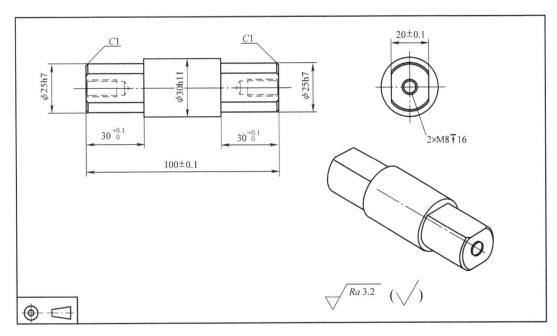

图 3-1-83　连接销

项目 3.2　连接环的加工与调试

3.2.1　教学目标

【能力目标】能编制连接环的加工工艺

　　　　　　能使用 NX 6.0 软件编制连接环的加工程序

　　　　　　能使用数控车床和加工中心加工连接环

　　　　　　能检测加工完成的连接环

【知识目标】掌握连接环的加工工艺

　　　　　　掌握连接环的程序编制方法

　　　　　　掌握连接环的加工方法

　　　　　　掌握连接环的检测方法

【素质目标】激发学生的学习兴趣，培养团队合作和创新精神

3.2.2　项目导读

　　该连接环是注塑机中的一个零件，零件整体外形为一圆盘状，圆盘中间有一组台阶孔，圆盘端面有一圈圆周孔和一组开口 U 形槽，零件内孔的加工精度要求较高，零件端面上的圆周孔和 U 形槽加工精度一般。零件由外圆、内孔、端面、沉头孔、螺纹孔、U 形开口槽等特征组成。

3.2.3　项目任务

　　学生以企业制造工程师的身份投入工作，分析连接环的零件图样，明确加工内容和加工要求，对加工内容进行合理的工序划分，确定加工路线，选用加工设备，选用刀具夹具，制定加工工艺卡；运用 NX 软件编制连接环的加工程序并进行仿真加工，使用数控车床和加工中心加工连接环，对加工成品进行检测，并根据检测结果对整个加工工艺和加工程序提出修改建议。

1. 制定加工工艺

（1）图样分析　连接环零件图样如图 3-2-1 所示，该连接环整体结构为一圆盘，主要由外圆、内孔、端面、沉头孔、螺纹孔、U 形开口槽等特征组成。

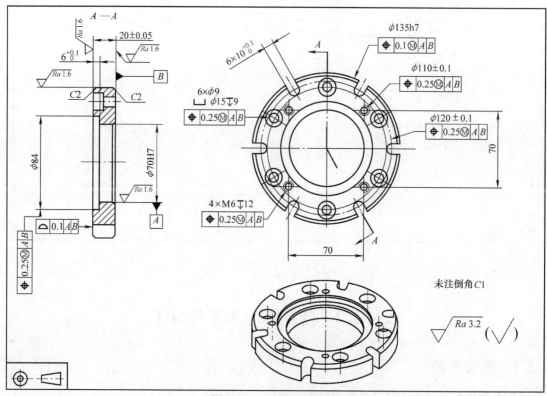

图 3-2-1　连接环零件图

零件材料为 45 钢，属于优质碳素结构钢，加工性能好，加工变形小。连接环主要加工内容见表 3-2-1。

表 3-2-1　加工内容

内　容	要　求	备　注
$\phi135h7$ 外圆	外圆直径 $\phi135_{-0.04}^{0}$ mm	
$\phi70H7$ 内孔	内孔直径 $\phi70_{0}^{+0.03}$ mm	
$\phi84$ 内孔	内孔直径 $\phi84 \pm 0.25$ mm，深度为 $6_{0}^{+0.1}$ mm	
6 个 U 形槽	槽宽 $10_{0}^{+0.1}$ mm，槽深为贯通，中心圆直径为 $\phi120 \pm 0.1$ mm	
6 个沉头孔	沉头孔直径为 $\phi15 \pm 0.25$ mm，深度为 9 ± 0.25 mm，孔直径为 $\phi9 \pm 0.25$ mm，深度为贯通	
4 个 M6 螺纹孔	螺纹规格为 $M6 \times 1$，深度为 12 ± 0.25 mm	
总厚	总厚为 20 ± 0.05 mm	
倒角	2 个 C2 倒角	
粗糙度	左右端面的粗糙度为 $Ra1.6\mu m$，$\phi135h7$ 外圆粗糙度为 $Ra1.6\mu m$，$\phi70H7$ 内孔粗糙度为 $Ra1.6\mu m$，其他加工面粗糙度为 $Ra3.2\mu m$	
位置度	$\phi135h7$ 外圆相对基准 A、B 的位置度为 0.1，其他位置度为 0.25	

此连接环的主要加工难点为 ϕ135h7 外圆直径和 ϕ70H7 内孔，此外端面上的孔和外圆内孔需要使用不同的机床类型加工，需要车铣复合加工。

（2）制定工艺路线　此零件分三次装夹，第一次使用数控车床完成外圆及内孔的加工，第二次使用数控车床完成零件总厚加工，第三次使用加工中心完成沉孔、螺纹孔、U 形槽的加工。

1）备料。45 钢毛坯，ϕ140mm × 26mm。

2）钻孔。钻 ϕ40mm 孔。

3）车外圆内孔。自定心卡盘装夹，车端面、外圆、内孔。

4）车总厚。自定心卡盘装夹，车端面，保证总厚。

5）钻孔、铣槽。自定心卡盘装夹，钻孔，攻螺纹孔，铣 U 形槽。

（3）选用加工设备　本零件需要选用数控车床和加工中心两种加工设备。

数控车床选用杭州友佳集团生产的 FTC – 10 斜床身数控车床作为加工设备，此机床为斜床身，转塔刀架，液压卡盘，刚性好，加工精度高，适合小型零件的大批量生产，机床主要技术参数和外观如表 3-2-2 所示。

表 3-2-2　机床主要技术参数和外观

主要技术参数		机床外观
最大车削直径/mm	240	
最大车削长度/mm	255	
X 轴行程/mm	120	
Z 轴行程/mm	290	
主轴最高转速/(r/min)	6000	
通孔/拉管直径/mm	56	
刀具位置数	8	
数控系统	FANUC：0i Mate – TC	

加工中心选用杭州友佳集团生产的 HV – 40A 立式铣削加工中心作为加工设备，此机床为水平床身，机械手换刀，刚性好，加工精度高，适合小型零件的大批量生产。机床主要技术参数和外观如表 3-2-3 所示。

表 3-2-3　机床主要技术参数和外观

主要技术参数		机床外观
X 轴行程/mm	1000	
Y 轴行程/mm	520	
Z 轴行程/mm	505	
主轴最高转速/(r/min)	1000	
刀具交换形式	机械手	
刀具数量	24	
数控系统	FANUC：MateC	

（4）选用毛坯　零件材料为 45 钢，属于优质碳素结构钢，加工性能好，加工变形小。根据零件尺寸和机床性能，并考虑零件装夹要求，选用直径为 140mm、长度为 26mm 的毛坯。

（5）选用夹具　零件分三次装夹，加工零件左端时，以毛坯外圆作为基准，选用自定心卡盘和软爪装夹，零件伸出量为 21，装夹简图如图 3-2-2 所示。加工零件右端时，采用已经加工完毕的 φ135h7 外圆作为定位基准，选用自定心卡盘和软爪装夹，为保证已经加工完毕的 φ135h7 外圆表面不被夹伤，可以在装夹部位垫铜片，装夹简图如图 3-2-3 所示。在加工端面上的孔时，采用已经加工完毕的 φ70H7 内孔作为定位基准，选用自定心卡盘和反爪装夹，为保证已经加工完毕的 φ70H7 内孔表面不被夹伤，可以在装夹部位垫铜片，装夹简图如图 3-2-4 所示。

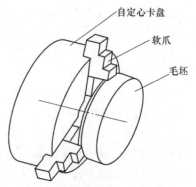

图 3-2-2　加工零件左端装夹

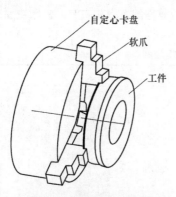

图 3-2-3　加工零件右端装夹

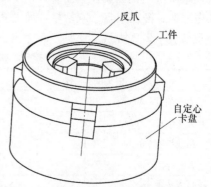

图 3-2-4　铣削加工装夹

（6）选用刀具和切削用量　选用 SANDVIK 刀具系统，查阅 SANDVIK 刀具手册，选用刀具和切削用量如表 3-2-4 所示。

表 3-2-4　刀具和切削用量

工序	刀号	刀 具 规 格		加工内容	转速/ （r/min）	切深/ mm	进给速度 /进给量
加工左端	T01	DCLNL2020M09	CNMG090408 - PR	粗车外圆、端面	600	2	0.25 /（mm/r）
	T02		CCMT090404 - PF	精车外圆、端面	800	0.5	0.1 /（mm/r）
	T03	S20M - SCLCR06	CNMG060408 - PR	粗车内孔	800	2	0.2 /（mm/r）
	T04		CCMT060404 - PF	精车内孔	1000	0.3	0.1 /（mm/r）

（续）

工序	刀号	刀具规格		加工内容	转速/（r/min）	切深/mm	进给速度/进给量
加工右端	T01	DCLNL2020M09	CNMG090408 – PR	粗车端面	600	2	0.25/（mm/r）
	T02		CCMT090404 – PF	精车端面	800	0.5	0.1/（mm/r）
钻孔铣槽	T05	R840 – 0900 – 30 – A0A		钻 φ9 孔	1200		300/（mm/min）
	T06	R840 – 0500 – 30 – A0A		钻 M6 螺纹底孔	1500		340/（mm/min）
	T07	R216.32 – 08030 – AC10P		铣 U 形槽	3200	1.5	800/（mm/min）
	T08	R216.32 – 15030 – AC10P		铣 φ15 孔	800		80/（mm/min）
	T09	M6 × 1		攻 M6 螺纹	1000		1000/（mm/min）

（7）制作工艺卡 以一次装夹作为一个工序，制定加工工艺卡如表3-2-5、表3-2-6、表3-2-7、表3-2-8所示。

表3-2-5 工 序 清 单

零件号: 3817265-1		工艺版本号: 0	工艺流程卡_工序清单		
工序号	工序内容	工位	页码:1		页数:4
001	备料	外协	零件号:3817265		版本:1
002	车左端	数车	零件名称：连接环		
003	车右端	数车	材料:45钢		
004	钻孔、铣槽	加工中心	材料尺寸:ϕ140mm×25mm		
005			更改号	更改内容	批准	日期
006					
007			01		
008					
009			02		
010					
011			03		
012					
013					
拟制:	日期:	审核:	日期:	批准:	日期:

表3-2-6 车左端工艺卡

零件号: 3817265-1		工序名称: 车左端	工艺流程卡_工序单	
材料:45#	页码:2		工序号:02	版本号:1
夹具:自定心卡盘	工位:数控车床		数控程序号:3817265-01.NC	

刀具及参数设置				
刀具号	刀具规格	加工内容	主轴转速 (r/min)	进给量 (mm/r)
T01	DCLNL2020M09, CNMG090408-PR	粗车端面、外圆	600	0.25
T02	DCLNL2020M09, CCMT090404-PF	精车端面、外圆	800	0.1
T03	S20M-SCLCR06, CNMG060408-PR	粗车内孔	800	0.2
T04	S20M-SCLCR06, CCMT060404-PF	精车内孔	1000	0.1

夹持部分

锐边加0.3倒角、其余尺寸参阅零件图

02			
01			
更改号	更改内容	批准	日期
拟制:	日期:	审核:	日期:	批准:	日期:

表 3-2-7　车右端工艺卡

零件号: 3817265-1		工序名称: 车右端		工艺流程卡_工序单	
材料:45#	页码: 3		工序号: 03		版本号:1
夹具:自定心卡盘	工位: 数控车床		数控程序号: 3817265-0.2.NC		

刀具及参数设置					
刀具号	刀具规格	加工内容	主轴转速 (r/min)	进给量 (mm/r)	
T01	DCLNL2020M09, CNMG090408-PR	粗车端面	600	0.25	
T02	DCLNL2020M09, CCMT090404-PF	精车端面	800	0.1	
T03					
T04					

锐边加0.3倒角、其余尺寸参阅零件图

02				
01				
更改号	更改内容	批准	日期	
拟制:	日期:	审核:	日期:	批准:　日期:

表 3-2-8　钻孔铣槽工艺卡

零件号: 3817265-1		工序名称: 钻孔、铣槽		工艺流程卡_工序单	
材料:45钢	页码: 4		工序号:04		版本号:1
夹具:自定心卡盘	工位: 加工中心		数控程序号:3817265-03.NC		

刀具及参数设置					
刀具号	刀具规格	加工内容	主轴转速 (r/min)	进给速度 (mm/min)	
T05	R840-0900-30- A0A	钻φ9孔	1200	300	
T06	R840-0500-30- A0A	钻φ5孔	1500	340	
T07	R216.32-08030- AC10P	铣U形槽	3200	800	
T08	R216.32-15030- AC10P	钻φ15孔	800	80	
T09	M6×1	攻M6螺纹	1000	1000	

锐边加 0.3倒角、其余尺寸参阅零件图

02				
01				
更改号	更改内容	批准	日期	
拟制:	日期:	审核:	日期:	批准:　日期:

2. 编制加工程序

（1）编制车削零件左端的 NC 程序

1）点击【开始】、【所有应用模块】、【加工】，弹出加工环境设置对话框，CAM 会话配置选择 cam_general；要创建的 CAM 设置选择 turning，如图 3-2-5 所示，然后点击【确定】，进入加工模块。

2）在加工操作导航器空白处，点击鼠标右键，选择【几何视图】，如图 3-2-6 所示。

3）双击操作导航器中的【MCS_SPINDLE】，弹出加工坐标系对话框，指定平面为 XM－YM，如图 3-2-7 所示。将 MCS_SPINDLE 更名为 MCS_SPINDLE_R。

4）点击指定 MCS 中的 CSYS 会话框，弹出对话框，然后选择参考坐标系中的选定的 CSYS，选择 71 图层中的参考坐标系。点击【确定】，使加工坐标系和参考坐标系重合，如图 3-2-8 所示。再点击【确定】完成加工坐标系设置。

5）双击操作导航器中的 WORKPIECE，弹出 WORKPIECE 设置对话框，如图 3-2-9 所示。将 WORKPIECE 更名为 WORKPIECE_R。

6）点击【指定部件】，弹出部件选择对话框，选择如图 3-2-10 所示为部件，点击【确定】，完成指定部件。

图 3-2-5　加工环境设置

图 3-2-6　操作导航器

图 3-2-7　加工坐标系设置

图 3-2-8　加工原点设置

图 3-2-9　WORKPIECE 设置

图 3-2-10　指定部件

7）点击【指定毛坯】，弹出毛坯选择对话框，选择如图 3-2-11 所示圆柱为毛坯（该圆柱在建模中预先建好，在图层 3 中）。点击【确定】完成毛坯选择，点击【确定】完成 WORKPIECE 设置。

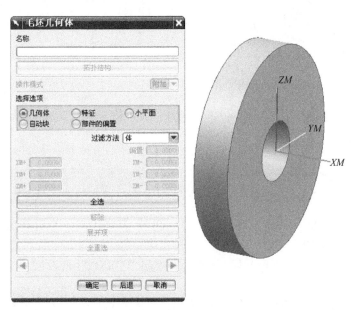

图 3-2-11　毛坯设置

8）双击操作导航器中的 TURNING_WORKPIECE，自动生成车加工截面和毛坯界面，如图 3-2-12 所示。将 TURNING_WORKPIECE 更名为 TURNING_WORKPIECE_R。

9）点击【创建几何体】，类型选择 turning，几何体子类型选择 MCS_SPINDLE，位置选择 GEOMETRY，名称为 MCS_SPINDLE_L，如图 3-2-13 所示。

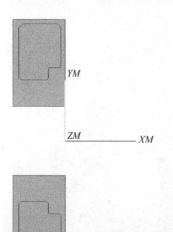

图 3-2-12　车加工截面和毛坯界面

图 3-2-13　创建几何体

10）指定平面为 XM – YM，如图 3-2-14 所示。

11）点击指定 MCS 中的 CSYS 会话框，弹出对话框，然后选择参考坐标系中的选定的 CSYS，选择 72 图层中的参考坐标系。点击【确定】，使加工坐标系和参考坐标系重合，如图 3-2-15 所示。再点击【确定】完成加工坐标系设置。

图 3-2-14　加工坐标系设置

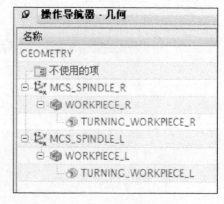

图 3-2-15　加工原点设置

12）更改 WORKPIECE 为 WORKPIECE_L，更改 TURNING_WORKPIECE 为 TURNING_WORKPIECE_L，结果如图 3-2-16 所示。

13）双击操作导航器中的 WORKPIECE_L，弹出 WORKPIECE 设置对话框，如图 3-2-17 所示。

14）点击【指定部件】，弹出部件选择对话框，选择图层 2 中的部件，如图 3-2-18 所示，点击【确定】，完成指定部件。

15）点击【指定毛坯】，弹出毛坯选择对话框，选择如图 3-2-19 所示圆柱为毛坯（该圆柱在建模中预先建好，在图层 3 中）。点击【确定】完成毛坯设置。点击【确定】完成 WORK-PIECE 设置。

16）双击 TURNING_WORKPIECE_L，选择指定毛坯边界按钮，弹出选择毛坯对话框，如图 3-2-20 所示。选择从工作区按钮，选择参考位置为左端面中心，目标位置为右端面中心，点击

【确定】，结果如图 3-2-21 所示。

图 3-2-16 设置几何体

图 3-2-17 WORKPIECE 设置

图 3-2-18 指定部件

图 3-2-19 毛坯设置

图 3-2-20　选择毛坯

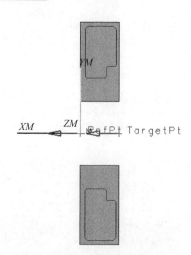

图 3-2-21　设置几何体结果

17）在加工操作导航器空白处，点击鼠标右键，选择【机床视图】，点击菜单条【插入】，点击【刀具】，弹出创建刀具对话框，如图 3-2-22 所示。类型选择为 turning，刀具子类型选择为 OD_80_L，刀具位置为 GENERIC_MACHINE，刀具名称为 OD_ROUGH_TOOL，点击【确定】，弹出刀具参数设置对话框。设置刀具参数如图 3-2-23 所示，刀尖半径为 0.8，方向角度为 5，刀具号为 1，点击【确定】，完成创建刀具。

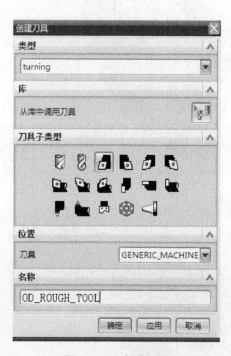

图 3-2-22　创建刀具

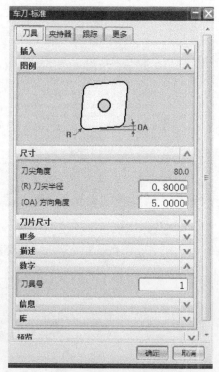

图 3-2-23　刀具参数设置

18）用同样的方法创建刀具 2，类型选择为 turning，刀具子类型选择为 OD_80_L，刀具位置为 GENERIC_MACHINE，刀具名称为 OD_FINISH_TOOL，刀尖半径为 0.4，方向角度为 5，刀具号为 2。

19）点击菜单条【插入】，点击【刀具】，弹出创建刀具对话框，如图 3-2-24 所示。类型选择为 turning，刀具子类型选择为 ID_80_L，刀具位置为 GENERIC_MACHINE，刀具名称为 ID_ROUGH _TOOL，点击【确定】，弹出刀具参数设置对话框。设置刀具参数如图 3-2-25 所示，刀尖半径为 0.8，方向角度为 275，刀片长度为 15，刀具号为 3，点击【确定】，完成创建刀具。

20）用同样的方法创建刀具 4，类型选择为 turning，子类型选择为 ID_80_L，刀具位置为 GENERIC_MACHINE，刀具名称为 ID_FINISH_TOOL，刀尖半径为 0.4，方向角度为 275，刀片长度为 15，刀具号为 4，点击【确定】，完成创建刀具。

21）在加工操作导航器空白处，点击鼠标右键，选择【程序视图】，点击菜单条【插入】，点击【操作】，弹出创建操作对话框，类型为 turning，操作子类型为 ROUGH_TURNING_OD，程序为 PROGRAM，刀具为 OD_ROUGH_TOOL，几何体为 TURNING_WORKPIECE_R，方法为 METHOD，名称为 ROUGH_TURNING_OD_R，如图 3-2-26 所示，点击【确定】，弹出操作设置对话框，如图 3-2-27 所示。

图 3-2-24　创建刀具

图 3-2-25　刀具参数

22）点击【刀轨设置】，方法为 METHOD，水平角度为 180，方向为向前，切削深度为变量平均值，最大值为 2，最小值为 1，变换模式为根据层，清理为全部，如图 3-2-28 所示。

23）点击【切削参数】，点击【策略】，设置最后切削边缘为 5，如图 3-2-29 所示。设置面余量为 0.2，径向余量为 0.5，如图 3-2-30 所示，单击【确定】，完成切削参数设置。

24）点击【非切削移动】，弹出对话框，进刀设置如图 3-2-31 所示；退刀设置如图 3-2-32 所示，点击【确定】，完成操作。

25）设置出发点为（100，100，0），如图 3-2-33 所示；设置回零点为（100，100，0），如

图 3-2-34 所示。点击【确定】，完成操作。

26）点击【进给和速度】，弹出对话框，设置主轴速度为 600，设置进给率为 0.25，如图 3-2-35所示。单击【确定】完成进给和速度设置。点击【生成刀轨】，得到零件的加工刀轨，如图 3-2-36 所示。

图 3-2-26　创建操作

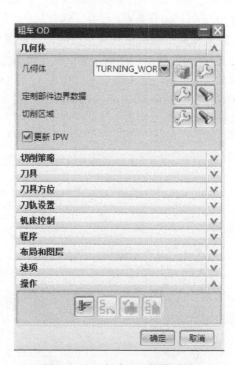

图 3-2-27　粗车 OD 操作设置

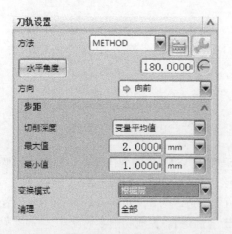

图 3-2-28　刀轨设置

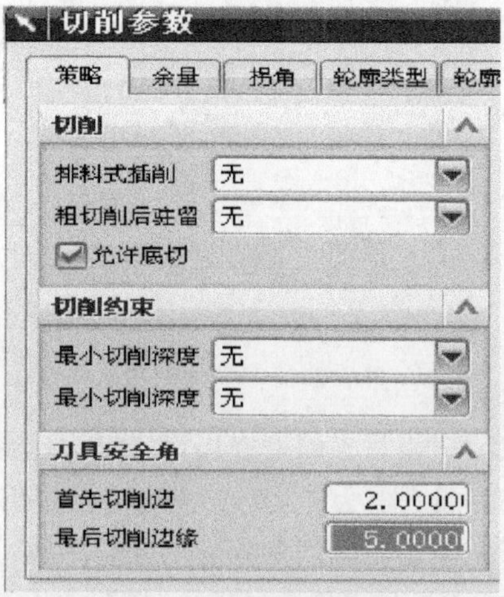

图 3-2-29　策略设置

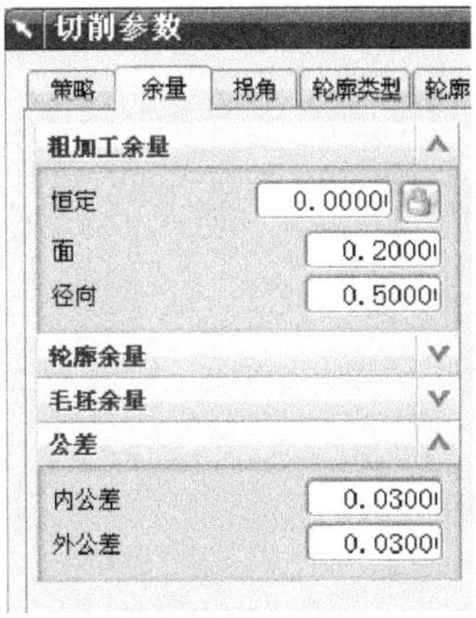

图 3-2-30　余量设置

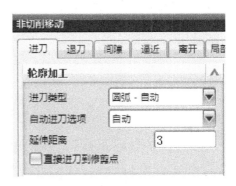

图 3-2-31　进刀设置

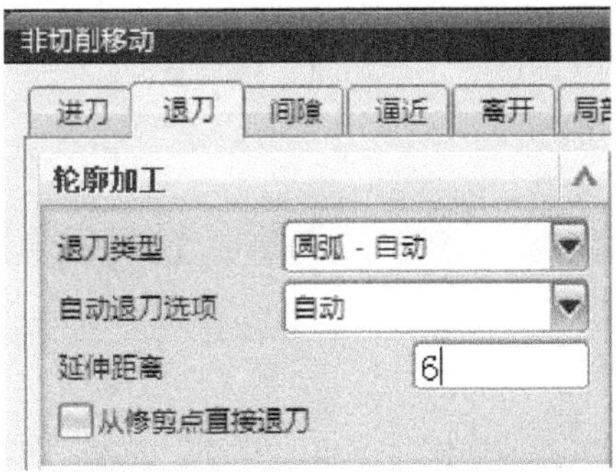

图 3-2-32　退刀设置

图 3-2-33　出发点设置

图 3-2-34　回零点设置

图 3-2-35　进给和速度

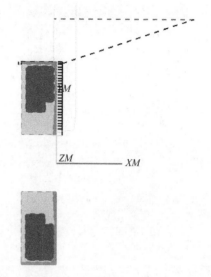

图 3-2-36　加工刀轨

27）点击菜单条【插入】，点击【操作】，弹出创建操作对话框，类型为 turning，操作子类型为 FINISH_ TURNING_ OD，程序为 PROGRAM，刀具为 OD_ FINISH_ TOOL，几何体为 TURN-ING_WORKPIECE_ R，方法为 LATHE_ FINISH，名称为 FINISH_ TURNING_ OD_ R，如图 3-2-37 所示。点击【确定】，弹出操作设置对话框，如图 3-2-38 所示。

图 3-2-37　创建操作

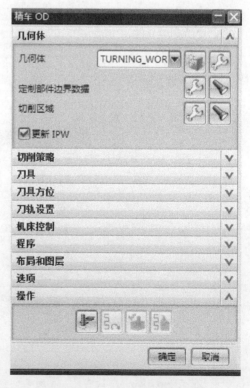

图 3-2-38　精车 OD 操作设置

28）点击【切削参数】，点击【策略】，设置最后切削边为 5，如图 3-2-39 所示。

29）点击【非切削移动】，弹出对话框，进刀设置如 3-2-40 图所示；退刀设置如图 3-2-41 所示。点击【确定】，完成操作。

30）设置出发点为（100，100，0），如图 3-2-42 所示；设置回零点为（100，100，0），如图 3-2-43 所示。点击【确定】，完成操作。

31）点击【进给和速度】，弹出对话框，设置主轴速度为 800，设置进给率为 0.1，如图3-2-44 所示。点击【确定】完成进给和速度设置。点击【生成刀轨】，得到零件的加工刀轨，如图 3-2-45 所示。

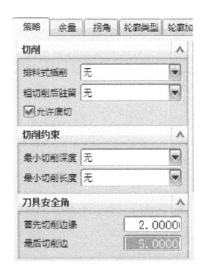

图 3-2-39　策略

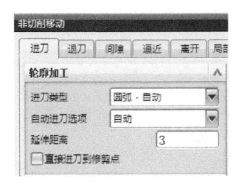

图 3-2-40　进刀设置

图 3-2-41　退刀设置

图 3-2-42　出发点设置

图 3-2-43　回零点设置

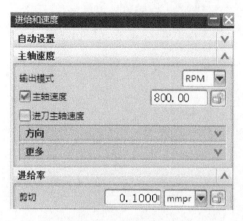

图 3-2-44　进给和速度

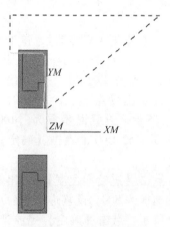

图 3-2-45　加工刀轨

32）点击菜单条【插入】，点击【操作】，弹出创建操作对话框，类型为 turning，操作子类型为 ROUGH_BORE_ID，程序为 PROGRAM，刀具为 ID_ROUGH_TOOL，几何体为 TURNING_WORKPIECE_R，方法为 LATHE_ROUGH，名称为 ROUGH_BORE_ID_R，如图 3-2-46 所示。点击【确定】，弹出操作设置对话框，如图 3-2-47 所示。

图 3-2-46　创建操作

图 3-2-47　粗镗 ID 操作设置

33）点击【刀轨设置】，层角度为 180，方向为前进，切削深度为变量平均值，最大为 2，最小为 1，变换模式为根据层，清理为全部，如图 3-2-48 所示。

34）点击【切削参数】，点击【策略】，设置最后切削边为 5，如图 3-2-49 所示。设置面余量为 0.1，径向余量为 0.3，如图 3-2-50 所示。点击【确定】，完成切削参数设置。

35）点击【非切削移动】，弹出对话框，进刀设置如图 3-2-51 所示；退刀设置如图 3-2-52 所示。点击【确定】，完成操作。

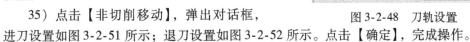

图 3-2-48　刀轨设置

图 3-2-49　策略设置

图 3-2-50　余量设置

图 3-2-51　进刀设置

图 3-2-52　退刀设置

36）设置出发点为（100，100，0），如图 3-2-53 所示；设置回零点为（100，100，0），如图 3-2-54 所示，点击【确定】，完成操作。

37）点击【进给和速度】，弹出对话框，设置主轴速度为 800，设置进给率为 0.2，如图 3-2-55 所示。点击【确定】完成进给和速度设置。点击【生成刀轨】，得到零件的加工刀轨，如图 3-2-56 所示。

图 3-2-53 出发点设置

图 3-2-54 回零点设置

图 3-2-55 进给和速度

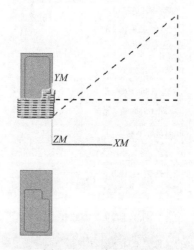

图 3-2-56 加工刀轨

38）点击菜单条【插入】，点击【操作】，弹出创建操作对话框，类型为 turning，操作子类型为 FINISH_BORE_ID，程序为 PROGRAM，刀具为 ID_FINISH_TOOL，几何体为 TURNING_WORKPIECE_R，方法为 LATHE_FINISH，名称为 FINISH_BORE_ID_R，如图 3-2-57 所示。点击【确定】，弹出操作设置对话框，如图 3-2-58 所示。

39）点击【刀轨设置】，层角度为 180，方向为前进，清理为全部，如图 3-2-59 所示。

40）点击【切削参数】，点击【策略】，设置最后切削边缘为 5，如图 3-2-60 所示。

41）点击【非切削移动】，弹出对话框，进刀设置如图 3-2-61 所示；退刀设置如图3-2-62 所示。点击【确定】，完成操作。

42）设置出发点为（100，100，0），如图 3-2-63 所示；设置回零点为（100，100，0），如图 3-2-64 所示。点击【确定】，完成操作。

43）点击【进给和速度】，弹出对话框，设置主轴速度为 1000，设置进给率为 0.1，如图 3-2-65 所示。点击【确定】完成进给和速度设置。点击【生成刀轨】，得到零件的加工刀轨，如图 3-2-66 所示。

图 3-2-57 创建操作

图 3-2-58 精镗 ID 操作设置

图 3-2-60 策略设置

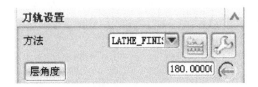

图 3-2-59 刀轨设置

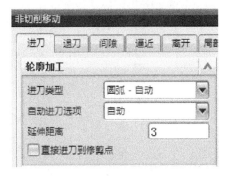

图 3-2-61 进刀设置

图 3-2-62 退刀设置

图 3-2-63　出发点设置

图 3-2-64　回零点设置

图 3-2-65　进给和速度

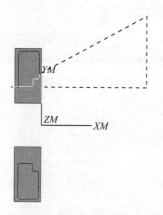

图 3-2-66　加工刀轨

（2）编制车削零件右端的 NC 程序

1）在加工操作导航器空白处，点击鼠标右键，选择【程序视图】，点击菜单条【插入】，点击【操作】，弹出创建操作对话框，类型为 turning，操作子类型为 FACING，程序为 PROGRAM，刀具为 OD_ROUGH_TOOL，几何体为 TURNING_WORKPIECE_L，方法为 METHOD，名称为 ROUGH_TURNING_OD_L，如图3-2-67 所示。点击【确定】，弹出操作设置对话框，如图3-2-68 所示。

2）点击【刀轨设置】，方法为 METHOD，水平角度为 180，方向为向前，切削深度为变量平均值，最大值为 2，最小值为 1，变换模式为根据层，清理为全部，如图 3-2-69 所示。

3）点击【切削参数】，点击【策略】，设置最后切削边缘为5，如图 3-2-70 所示。设置面余量为 0.2，径向余量为 0.5，如图 3-2-71 所示。点击【确定】，完成切削参数设置。

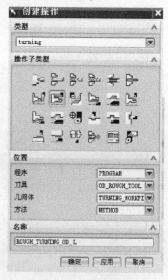

图 3-2-67　创建操作

4）点击【非切削移动】，弹出对话框，进刀设置如图 3-2-72 所示；退刀设置如图 3-2-73 所示。点击【确定】，完成操作。

图 3-2-68　粗车 OD 操作设置

图 3-2-69　刀轨设置

图 3-2-70　策略设置

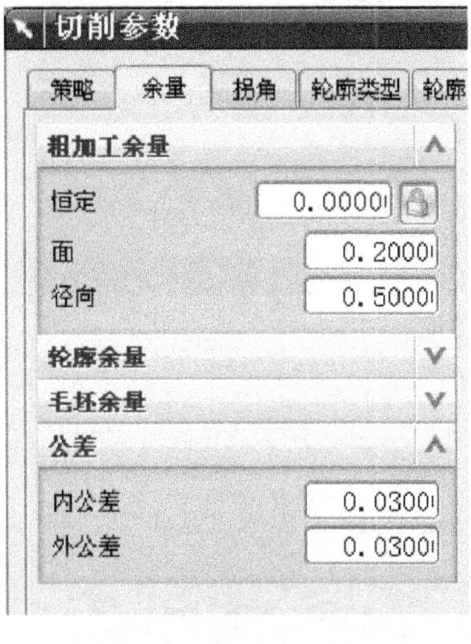

图 3-2-71　余量设置

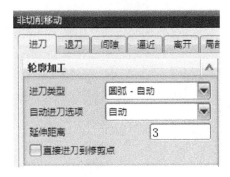

图 3-2-72　进刀设置

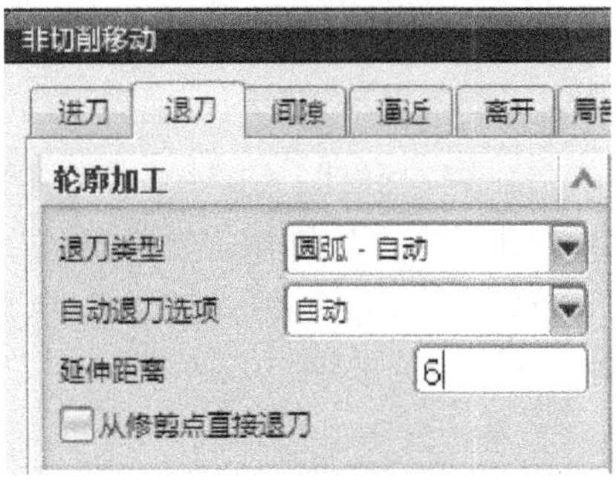

图 3-2-73　退刀设置

5）设置出发点为（100，100，0），如图 3-2-74 所示；设置回零点为（100，100，0），如图 3-2-75 所示。点击【确定】，完成操作。

6）点击【进给和速度】，弹出对话框，设置主轴速度为 600，设置进给率为 0.25，如图 3-2-76 所示。点击【确定】完成进给和速度设置。点击【生成刀轨】，得到零件的加工刀轨，如图 3-2-77 所示。

7）复制 ROUGH_TURNING_OD_L，然后粘贴 ROUGH_TURNING_OD_L，将 ROUGH_TURNING_OD_L 更名为 FINISH_TURNING_OD_L，双击 FINISH_TURNING_OD_L，更改刀具为 OD_FINISH_TOOL，将面余量更改为 0，主轴速度更改为 800，进给率更改为 0.1，点击【生成刀轨】，得到零件的加工刀轨，如图 3-2-78 所示。

图 3-2-74　出发点设置

图 3-2-75　回零点设置

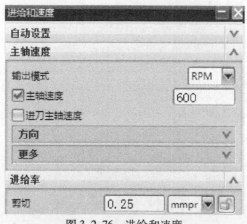

图 3-2-76　进给和速度

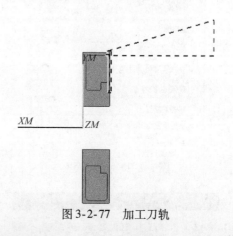

图 3-2-77　加工刀轨

（3）编制零件钻孔、铣槽的 NC 程序

1）选择插入—几何体，类型选择 mill_planar，几何体子类型选择 MCS，名称为 MCS_MILL，如图 3-2-79 所示。点击【确定】，弹出加工坐标系设置对话框，设置安全距离为 50，如图 3-2-80 所示。

2）点击零件上表面，点击【确定】，如图 3-2-81 所示。

图 3-2-78　加工刀轨

图 3-2-79   创建坐标系

图 3-2-80   加工坐标系设置

图 3-2-81   加工坐标系设置

3）选择插入—几何体，类型选择 mill_planar，子类型选择 WORKPIECE，名称为 WORK-PIECE_MILL，如图 3-2-82 所示。点击【确定】，完成加工坐标系设置。

4）双击操作导航器中的 WORKPIECE，弹出铣削几何体设置对话框，如图 3-2-83 所示。点击【指定部件】，弹出部件几何体对话框，选择如图 3-2-84 所示几何体，点击【确定】，完成指定部件。

5）点击【指定毛坯】，弹出毛坯选择对话框，选择几何体，选择毛坯（在建模中已经建好，在图层 4 中），如图 3-2-85 所示。点击【确定】完成毛坯设置，点击【确定】完成 WORKPIECE 设置。

6）创建刀具 5，点击菜单条【插入】，点击【刀具】，弹出创建刀具对话框，如图 3-2-86 所示。类型选择为 drill，刀具子类型选择为 DRILLING_TOOL，刀具位置为 GENERIC_MACHINE，刀具名称为 T5D9，点击【确定】，弹出刀具参数设置对话框。

图 3-2-82　创建几何体

图 3-2-83　WORKPIECE 设置

图 3-2-84　指定部件

7）设置刀具参数如图 3-2-87 所示，直径为 9，长度为 50，刀刃为 2，刀具号为 5，长度补偿为 5，点击【确定】，完成创建刀具。

8）同样的方法创建刀具 6，刀具名称为 T6D5，直径为 5，刀具号为 6，长度补偿号为 6。

9）创建刀具 7。点击菜单条【插入】，点击【刀具】，弹出创建刀具对话框，如图 3-2-88 所示。类型选择为 mill_planar，刀具子类型选择为 MILL，刀具位置为 GENERIC_MACHINE，刀具名称为 T7D8，点击【确定】，弹出刀具参数设置对话框。

10）设置刀具参数如图 3-2-89 所示，直径为 8，底圆角半径为 0，刀刃为 2，长度为 75，刀刃长度为 50，刀具号为 7，长度补偿为 7，刀具补偿为 7，点击【确定】，完成创建刀具。

11）同样的方法创建刀具 8，刀具名称为 T8D15，直径为 15，刀具号为 8，长度补偿为 8，刀具补偿为 8。

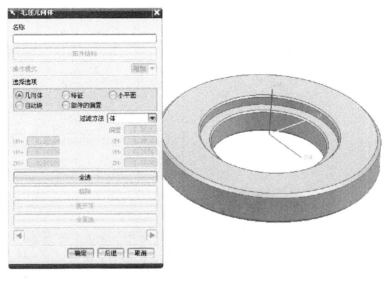

图 3-2-85　毛坯设置

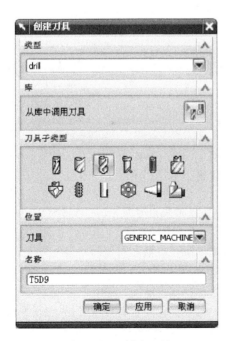

图 3-2-86　创建刀具

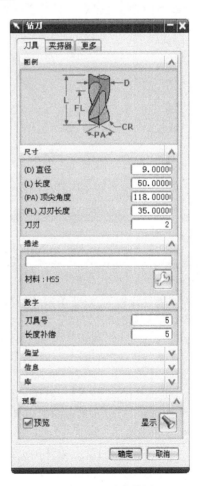

图 3-2-87　刀具参数设置

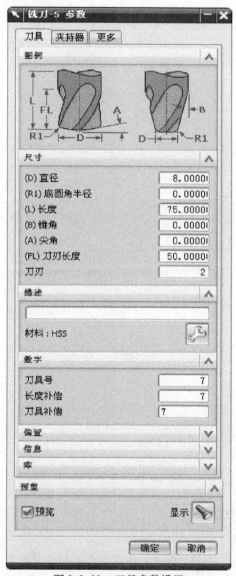

图 3-2-89　刀具参数设置

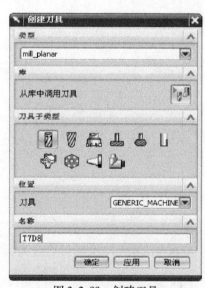

图 3-2-88　创建刀具

12）创建刀具9，点击菜单条【插入】，点击【刀具】，弹出创建刀具对话框，如图3-2-90 所示。类型选择为 drill，刀具子类型选择为 TAP，刀具位置为 GENERIC_ MACHINE，刀具名称为 T9M6，点击【确定】，弹出刀具参数设置对话框。

13）设置刀具参数如图 3-2-91 所示，直径为6，长度为50，刀刃为4，刀具号为9，长度补偿为9，点击【确定】，完成创建刀具。

14）点击菜单条【插入】，点击【操作】，弹出创建操作对话框，类型为 drill，操作子类型为 DRILLING，程序为 PROGRAM，刀具为 T5D9，几何体为 WORKPIECE_ MILL，方法为 METH-OD，名称为 DRILL_1，如图 3-2-92 所示。系统弹出钻操作设置对话框，如图 3-2-93 所示。

15）点击【指定孔】，点击【确定】，选择如图 3-2-94 所示孔。点击【确定】，完成操作。

16）选择循环类型为啄钻，如图 3-2-95。弹出对话框，输入距离为3，点击【确定】，弹出对话框；输入1，点击【确定】，弹出对话框；设置钻孔深度为刀肩深度，输入20。

17）在刀轨设置中，点击【进给和速度】，设置主轴速度为1200，进给率为300，点击【确

图 3-2-90　创建刀具

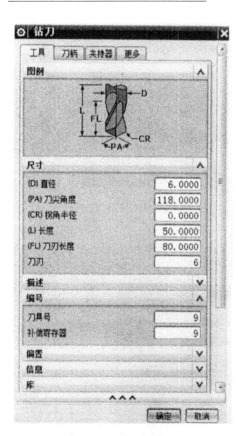

图 3-2-91　刀具参数设置

图 3-2-92　创建操作

图 3-2-93　钻操作设置

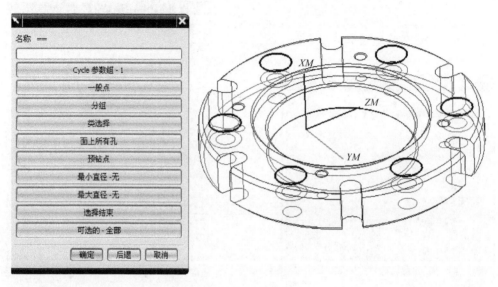

图 3-2-94 指定孔

定】，完成操作。点击【生成刀轨】，得到零件的钻孔刀轨，如图 3-2-96 所示。单击【确定】，完成钻孔刀轨的创建。

图 3-2-95 循环类型

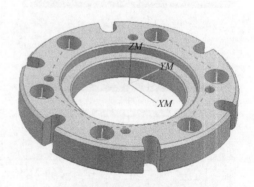

图 3-2-96 钻孔刀轨

18）复制 DRILL_1，然后粘贴 DRILL_1。将 DRILL_1_COPY 更名为 DRILL_2；双击 DRILL_2；将刀具更改为 T6D5，重新选择 M6 螺纹孔，如图 3-2-97 所示。设置啄钻距离为 3，设置钻孔深度为模型深度，将主轴速度更改为 1500，进给率更改为 340，单击【确定】，完成钻孔刀轨的创建，生成刀轨如图 3-2-98 所示。

19）点击菜单条【插入】，点击【操作】，弹出创建操作对话框，类型为 mill_planar，操作子类型为 PLANAR_MILL，程序为 PROGRAM，刀具为 T7D8，几何体为 WORKPIECE_MILL，名称为 MILL，如图 3-2-99 所示。点击【确定】，弹出操作设置对话框，如图 3-2-100 所示。

20）点击【指定部件边界】，弹出边界几何体对话框，如图 3-2-101 所示。在模式中选择【曲线/边】，弹出对话框，类型为开放的，平面选择用户定义，弹出平面对话框，如图 3-2-102 所示，选择对象平面方式，选取如图 3-2-103 所示的平面，系统回到指定面几何体对话框，选择如图 3-2-104 所示的曲线，点击【确定】，完成指定面边界。

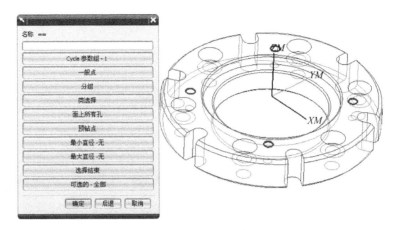

图 3-2-97　指定孔

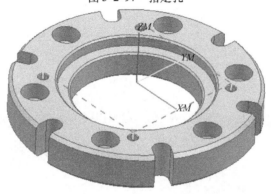

图 3-2-98　生成刀轨

图 3-2-99　创建操作

图 3-2-100　平面铣操作设置

图 3-2-101　边界几何体

图 3-2-102　平面定义

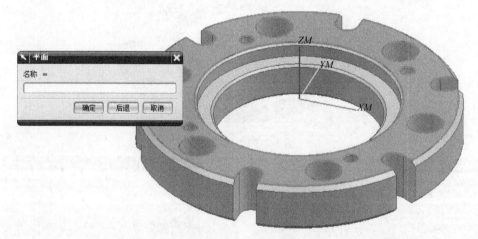

图 3-2-103　选择平面

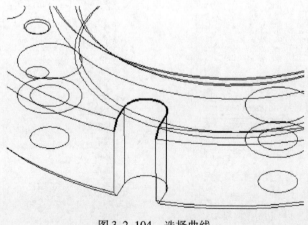

图 3-2-104　选择曲线

21）点击【指定底面】，弹出对话框，选择如图 3-2-105 所示平面构造器做为此操作的加工底面。

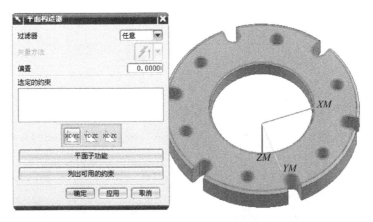

图 3-2-105　设置加工底面

22）如图 3-2-106 所示，设置切削模式为配置文件，点击【切削层】，弹出对话框，如图 3-2-107 所示，类型为固定深度，最大值为 1.5，点击【确定】，完成切削深度设置。

图 3-2-106　刀轨设置

图 3-2-107　切削深度设置

23）点击【进给和速度】，弹出对话框，设置主轴速度为 3200，设置进给率为 800，如图 3-2-108 所示。单击【确定】完成进给和速度设置。

24）点击【生成刀轨】，如图 3-2-109 所示，得到零件的加工刀轨，如图 3-2-110 所示。点击【确定】，完成零件 U 形槽加工刀轨的创建。

25）选择 MILL 操作，单击鼠标右键，选择【对象】、【变换】，如图 3-2-111 所示，系统弹出变换对话框，类型选择绕直线旋转，选择直线方法为两点方式，选择中间两个圆的圆心，角度设置为 60，结果设置为复制，距离/角度分割设置为 1，非关联副本数设置为 6，如图 3-2-112 所示。点击【确定】，生成变换刀轨结果如图 3-2-113 所示。

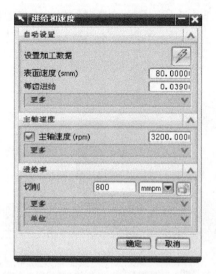

图 3-2-108　进给和速度

图 3-2-109　生成刀轨

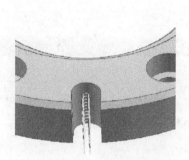

图 3-2-110　加工刀轨

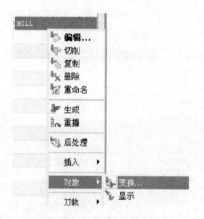

图 3-2-111　选择变换

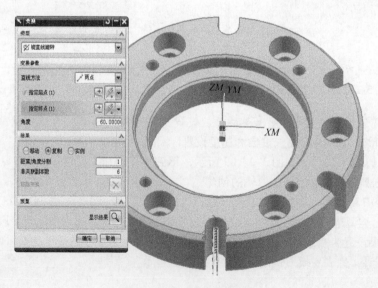

图 3-2-112　变换参数设置

26）复制 DRILL_1，然后粘贴 DRILL_1；将 DRILL_1_COPY 更名为 DRILL_3。双击 DRILL_3，将刀具更改为 T8D15，设置循环类型为标准钻，设置钻孔深度为刀肩深度 9，将主轴速度更改为 800，进给率更改 80，点击【确定】，完成钻孔刀轨，生成加工刀轨如图 3-2-114 所示。

27）复制 DRILL_2，然后粘贴 DRILL_2；将 DRILL_2_COPY 更名为 DRILL_4。双击 DRILL_4，将刀具更改为 T9M6，设置循环类型为标准攻螺纹，将主轴速度更改为 1000，进给率更改 1000，点击【确定】，完成钻孔刀轨，生成加工刀轨如图 3-2-115 所示。

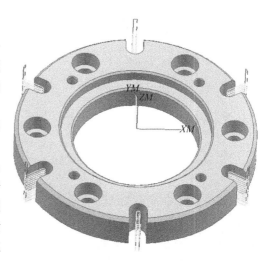

图 3-2-113　变换刀轨结果

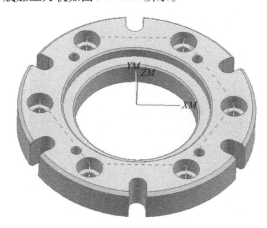

图 3-2-114　加工刀轨

图 3-2-115　加工刀轨

（4）仿真加工与后处理

1）在操作导航器中选择所有车削加工操作，点击鼠标右键，选择刀轨；选择确认，弹出刀轨可视化对话框；选择 3D 动态，如图 3-2-116 所示。点击【确定】，开始仿真加工。

2）后处理得到加工程序。在刀轨操作导航器中选中车削零件左端的加工操作，点击【工具】、【操作导航器】、【输出】、【NX Post 后处理】，如图 3-2-117 所示，弹出后处理对话框。

3）后处理器选择 LATH_2_AXIS_TOOL_TIP，指定合适的文件路径和文件名，单位设置为公制，勾选列出输出，如图 3-2-118 所示。点击【确定】，完成后处理，得到车削零件左端的 NC 程序，如图 3-2-119 所示。使用同样的方法后处理，得到车削零件右端的 NC 程序。

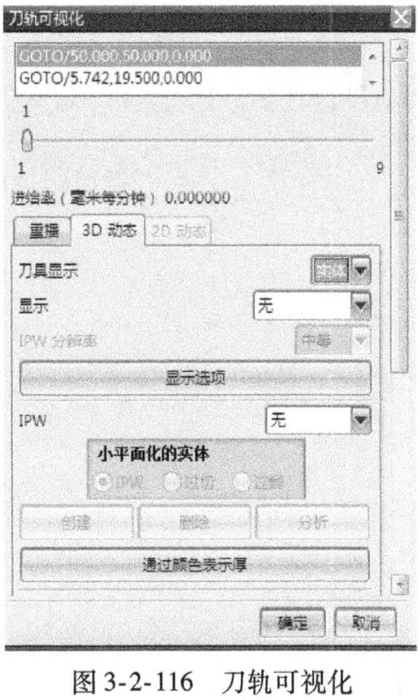

图 3-2-116　刀轨可视化

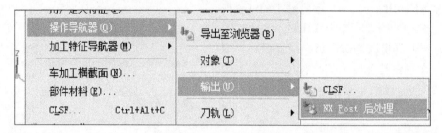

图 3-2-117　后处理命令

图 3-2-118　后处理

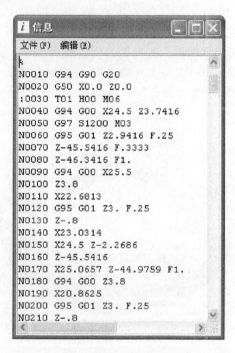

图 3-2-119　加工程序

4）后处理得到加工程序。在刀轨操作导航器中选中铣槽钻孔的加工操作，点击【工具】、【操作导航器】、【输出】、【NX Post 后处理】，如图 3-2-120 所示，弹出后处理对话框。

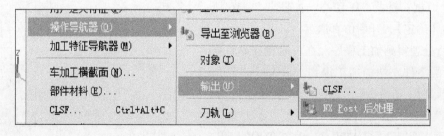

图 3-2-120　后处理命令

5）后处理器选择 MILL_3_AXIS，指定合适的文件路径和文件名，单位设置为公制，勾选列出输出，如图 3-2-121 所示。点击【确定】，完成后处理，得到 NC 程序，如图 3-2-122 所示。

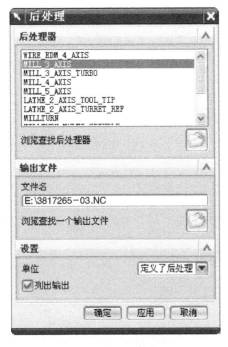

图 3-2-121　后处理

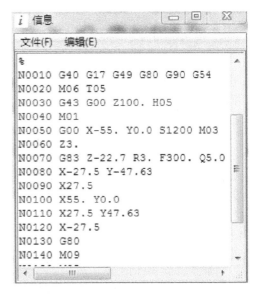

图 3-2-122　加工程序

3. 零件加工

（1）加工准备　按照设备管理要求，对加工中心和数控车床进行检查，确保设备完好，特别注意气压油压是否正常。对设备通电开机，并将机床各坐标轴回零，然后对机床进行低转速预热。

车削时按工艺要求将毛坯安装在自定心卡盘上，并确认伸出长度符合工艺要求。对照工艺卡将车刀按照刀具号安装到数控车床刀架上，并调整刀尖中心与主轴轴线等高，对所有刀具进行对刀，并设置刀具补偿参数，使用 MDI 方式校验对刀数据，确认无误。

铣削时对照工艺卡将自定心卡盘安装到机床工作台并压紧，将工件安装在卡盘上，在卡爪和工件的接触面处垫加铜片保护。对照工艺卡，准备好所有刀具和相应的刀柄和夹头，将刀具安装到对应的刀柄，调整刀具伸出长度，在满足加工要求的前提下，尽量减少伸出长度，然后将装有刀具的刀柄按刀具号装入刀库。使用机械式寻边器对零件的 XY 方向进行对刀，并将数据设置进入 G54 坐标系寄存器。使用 Z 轴设定仪，对每把刀具进行 Z 方向对刀，并将数据设置进对应刀具的长度补偿寄存器。使用 MDI 方式校验对刀数据，确认无误。

（2）程序传输　在关机状态使用 RS232 通信线连接机床系统与电脑，打开电脑和数控机床系统，进行相应的通信参数设置，要求数控系统内的通信参数与电脑通信软件内的参数一致。

（3）零件加工及注意事项　本零件需要车铣复合加工。在车削加工完毕后，要注意保护零件，不允许磕碰零件的已加工面。加工第一件时，在粗加工结束后，要对零件进行测量，并修正刀具补偿数据。

（4）零件检测　零件检测是零件整个生产过程的重要环节，是保证零件质量、优化加工工艺的主要依据。零件检测主要步骤有：制作检测用的 LAYOUT 图如图 3-2-123 所示，也就是对所有需要检测的项目进行编号的图样，制作检测用空白检测报告如图 3-2-124 所示。报告包括检测项目、标准、所有量具、检测频率；对零件进行检测并填写报告。

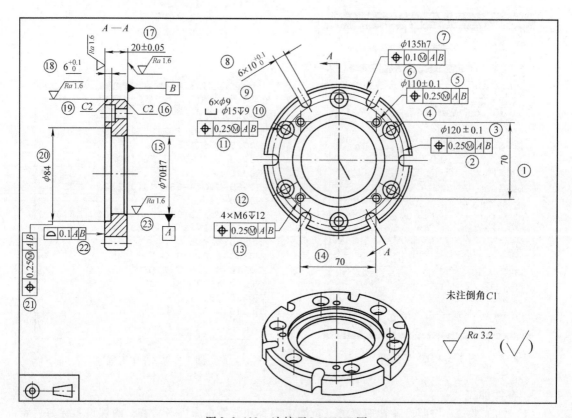

图 3-2-123 连接环 LAYOUT 图

（5）编制及完善相关工艺文件 根据加工中的实际情况和检测结果，对零件加工工艺和加工程序进行优化，最大限度的缩短加工时间，提高效率，并根据调整结果，更新相关技术文件。

3.2.4 专家点拨

1）自定心卡盘是一种应用广泛的通用夹具，不但可以用在车床上，也可以用在铣削加工中心上，自定心卡盘可以使用正爪来夹持外圆，也可以使用反爪来夹持内孔。

2）在铣削加工中心上对圆形零件进行对刀时，可以使用机械式寻边器。使用机械式寻边器对圆形零件进行寻边时，在寻 X 方向时，要保持 Y 轴坐标不变；在寻 Y 方向时，要保持 X 轴坐标不变。

3）在加工此连接环外圆上的 U 形开口槽时，可以采用 $\phi 10mm$ 的刀直接加工，也可以采用比槽宽小的刀加工。采用 $\phi 10mm$ 的刀直接加工的优点是效率高，编程方便；缺点是尺寸由刀具决定，不能通过程序调整。采用比槽宽小的刀加工的优点是尺寸可以由程序决定，调整方便；缺点是效率相对低。

3.2.5 课后训练

完成图 3-2-125 所示零件的加工工艺编制并制作工艺卡，完成零件的加工程序编制并仿真。

检测报告 / (Inspection Report)							
零件号: 连接环			零件材料: 45钢			送检数量:	
零件号: 3817265-1			表面处理: 无			送检日期:	
序号	图样尺寸			测量 (Measurement)			
				测量尺寸 (Measuring size)			测量工具 (Measurement Tool)	备注 (Remark)
	公差尺寸	上极限偏差	下极限偏差	1#	2#	3#	4#		
1	70.00	0.25	-0.25					CMM	
2	位置度0.25	/	/					CMM	
3	ϕ120	0.1	-0.1					CMM	
4	位置度0.25	/	/					CMM	
5	ϕ110	0.1	-0.1					CMM	
6	位置度0.1	/	/					CMM	
7	ϕ135h7	0	-0.04					外径千分尺	TQC
8	10	0.1	0					带表卡尺	
9	ϕ9	0.25	-0.25					带表卡尺	
10-1	ϕ15	0.25	-0.25					带表卡尺	
10-2	9.00	0.25	-0.05					带表卡尺	
11	位置度0.25	/	/					CMM	
12-1	M6	/	/					M5螺纹规	
12-2	12.00	0.25	-0.25					带表卡尺	
13	位置度0.25	/	/					CMM	
14	70.00	0.25	-0.25					CMM	
15	ϕ70H7	0.03	0					内径千分尺	TQC
16	C2	0.25	-0.25					带表卡尺	
17	20.00	0.05	-0.05					千分尺	TQC
18	6.00	0.1	0					带表卡尺	
19	C2	0.25	-0.25					带表卡尺	
20	ϕ84	0.25	-0.25					带表卡尺	
21	位置度0.25	/	/					CMM	
22	轮廓度0.1	/	/					CMM	
23	粗糙度Ra1.6μm	/	/					比对	
24									
外观　碰伤　毛刺								目测	
是/否　合格									
测量员:		批准人:					页数:		

图 3-2-124　检测报告

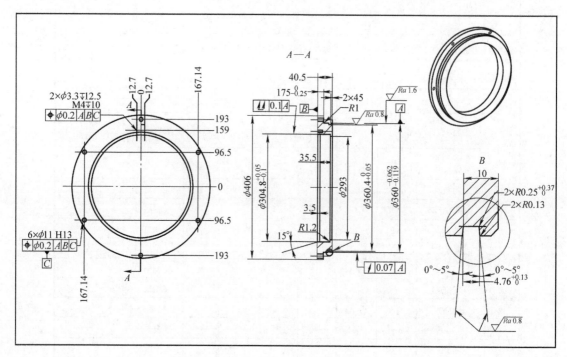

图 3-2-125　法兰环[⊖]

项目 3.3　方头轴的加工与调试

3.3.1　教学目标

【能力目标】能编制方头轴的加工工艺

　　　　　能使用 NX 6.0 软件编制方头轴的加工程序

　　　　　能使用数控车床和加工中心加工方头轴

　　　　　能检测加工完成的方头轴

【知识目标】掌握方头轴的加工工艺

　　　　　掌握方头轴的程序编制方法

　　　　　掌握方头轴的加工方法

　　　　　掌握方头轴的检测方法

【素质目标】激发学生的学习兴趣，培养团队合作和创新精神

3.3.2　项目导读

　　该方头轴是注塑机中的一个零件，零件整体外形为轴状，轴的两端为矩形，轴上有沟槽台阶，零件外圆的加工精度要求较高。零件由外圆、端面、沟槽、矩形块、通孔等特征组成。

⊖　图样来自企业引进项目，不符合国家标准，仅供参考。

3.3.3　项目任务

学生以企业制造工程师的身份投入工作，分析方头轴的零件图样，明确加工内容和加工要求，对加工内容进行合理的工序划分，确定加工路线，选用加工设备，选用刀具夹具，制定加工工艺卡；运用 NX 软件编制方头轴的加工程序并进行仿真加工，使用数控车床和加工中心加工方头轴，对加工成品进行检测，并根据检测结果对整个加工工艺和加工程序提出修改建议。

1. 制定加工工艺

（1）图样分析　方头轴零件图样如图 3-3-1 所示，该方头轴整体结构为一轴状，主要由外圆、端面、沟槽、矩形块、通孔等特征组成。

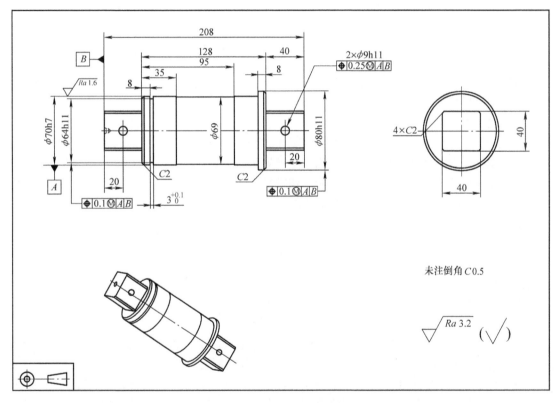

图 3-3-1　方头轴零件图

零件材料为 45 钢，属于优质碳素结构钢，加工性能好，加工变形小。方头轴主要加工内容见表 3-3-1。

表 3-3-1　加 工 内 容

内　　容	要　　求	备　　注
$\phi70h7$ 外圆	外圆直径 $\phi70_{-0.03}^{0}$ mm，长度 120 ± 0.25 mm	此外圆被分成 3 段
$\phi80h11$ 外圆	外圆直径 $\phi80_{-0.19}^{0}$ mm，长度 8 ± 0.25 mm	
$\phi69$ 外圆	外圆直径 $\phi69\pm0.25$ mm	

（续）

内　容	要　求	备　注
外沟槽	沟槽直径 $\phi 64_{-0.19}^{\ \ 0}$ mm，槽宽 $3_{\ 0}^{+0.1}$ mm	
40×40 方块	长 40±0.25mm，宽 40±0.25mm，高 40±0.25mm	
$\phi 9H11$ 孔	孔直径 $\phi 9_{\ 0}^{+0.09}$ mm，深度贯通	
中心孔	90°中心孔	
总　长	总长为 208±0.25mm	
倒　角	所有倒角为 C2	
粗糙度	$\phi 70h7$ 外圆粗糙度 $Ra1.6\mu m$，其他加工面粗糙度为 $Ra3.2\mu m$	
位置度	沟槽相对基准 A、B 的位置度为 0.1，$\phi 80h11$ 外圆相对基准 A、B 的位置为 0.1，$\phi 9H11$ 孔相对基准 A、B 的位置度为 0.25	

此方头轴的主要加工难点为 $\phi 70h7$ 外圆直径，外圆和方头需要使用不同的机床类型加工，需要车铣复合加工。

（2）制定工艺路线　此零件分 6 次装夹，选用棒料做毛坯。

1）备料，毛坯为 45 钢棒料，尺寸为 $\phi 85mm \times 213mm$。

2）自定心卡盘夹毛坯外圆，车左端面，钻顶尖孔。

3）自定心卡盘一夹一顶，车零件外圆，沟槽。

4）自定心卡盘夹 $\phi 70h7$ 外圆，车零件右端外圆和端面。

5）自定心卡盘夹 $\phi 70h7$ 外圆铣右端方头。

6）平口钳夹右端方头铣左端方头。

7）平口钳夹 $\phi 70h7$ 外圆钻孔。

（3）选用加工设备　本零件需要选用数控车床和加工中心两种加工设备。数控车床选用杭州友佳集团生产的 FTC-20 斜床身数控车床作为加工设备，此机床为斜床身，转塔刀架，液压卡盘，刚性好，加工精度高，适合小型零件的大批量生产。

加工中心选用杭州友佳集团生产的 HV-40A 立式铣削加工中心作为加工设备，此机床为水平床身，机械手换刀，刚性好，加工精度高，适合小型零件的大批量生产。

（4）选用毛坯　零件材料为 45 钢，属于优质碳素结构钢，加工性能好，加工变形小。根据零件尺寸和机床性能，并考虑零件装夹要求，选用直径为 85mm 和长度为 213mm 的棒料作为毛坯。

（5）选用夹具

1）车端面钻中心孔。以毛坯外圆为基准，采用自定心卡盘装夹，零件伸出长度尽量短，以增加刚性，如图 3-3-2 所示。

2）车左端外圆沟槽。采用一夹一顶装夹方式，自定心卡盘夹毛坯外圆，夹持距离为 10mm，活动顶尖顶中心孔。如图 3-3-3 所示。

3）粗车右端方头。以已经加工完毕的 $\phi 70h7$ 外圆和端面为基准，采用自定心卡盘装夹，如图 3-3-4 所示。

4）铣右端方头。以已经加工完毕的 $\phi 70h7$ 外圆和端面为基准，采用自定心卡盘装夹，可以将自定心卡盘垫起后固定在加工中心工作台上，如图 3-3-5 所示。

5）铣左端方头。以已经加工完毕的右端方头和端面为基准，采用平口钳装夹，平口钳侧面安装一个定位块，如图 3-3-6 所示。

6）钻孔。以已经加工完毕的 $\phi70h7$ 外圆和端面为基准，采用平口钳装夹，如图 3-3-7 所示。

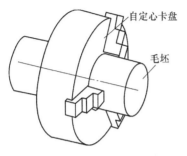

图 3-3-2　钻中心孔装夹

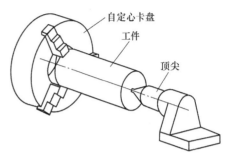

图 3-3-3　车左端装夹

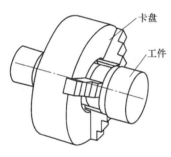

图 3-3-4　车右端装夹

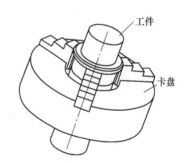

图 3-3-5　铣右端方头装夹

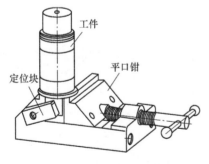

图 3-3-6　铣左端方头装夹

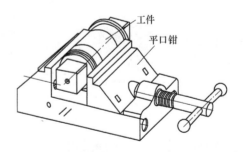

图 3-3-7　钻孔装夹

（6）选用刀具和切削用量　选用 SANDVIK 刀具系统，查阅 SANDVIK 刀具手册，选用刀具和切削用量如表 3-3-2 所示。

表 3-3-2　刀具和切削用量

工序	刀号	刀具规格	加工内容	转速/ (r/min)	切深/ mm	进给速度 /进给量
车端面	T02	DCLNL2020M09　CCMT090404 – PF	车端面	800		0.1 /(mm/r)
	T04	中心钻	钻中心孔	500		0.1 /(mm/r)
车外圆	T01	CNMG090408 – PR	粗车外圆	600	2	0.25 /(mm/r)
	T02	DCLNL2020M09　CCMT090404 – PF	精车外圆	800	0.5	0.1 /(mm/r)
	T03	C3 – RF123E15 – 22055B　N123E2 – 0200 – 0002 – GF	切槽	600		0.1 /(mm/r)
车外圆	T01	DCLNL2020M09　CNMG090408 – PR	外圆和端面	600	2	0.25 /(mm/r)
铣方头	T05	R215.3G – 16030 – AC32H	精铣外形	3200	2	1000/ (mm/min)
铣方头	T05	R215.3G – 16030 – AC32H	精铣外形	3200	2	1000/ (mm/min)

（续）

工序	刀号	刀 具 规 格	加工内容	转速/（r/min）	切深/mm	进给速度/进给量
钻孔	T06	R840－0900－30－A0A	钻 $\phi9$ 孔	1200	3	300/（mm/min）

（7）制定工艺卡　以一次装夹作为一个工序，制定加工工艺卡如表 3-3-3、表 3-3-4、表 3-3-5、表 3-3-6、表 3-3-7、表 3-3-8、表 3-3-9 所示。

表 3-3-3　工 序 清 单

零件号：589746－1		工艺版本号：1	工艺流程卡_工序清单		
工序号	工序内容	工位	页码：1		页数：6
001	备料	外协	零件号：589746		版本：1
002	车左端面、打中心孔	数车	零件名称：方头轴		
003	车左端外圆、沟槽	数车	材料：45钢		
004	车右端外圆	数车	材料尺寸：$\phi85mm×213mm$		
005	铣右端方头	加工中心	更改号	更改内容	批准	日期
006	铣左端方头	加工中心				
007	钻孔	加工中心				
008			01			
009			02			
拟制:	日期:	审核:	日期:	批准:	日期:

表 3-3-4　车左端面、钻中心孔工艺卡

零件号：589746－1		工序名称：车左端面、钻中心孔		工艺流程卡_ 工序单	
材料：45钢		页码：2	工序号：02		版本号：1
夹具：自定心卡盘		工位：数控车床	数控程序号：		
刀具及参数设置					
刀具号	刀具规格	加工内容	主轴转速（r/min）	进给量（mm/r）	此面光出
T02	DCLNL2020M09,CCMT090404－PF	车端面	800	0.1	
T04	中心钻	钻顶尖孔	500	0.1	
02					
01					
更改号	更改内容	批准	日期		
拟制:	日期:	审核:	日期:	批准:	日期:

表3-3-5　车左端外圆、沟槽工艺卡

零件号：589746-1		工序名称：车左端外圆、沟槽				工艺流程卡_工序单	
材料：45钢		页码：3		工序号：03		版本号：1	
夹具：自定心卡盘一夹一顶		工位：数控车床		数控程序号：589746-1.NC			
刀具及参数设置							
刀具号	刀具规格	加工内容	主轴转速(r/min)	进给量(mm/r)			
T01	DCLNL2020M09, CNMG090408-PR	粗车外圆	600	0.25			
T02	DCLNL2020M09, CCMT090404-PF	精车外圆	800	0.1			
T03	C3-RF123E15-22055B, N123E2-0200-0002-GF	车沟槽	600	0.1			

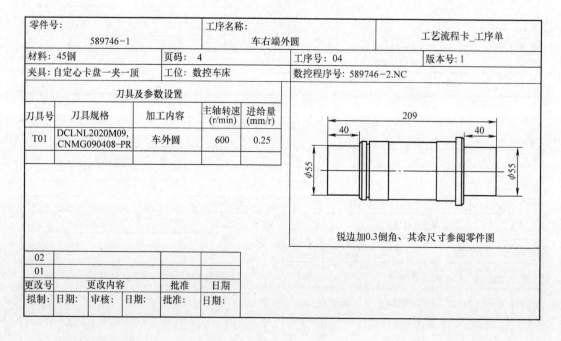

锐边加0.3倒角、其余尺寸参阅零件图

02				
01				
更改号	更改内容	批准	日期	
拟制：日期	审核：日期	批准：日期		

表3-3-6　车右端外圆工艺卡

零件号：589746-1		工序名称：车右端外圆				工艺流程卡_工序单	
材料：45钢		页码：4		工序号：04		版本号：1	
夹具：自定心卡盘一夹一顶		工位：数控车床		数控程序号：589746-2.NC			
刀具及参数设置							
刀具号	刀具规格	加工内容	主轴转速(r/min)	进给量(mm/r)			
T01	DCLNL2020M09, CNMG090408-PR	车外圆	600	0.25			

锐边加0.3倒角、其余尺寸参阅零件图

02				
01				
更改号	更改内容	批准	日期	
拟制：日期	审核：日期	批准：日期		

2. 编制加工程序

（1）编制加工零件左端车削的 NC 程序

1）点击【开始】、【所有应用模块】、【加工】，弹出加工环境设置对话框，CAM 会话配置选择 cam_general；要创建的 CAM 设置选择 turning，然后点击【确定】，进入加工模块。

2）在加工操作导航器空白处，点击鼠标右键，选择【几何视图】。

表 3-3-7　铣右端方头工艺卡

零件号：589746-1		工序名称：铣右端方头		工艺流程卡_工序单	
材料：45钢	页码：5		工序号：05		版本号：1
夹具：自定心卡盘	工位：加工中心		数控程序号：589746-3.NC		
刀具及参数设置					
刀具号	刀具规格	加工内容	主轴转速 (r/min)	进给速度 (mm/min)	
T01	R215.3G-16030-AC32H	铣右端方头	3200	1000	

锐边加0.3倒角、其余尺寸参阅零件图

02				
01				
更改号	更改内容		批准	日期
拟制：	日期：	审核：	日期：	批准：	日期：

表 3-3-8　铣左端方头工艺卡

零件号：589746-1		工序名称：铣左端方头		工艺流程卡_工序单	
材料：45钢	页码：6		工序号：06		版本号：1
夹具：平口钳	工位：加工中心		数控程序号：589746-4.NC		
刀具及参数设置					
刀具号	刀具规格	加工内容	主轴转速 (r/min)	进给速度 (mm/min)	
T01	R215.3G-16030-AC32H	铣左端方头	3200	1000	

锐边加0.3倒角、其余尺寸参阅零件图

02				
01				
更改号	更改内容		批准	日期
拟制：	日期：	审核：	日期：	批准：	日期：

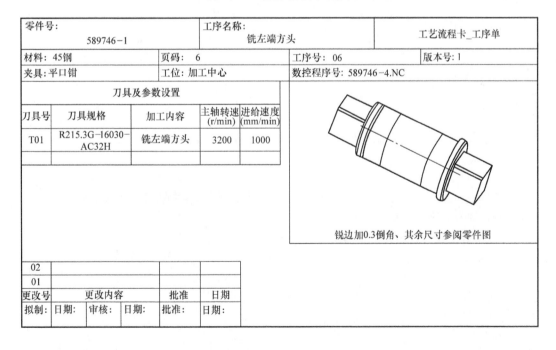

3）双击操作导航器中的【MCS_SPINDLE】，弹出加工坐标系对话框，指定平面为XM-YM，如图 3-3-8 所示，将 MCS_SPINDLE 更名为 MCS_SPINDLE_R。

4）点击【指定 MCS】，弹出对话框，然后选择参考坐标系中的选定的 CSYS，选择71图层中的参考坐标系，点击【确定】，使加工坐标系和参考坐标系重合，如图3-3-9所示。再点击【确定】完成加工坐标系设置。

表 3-3-9　钻孔工艺卡

零件号:589746-1		工序名称:钻孔		工艺流程卡_工序单	
材料: 45钢	页码: 7		工序号: 07		版本号: 1
夹具: 平口钳	工位: 加工中心		数控程序号: 589746-4.NC		
刀具及参数设置					
刀具号	刀具规格	加工内容	主轴转速(r/min)	进给速度(mm/min)	
T01	R840-0900-30-A0A	钻孔	1200	300	

锐边加0.3倒角、其余尺寸参阅零件图

02			
01			
更改号	更改内容	批准	日期
拟制: 日期:	审核: 日期:	批准:	日期:

图 3-3-8　加工坐标系设置

图 3-3-9　加工原点设置

5) 双击操作导航器中的 WORK-PIECE, 弹出 WORKPIECE 设置对话框, 如图 3-3-10 所示, 将 WORKPIECE 更名为 WORKPIECE_R。

6) 点击【指定部件】, 弹出部件选择对话框, 选择如图 3-3-11 所示为部件(在建模中预先建好, 在图层 4 中), 点击【确定】, 完成指定部件。

7) 点击【指定毛坯】, 弹出毛坯选择对话框, 选择如图 3-3-12 所示圆柱为毛坯(该圆柱在建模中预先建好, 在图层 3 中)。点击【确定】完成毛坯设置, 再点击【确定】完成 WORKPIECE 设置。

图 3-3-10　WORKPIECE 设置

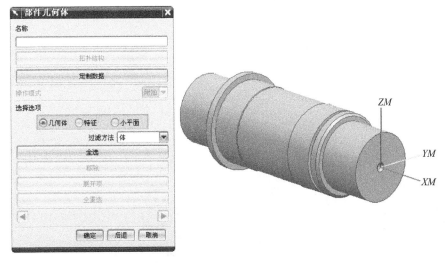

图 3-3-11　指定部件

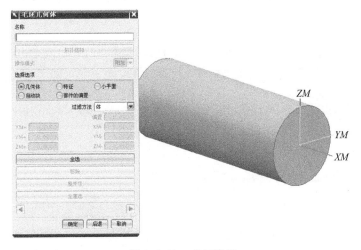

图 3-3-12　毛坯设置

8）双击操作导航器中的 TURNING_WORKPIECE，自动生成车加工截面和毛坯界面，如图 3-3-13所示，将 TURNING_WORKPIECE 更名为TURNING_WORKPIECE_R。

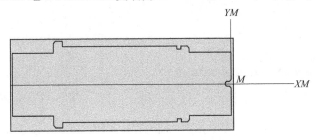

图 3-3-13　车加工截面和毛坯界面

9）点击【创建几何体】按钮，类型选择 turning，几何体子类型选择 MCS_SPINDLE，位置选择 GEOMETRY，名称为 MCS_SPINDLE_L，如图 3-3-14 所示。

10）指定平面为 XM – YM，如图 3-3-15 所示。

图 3-3-14　创建几何体

图 3-3-15　加工坐标系设置

11）点击【指定 MCS】，弹出对话框，然后选择参考坐标系中已选定的 CSYS，选择 72 图层中的参考坐标系，点击【确定】，使加工坐标系和参考坐标系重合，如图 3-3-16 所示。再点击【确定】完成加工坐标系设置。

12）更改 WORKPIECE 为 WORKPIECE_L，更改 TURNING_WORKPIECE 为 TURNING_WORKPIECE_L，结果如图 3-3-17 所示。

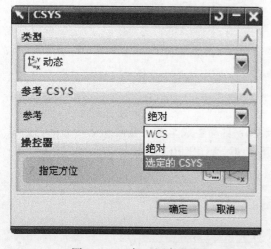

图 3-3-16　加工原点设置

图 3-3-17　设置几何体

13）双击操作导航器中的 WORKPIECE_L，弹出 WORKPIECE 设置对话框，如图3-3-18所示。

14）点击【指定部件】，弹出部件选择对话框，选择部件（在建模中预先建好，在图层 4 中），如图 3-3-19 所示，点击【确定】，完成指定部件。

15）点击【指定毛坯】，弹出毛坯选择对话框，选择如图 3-3-20 所示圆柱为毛坯（该圆柱在建模中预先建好，在图层 3 中）。点击【确定】完成毛坯设置，再点击【确定】完成 WORKPIECE 设置。

16）双击 TURNING_WORKPIECE_L，选择指定毛坯边界按钮，弹出选择毛坯对话框，如图 3-3-21 所示。选择从工作区按钮，选择参考位置为左端面中心，目标位置为右端面中心，点击【确定】按钮，结果如图3-3-22所示。

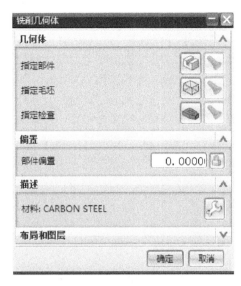

图 3-3-18　WORKPIECE 设置

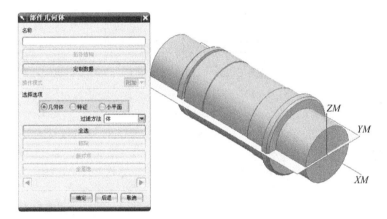

图 3-3-19　指定部件

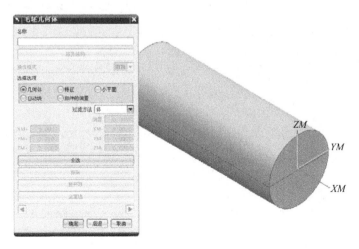

图 3-3-20　毛坯设置

17）在加工操作导航器空白处，点击鼠标右键，选择【机床视图】，点击菜单条【插入】，点击【刀具】，弹出创建刀具对话框，如图3-3-23所示。类型选择为 turning，刀具子类型选择为 OD_80_L，刀具位置为 GENERIC_ MACHINE，刀具名称为 OD_ ROUGH_ TOOL，点击【确定】，弹出刀具参数设置对话框。设置刀具参数如图3-3-24所示，刀尖半径为0.8，方向角度为5，刀具号为1，点击【确定】，完成创建刀具。

图 3-3-21　选择毛坯对话框

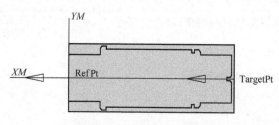

图 3-3-22　设置几何体结果

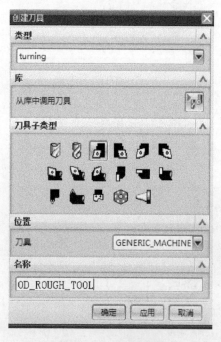

图 3-3-23　创建刀具

图 3-3-24　刀具参数设置

18）用同样的方法创建刀具2，类型选择为 turning，刀具子类型选择为 OD_80_L，刀具位置为 GENERIC_MACHINE，刀具名称为 OD_FINISH_TOOL，刀尖半径为 0.4，方向角度为 5，刀具号为 2。

19）点击菜单条【插入】，点击【刀具】，弹出创建刀具对话框，如图 3-3-25 所示。类型选择为 turning，刀具子类型选择为 OD_GROOVE_L，刀具位置为 GENERIC_MACHINE，刀具名称为 OD_GROOVE_TOOL_01，点击【确定】，弹出刀具参数设置对话框。设置刀具参数如图 3-3-26 所示，方向角度为 90，刀片长度为 12，刀片宽度为 2，半径为 0.2，侧角为 2，尖角为 0，刀具号为 03，点击【确定】，完成创建刀具。

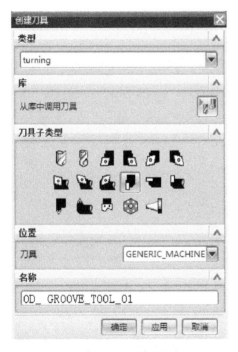

图 3-3-25 创建刀具

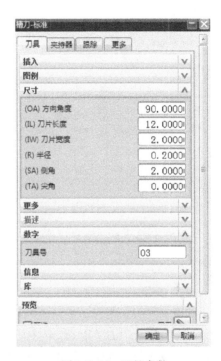

图 3-3-26 刀具参数

20）点击菜单条【插入】，点击【刀具】，弹出创建刀具对话框，如图 3-3-27 所示。类型选择为 turning，刀具子类型选择为 SPOTDRILLING_TOOL，刀具位置为 GENERIC_MACHINE，刀具名称为 SPOTDRILLING_TOOL，点击【确定】，弹出刀具参数设置对话框。设置刀具参数如图 3-3-28 所示，直径为 20，顶尖角度为 90，刀具号为 4，长度补偿号为 4，点击【确定】，完成创建刀具。

21）点击菜单条【插入】，点击【刀具】，弹出创建刀具对话框，如图 3-3-29 所示。类型选择为 mill_planar，刀具子类型选择为 MILL，刀具位置为 GENERIC_MACHINE，刀具名称为 T5D16，点击【确定】，弹出刀具参数设置对话框。

22）设置刀具参数如图 3-3-30 所示，直径为 16，底圆角半径为 0，刀刃为 2，长度为 75，刀刃长度为 50，刀具号为 5，长度补偿为 5，刀具补偿为 5，点击【确定】，完成创建刀具。

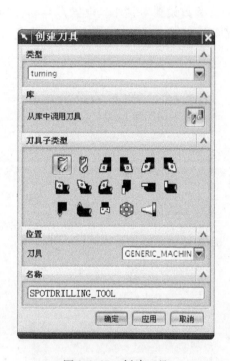

图 3-3-27　创建刀具

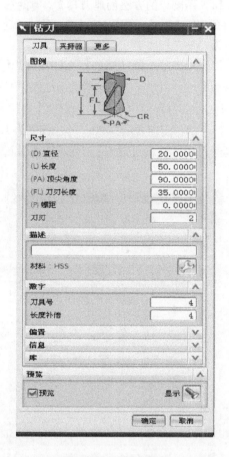

图 3-3-28　刀具参数

23）点击菜单条【插入】，点击【刀具】，弹出创建刀具对话框，如图 3-3-31 所示。类型选择为 drill，刀具子类型选择为 DRILLING_ TOOL，刀具位置为 GENERIC_ MACHINE，刀具名称为 T6D9，点击【确定】，弹出刀具参数设置对话框。

24）设置刀具参数如图 3-3-32 所示。直径为 9，长度为 50，刀刃为 2，刀具号为 6，长度补偿为 6，点击【确定】，完成刀具的创建。

25）在加工操作导航器空白处，点击鼠标右键，选择【程序视图】，点击菜单条【插入】，点击【操作】，弹出创建操作对话框，类型为 turning，操作子类型为 FACING，程序为 PRO-GRAM，刀具为 OD_FINISH_TOOL，几何体为 MCS_SPINDLER，方法为 LATHE_FINISH，名称为 FACING_R，如图 3-3-33 所示。点击【确定】，弹出粗车 OD 操作设置对话框，如图 3-3-34 所示。

26）点击【切削区域】，设置轴向修剪平面如图 3-3-35 所示。

27）点击【刀轨设置】，水平角度为 180，方向为向前，切削深度为变量平均值，最大值为 2，最小值为 1，变换模式为根据层，清理为全部，如图 3-3-36 所示。

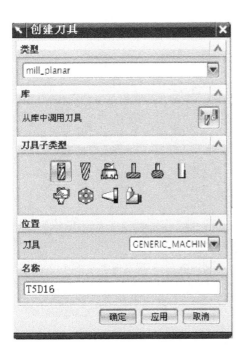

图 3-3-29　创建刀具

图 3-3-30　刀具参数设置

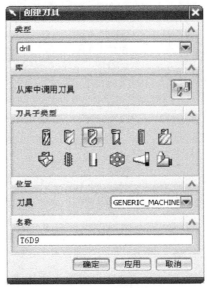

图 3-3-31　创建刀具

图 3-3-32　刀具参数设置

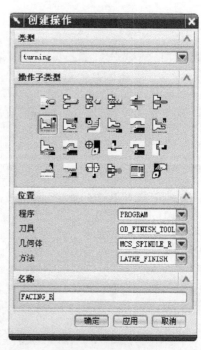

图 3-3-33　创建操作

图 3-3-34　粗车 OD 操作设置

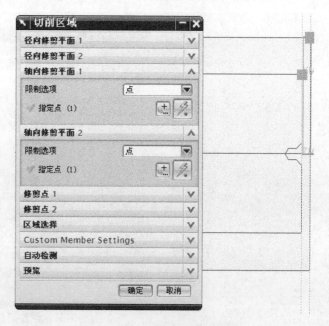

图 3-3-35　设置轴向修剪平面

28）点击【切削参数】，点击【策略】，设置最后切削边缘为 5，如图 3-3-37 所示；设置面余量为 0，径向余量为 0，如图 3-3-38 所示。点击【确定】，完成切削参数余量设置。

29）点击【非切削移动】，弹出对话框，进刀设置如图 3-3-39 所示；设置退刀如图 3-3-40 所示。点击【确定】，完成操作。

30）选择【逼近】设置出发点为（250，100，0），如图 3-3-41 所示；选择【离开】设置回零点为（250，100，0），如图 3-3-42 所示。点击【确定】，完成操作。

31）点击【进给和速度】，弹出对话框，设置主轴速度为 800，设置进给率为 0.1，如图 3-3-43 所示。点击【确定】完成进给和速度设置。点击【生成刀轨】，得到零件的加工刀轨，如图 3-3-44 所示。

图 3-3-36　刀轨设置

图 3-3-37　策略设置

图 3-3-38　余量设置

图 3-3-39　进刀设置

图 3-3-40　退刀设置

图 3-3-41　出发点设置

图 3-3-42　回零点设置

图 3-3-43　进给和速度

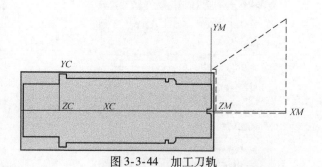

图 3-3-44　加工刀轨

32）点击菜单条【插入】，点击【操作】，弹出创建操作对话框，类型为 turning，操作子类型为 CENTERLINE_SPOTDRILL，程序为 PROGRAM，刀具为 SPOTDRILLING_TOOL，几何体为 TURNING_WORKPIECE_R，方法为 LATHE_FINISH，名称为 SPOTDRILL_R，如图 3-3-45 所示。点击【确定】，弹出操作设置对话框，如图 3-3-46 所示。

33）点击【起点和深度】，设置深度距离为 4，如图 3-3-47 所示。

34）点击【进给和速度】，弹出对话框，设置主轴速度为 500，设置进给率为 0.1，如图 3-3-48所示。单击【确定】完成进给和速度设置。点击【生成刀轨】，得到零件的加工刀轨，如图 3-3-49所示。

图 3-3-45　创建操作

图 3-3-46 中心钻点钻操作设置

图 3-3-47 设置深度

图 3-3-48 进给和速度

35）点击菜单条【插入】，点击【操作】，弹出创建操作对话框，类型为 turning，操作子类型为 ROUGH_TURNING_OD，程序为 PROGRAM，刀具为 OD_ROUGH_TOOL，几何体为 TURNING_WORKPIECE_R，方法为 METHOD，名称为 ROUGH_TURNING_OD_R，如图 3-3-50 所示，点击【确定】，弹出操作设置对话框，如图 3-3-51 所示。

36）点击【刀轨设置】，水平角度为180，方向为向前，切削深度为变量平均值，最大值为2，最小值为1，变换模式为根据层，清理为全部，如图 3-3-52 所示。

37）点击【切削参数】，点击【策略】，设置最后切削边缘

图 3-3-49 加工刀轨

为5，如图 3-3-53 所示，设置面余量为0.2，径向余量为0.5，如图 3-3-54 所示，单击【确定】，完成切削参数设置。

38）点击【非切削移动】，弹出对话框，进刀设置如图 3-3-55 所示；退刀设置如图 3-3-56 所示。点击【确定】，完成操作。

39）设置出发点为（250，100，0），如图 3-3-57 所示；设置回零点为（250，100，0），如图 3-3-58 所示。点击【确定】，完成操作。

图 3-3-50　创建操作

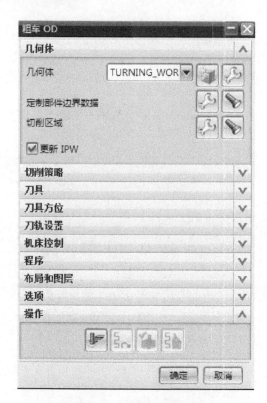

图 3-3-51　粗车 OD 操作设置

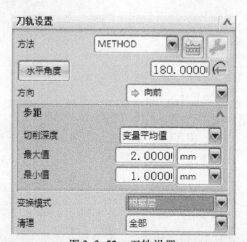

图 3-3-52　刀轨设置

40）点击【进给和速度】，弹出对话框，设置主轴速度为600，设置进给率为0.25，如图3-3-59所示。点击【确定】完成进给和速度设置。点击【生成刀轨】，得到零件的加工刀轨，如图3-3-60所示。

41）点击菜单条【插入】，点击【操作】，弹出创建操作对话框，类型为 turning，操作子类型为 FINISH_TURNING_OD，程序为 PROGRAM，刀具为 OD_FINISH_TOOL，几何体为 TURNING_WORKPIECE_R，方法为 LATHE_FINISH，名称为 FINISH_TURNING_OD_R，如图3-3-61所示。点击【确定】，弹出操作设置对话框，如图3-3-62所示。

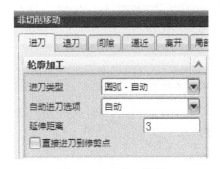

图 3-3-53　策略设置

图 3-3-54　余量设置

图 3-3-55　进刀设置

图 3-3-56　退刀设置

图 3-3-57　出发点设置

图 3-3-58　回零点设置

42）点击【切削参数】，点击【策略】，设置最后切削边为 5，如图 3-3-63 所示。

43）点击【非切削移动】，弹出对话框，进刀设置如图 3-3-64 所示；退刀设置如图 3-3-65 所示。点击【确定】，完成操作。

图 3-3-59 进给和速度

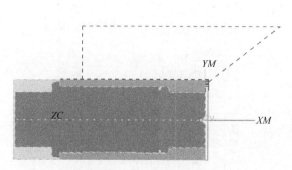

图 3-3-60 加工刀轨

图 3-3-61 创建操作

图 3-3-62 精车 OD 操作设置

44）设置出发点为（250，100，0），如图 3-3-66 所示；设置回零点为（250，100，0），如图 3-3-67 所示。点击【确定】，完成操作。

45）点击【进给和速度】，弹出对话框，设置主轴速度为 800，设置进给率为 0.1，如图 3-3-68所示。点击【确定】完成进给和速度设置。点击【生成刀轨】，得到零件的加工刀轨，如图 3-3-69 所示。

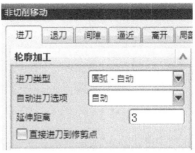

图 3-3-64　进刀设置

图 3-3-63　策略

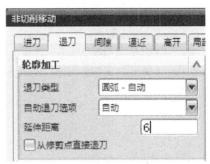

图 3-3-65　退刀设置

图 3-3-66　出发点设置

图 3-3-67　回零点设置

图 3-3-68　进给和速度

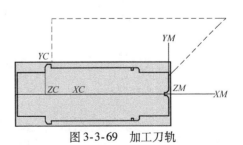

图 3-3-69　加工刀轨

46）点击菜单条【插入】，点击【操作】，弹出创建操作对话框，类型为 turning，操作子类型为 GROOVE_OD，程序为 PROGRAM，刀具为 OD_GROOVE_TOOL，几何体为 TURNING_WORKPIECE_R，方法为 LATHE_FINISH，名称为 GROOVE_OD_R，如图 3-3-70 所示。点击【确定】，弹出操作设置对话框，如图 3-3-71 所示。

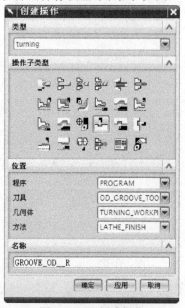

图 3-3-70　创建操作

图 3-3-71　切槽操作设置

47）点击【指定切削区域】，弹出对话框，分别指定轴向修剪平面 1 和轴向修剪平面 2，指定如图 3-3-72 所示点。点击【确定】，完成操作。

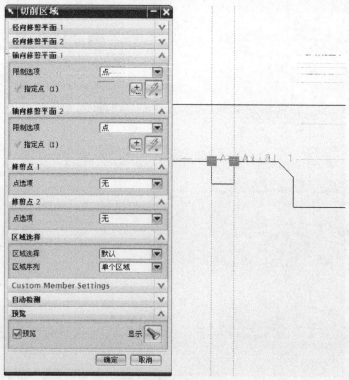

图 3-3-72　切削区域

48）点击【非切削移动】，弹出对话框，进刀设置如图 3-3-73 所示；退刀设置如图 3-3-74 所示。点击【确定】，完成操作。

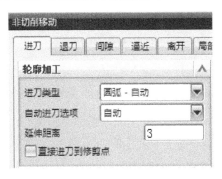

图 3-3-73　进刀设置

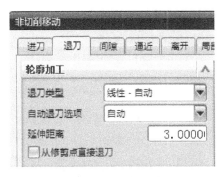

图 3-3-74　退刀设置

49）设置出发点为（250，100，0），如图 3-3-75 所示；设置回零点为（250，100，0），如图 3-3-76 所示。点击【确定】，完成操作。

图 3-3-75　出发点设置

图 3-3-76　回零点设置

50）点击【进给和速度】，弹出对话框，设置主轴速度为 600，设置进给率为 0.1，如图 3-3-77所示。点击【确定】完成进给和速度设置。点击【生成刀轨】，得到零件的加工刀轨，如图 3-3-78 所示。

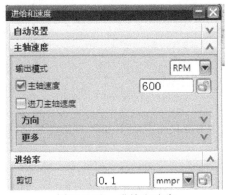

图 3-3-77　进给和速度

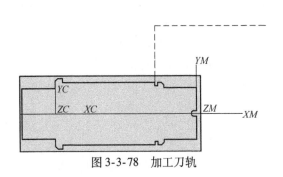

图 3-3-78　加工刀轨

（2）编制加工零件右端车削的 NC 程序

1）点击菜单条【插入】，点击【操作】，弹出创建操作对话框，类型为 turning，操作子类型为 ROUGH_TURNING_OD，程序为 PROGRAM，刀具为 OD_ROUGH_TOOL，几何体为 TURNING_WORKPIECE_L，方法为 METHOD，名称为 ROUGH_TURNING_OD_L，如图 3-3-79 所示，点击【确定】，弹出操作设置对话框，如图 3-3-80 所示。

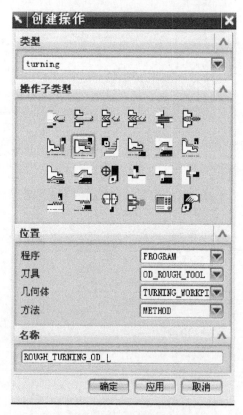

图 3-3-79　创建操作

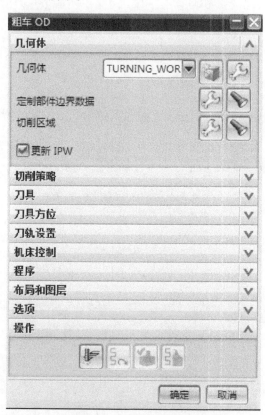

图 3-3-80　粗车 OD 操作设置

2）点击【刀轨设置】，水平角度为 180，方向为向前，切削深度为变量平均值，最大值为 2，最小值为 1，变换模式为根据层，清理为全部，如图 3-3-81 所示。

3）点击【切削参数】，点击【策略】，设置最后切削边缘为 5，如图 3-3-82 所示。设置轴向面为 0.2，径向余量为 0.5，如图 3-3-83 所示。点击【确定】，完成切削参数设置。

4）点击【非切削移动】，弹出对话框，进刀设置如图 3-3-84 所示，退刀设置如图 3-3-85 所示，点击【确定】，完成操作。

5）设置出发点为（250，100，0），如图 3-3-86所示；设置回零点为（250，100，0），如图 3-3-87 所示。点击【确定】，完成操作。

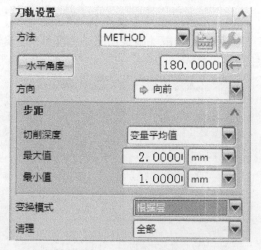

图 3-3-81　刀轨设置

图 3-3-82　策略设置

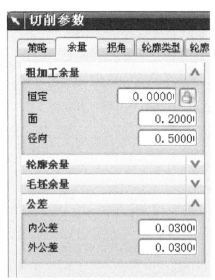

图 3-3-83　余量设置

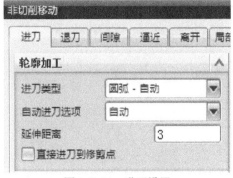

图 3-3-84　进刀设置

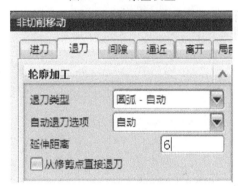

图 3-3-85　退刀设置

6）点击【进给和速度】，弹出对话框，设置主轴转速为 600，设置进给转速为 0.25，如图 3-3-88 所示。点击【确定】完成进给和速度设置。点击【生成刀轨】，得到零件的加工刀轨，如图 3-3-89 所示。

图 3-3-86　出发点设置

图 3-3-87　回零点设置

图 3-3-88　进给和速度

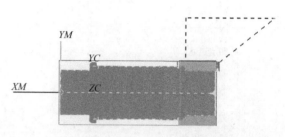

图 3-3-89　加工刀轨

（3）编制加工零件左端铣削的 NC 程序

1）选择插入—几何体，类型选择 mill_planar，几何体子类型选择 WORK-PIECE，名称为 WORKPIECE_MILL，如图 3-3-90 所示。点击【确定】，弹出铣削几何体对话框，如图 3-3-91 所示。

图 3-3-90　创建几何体

图 3-3-91　WORKPIECE 设置

2）选择如图 3-3-92 所示为部件几何体（在建模中已经建好，在图层 2 中），点击【确定】，完成指定部件。

3）选择如图 3-3-93 所示为毛坯几何体（在建模中已经建好，在图层 2 中），点击【确定】，毛坯设置。

4）选择插入—几何体，类型选择 mill_planar，几何体子类型选择 MCS，位置为 WORK-PIECE_MILL，名称为 MCS_MILL_R，如图 3-3-94 所示。点击【确定】，弹出加工坐标系对话框，设置安全距离为 50，如图 3-3-95 所示。

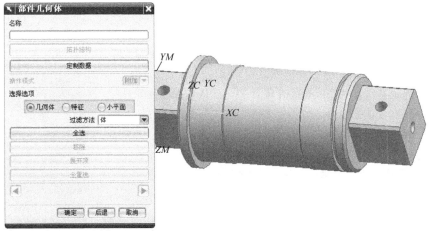

图 3-3-92 指定部件

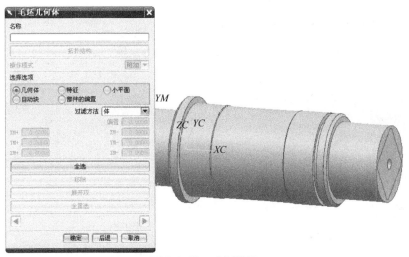

图 3-3-93 毛坯设置

图 3-3-94 创建坐标系

图 3-3-95 加工坐标系设置

5）点击零件右端面，点击【确定】，如图 3-3-96 所示。点击【确定】。

6）用同样的方法在零件的左端面创建坐标系，名称为 MCS_MILL_L。

7）点击菜单条【插入】，点击【操作】，弹出创建操作对话框，类型为 MILL_CONTOUR，操作子类型为 CAVITY_MILL，程序为 PROGRAM，刀具为 T5D16，几何体为 MCS_MILL_R，方法为 METHOD，名称为 MILL_FINISH_R，如图 3-3-97 所示，点击【确定】，弹出操作设置对话框，如图 3-3-98 所示。

8）全局每刀深度设置为 2，如图 3-3-99 所示，设置部件余量为 0，如图 3-3-100 所示。

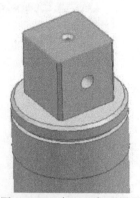

图 3-3-96　加工坐标系设置

图 3-3-97　创建操作

图 3-3-98　轮廓铣操作设置

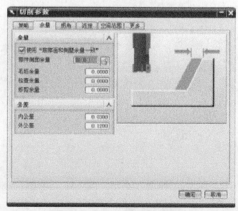

图 3-3-99　全局每刀深度设置

图 3-3-100　部件余量设置

9）点击【进给和速度】，弹出对话框，设置主轴速度为3200，设置进给率为1000，如图3-3-101示。点击【确定】完成进给和速度设置。

10）点击【生成刀轨】，如图3-3-102所示，得到零件的加工刀轨，如图3-3-103所示。单击【确定】，完成零件左端侧面加工刀轨创建。

图3-3-101　进给和速度

图3-3-102　生成刀轨

（4）编制加工零件右端铣削的NC程序

1）点击菜单条【插入】，点击【操作】，弹出创建操作对话框，类型为MILL_CONTOUR，操作子类型为CAVITY_MILL，程序为PROGRAM，刀具为T5D16，几何体为MCS_MILL_L，方法为METHOD，名称为MILL_FINISH_L，如图3-3-104所示，点击【确定】，弹出操作设置对话框，如图3-3-105所示。

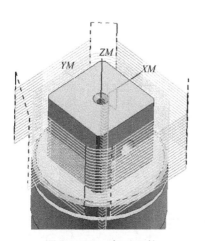

图3-3-103　加工刀轨

图3-3-104　创建操作

2）全局每刀深度设置为2，如图3-3-106所示，设置部件余量为0，如图3-3-107所示。

3）点击【进给和速度】，弹出对话框，设置主轴速度为3200，设置进给率为1000，如图3-3-108所示。点击【确定】完成进给和速度设置。

4）点击【生成刀轨】，如图3-3-109所示，得到零件的加工刀轨，如图3-3-110所示。点击【确定】，完成零件侧面加工刀轨创建。

图 3-3-105　轮廓铣操作设置

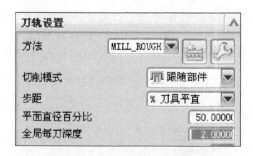

图 3-3-106　全局每刀深度设置

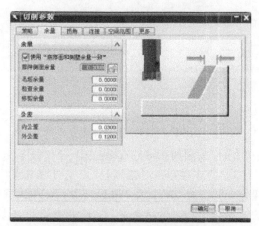

图 3-3-107　部件余量设置

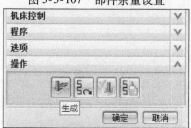

图 3-3-109　生成刀轨

图 3-3-108　进给和速度

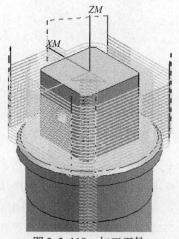

图 3-3-110　加工刀轨

（5）编制加工孔的 NC 程序

1）点击菜单条【插入】，点击【操作】，弹出创建操作对话框，类型为 drill，操作子类型为 DRILLING，程序为 PROGRAM，刀具为 T6D9，几何体为 MCS_ MILL_L，方法为 METHOD，名称为 DRILL，如图 3-3-111 所示。系统弹出钻孔操作设置对话框，如图 3-3-112 所示。

图 3-3-111　创建操作

图 3-3-112　钻操作设置

2）点击【指定孔】，选择如图 3-3-113 所示孔。点击【确定】，完成操作。

3）点击【指定部件表面】，选择如图 3-3-114 所示的平面。

4）点击【指定底面】，选择如图 3-3-115 所示的平面。

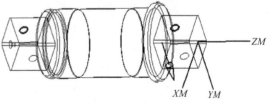

图 3-3-113　孔选择

5）设置刀轴为垂直于部件表面，如图 3-3-116 所示。

6）选择循环类型为啄钻，如图 3-3-117 所示。弹出对话框，输入距离为 3，点击【确定】；弹出对话框，输入 1，点击【确定】；弹出对话框，设置钻孔深度为模型深度。

7）设置最小安全距离为 50，如图 3-3-118 所示。

8）在刀轨设置，点击【进给和速度】，设置主轴速度为 1200，切削进给率为 300，点击【确定】，完成操作。点击【生成刀轨】，得到零件的加工刀轨，如图 3-3-119 所示。单击【确定】，完成钻孔刀轨创建。

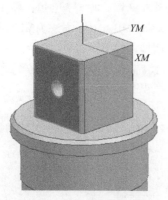

图 3-3-114　指定部件表面

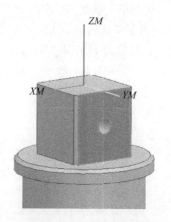

图 3-3-115　指定底面

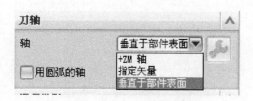

图 3-3-116　设置刀轴

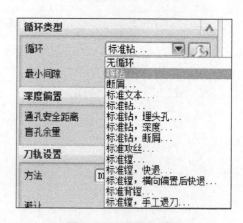

图 3-3-117　循环类型

图 3-3-118　设置最小安全距离

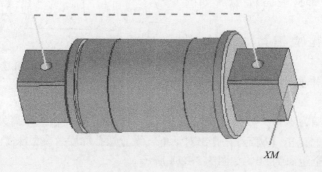

图 3-3-119　钻孔刀轨

（6）仿真加工与后处理

1）在操作导航器中选择所有车削加工操作，点击鼠标右键，选择刀轨，选择确认，弹出刀轨可视化对话框，选择3D动态，如图3-3-120所示，点击【确定】，开始仿真加工。

2）后处理得到加工程序。在刀轨操作导航器中选中车削左端的加工操作，点击【工具】、【操作导航器】、【输出】、【NX Post 后处理】，如图3-3-121所示，弹出后处理对话框。

3）后处理器选择 LATH＿2＿AXIS＿TOOL＿TIP，指定合适的文件路径和文件名，单位设置为公制，勾选列出输出，如图3-3-122所示，点击【确定】，完成后处理，得到车削左端的 NC 程序，如图3-3-123所示。使用同样的方法后处理得到车削右端的 NC 程序。

4）后处理得到加工程序。在刀轨操作导航器中选中铣削右端方头的加工操作，点击【工具】、【操作导航器】、【输出】、【NX Post 后处理】，如图3-3-124所示，弹出后处理对话框。

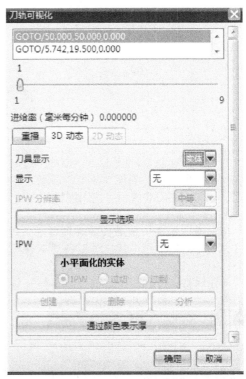

图 3-3-120　刀轨可视化

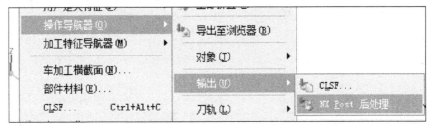

图 3-3-121　后处理命令

图 3-3-122　后处理

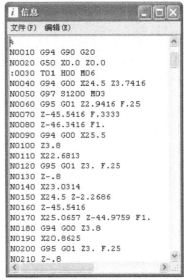

图 3-3-123　加工程序

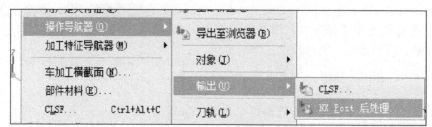

图 3-3-124　后处理命令

5）后处理器选择 MILL_3_AXIS，指定合适的文件路径和文件名，单位设置为定义了后处理，勾选列出输出，如图 3-3-125 所示，点击【确定】，完成后处理，得到铣削右端方头的 NC 程序，如图 3-3-126 所示。使用同样的方法后处理得到铣削左端方头以及钻孔的 NC 程序。

3. 零件加工

（1）加工准备　按照设备管理要求，对加工中心和数控车床进行检查，确保设备完好，特别注意气压油压是否正常。对设备通电开机，并将机床各坐标轴回零，然后对机床进行低转速预热。

车削时将尾座轴线与主轴轴线调整一致。将所有刀具按工艺要求安装到相应的刀位，将所有刀具手动移动到零件右端面，确保刀具与顶尖不发生干涉，然后进行对刀操作。

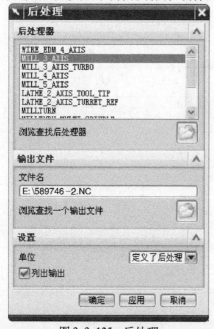

图 3-3-125　后处理

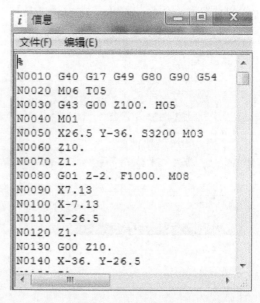

图 3-3-126　加工程序

铣削时对照工艺卡将自定心卡盘以及平口钳安装到机床工作台并压紧。对照工艺卡，准备好所有刀具和相应的刀柄和夹头，将刀具安装到对应的刀柄，调整刀具伸出长度，在满足加工要求的前提下，尽量减少伸出长度，然后将装有刀具的刀柄按刀具号装入刀库。使用机械式寻边器对零件的 XY 方向进行对刀，并将数据设置进入 G54 坐标系寄存器。使用 Z 轴设定仪，对每把刀具进行 Z 方向对刀，并将数据设置进对应刀具的长度补偿寄存器。使用 MDI 方式校验对刀数据，确认无误。

（2）程序传输　在关机状态使用 RS232 通信线连接机床系统与电脑，打开电脑和数控机床系统，进行相应的通信参数设置，要求数控系统内的通信参数与电脑通信软件内的参数一致。

（3）零件加工及注意事项　本零件需要车铣复合加工，在车削加工完毕后，要注意保护零件，不允许磕碰零件已加工面。采用一夹一顶装夹时，顶尖顶紧力要合适。加工第一件时，在粗加工结束后，要对零件进行测量，并修正刀具补偿数据。

（4）零件检测　零件检测是零件整个生产过程的重要环节，是保证零件质量、优化加工工艺的主要依据。零件检测主要步骤：制作检测用的 LAYOUT 图如图 3-3-127 所示，也就是对所有需要检测的项目进行编号的图样；制作检测用空白检测报告如图 3-3-128 所示，报告包括检测项目、标准、所用量具、检测频率；对零件进行检测并填写报告。

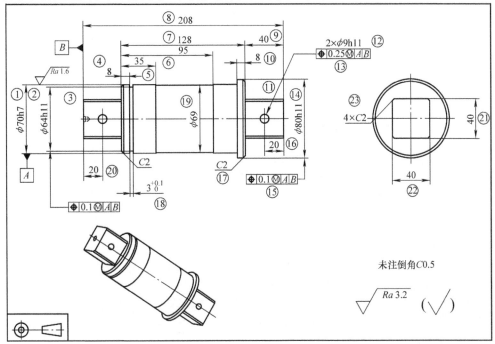

图 3-3-127　方头轴 LAYOUT 图

检测报告/Inspection Report								
零件名：方头轴			零件材料：45钢				送检数量：	
零件号：589746-1			表面处理：				送检日期：	
				测量(Measurement)				
序号	图样尺寸			测量尺寸(Measuring Size)				测量工具(Measurement Tool)	备注(Remark)
	公称尺寸	上极限偏差	下极限偏差	1#	2#	3#	4#		
1	$\phi70$	0	-0.03					外径千分尺	
2	$\phi64h11$	0	-0.19					游标卡尺	
3	位置度0.1	/	/					CMM	
4	8.00	0.25	-0.25					游标卡尺	
5	35.00	0.25	-0.25					游标卡尺	
6	95.00	0.25	-0.25					游标卡尺	
7	128.00	0.25	-0.25					游标卡尺	
8	208.00	0.25	-0.25					游标卡尺	
9	40.00	0.25	-0.25					游标卡尺	
10	8.00	0.25	-0.25					游标卡尺	
11	C2	0.25	-0.25					游标卡尺	
12	$\phi9h11$	0.09	0					游标卡尺	
13	位置度0.25	/	/					CMM	
14	$\phi80h11$	0	-0.19					游标卡尺	

图 3-3-128　检测报告

(续)

15	位置度0.1	/	/					CMM	
16	20.00	0.25	−0.25					游标卡尺	
17	C2	0.25	−0.25					游标卡尺	
18	3.00	0.1	0					游标卡尺	
19	ϕ69	0.25	−0.25					游标卡尺	
20	20.00	0.25	−0.25					游标卡尺	
21	40.00	0.25	−0.25					游标卡尺	
22	40.00	0.25	−0.25					游标卡尺	
23	C2	0.25	−0.25					游标卡尺	
	外观 碰伤 毛刺							目测	
	是/否 合格								
测量员：			批准人：				页数：		

图 3-3-128 检测报告（续）

（5）编制及完善相关工艺文件 根据加工中的实际情况和检测结果，对零件加工工艺和加工程序进行优化，最大限度的缩短加工时间，提高效率。并根据调整结果，更新相关技术文件。

3.3.4 专家点拨

1）一夹一顶是车削加工中常用的装夹方式，在使用过程中，夹持长度不宜过长，否则为过定位，顶尖轴线必须与主轴轴线同轴。

2）在一夹一顶车削时要特别注意刀具副后刀面与顶尖发生干涉。

3）钻孔时，为了提高加工效率和加工精度，可以采用中心出液冷却的钻头。

3.3.5 课后训练

完成图 3-3-129 所示零件的加工工艺编制并制作工艺卡，完成零件的加工程序编制并仿真。

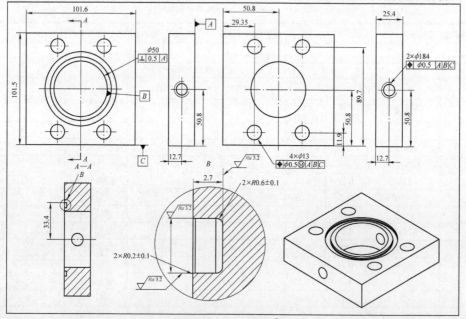

图 3-3-129 阀板⊖

⊖ 图样来自企业引进项目，不符合国家标准，仅供参考。

项目 3.4　蓄能器连接块的加工与调试

3.4.1　教学目标

【能力目标】能编制蓄能器连接块的加工工艺

能使用 NX 6.0 软件编制蓄能器连接块的加工程序

能使用数控车床和加工中心加工蓄能器连接块

能检测加工完成的蓄能器连接块

【知识目标】掌握蓄能器连接块的加工工艺

掌握蓄能器连接块的程序编制方法

掌握蓄能器连接块的加工方法

掌握蓄能器连接块的检测方法

【素质目标】激发学生的学习兴趣，培养团队合作和创新精神

3.4.2　项目导读

该蓄能器连接块是注塑机中的一个零件，零件结构比较复杂，整体外形为一个方块底座加一个回转轴组成。零件由外圆、内孔、沟槽、螺纹、端面槽、台阶等特征组成，零件外圆的加工精度要求较高，粗糙度要求高。

3.4.3　项目任务

学生以企业制造工程师的身份投入工作，分析蓄能器连接块的零件图样，明确加工内容和加工要求，对加工内容进行合理的工序划分；确定加工路线，选用加工设备，选用刀具夹具，制定加工工艺卡；运用 NX 软件编制蓄能器连接块的加工程序并进行仿真加工；使用数控车床和加工中心加工蓄能器连接块，对加工成品进行检测，并根据检测结果对整个加工工艺和加工程序提出修改建议。

1. 制定加工工艺

（1）图样分析　蓄能器连接块零件图样如图 3-4-1 所示，该蓄能器连接块整体结构较为复杂，主要由外圆、内孔、沟槽、螺纹、端面槽、台阶等特征组成。

零件材料为 42CrMo。材料硬度要求为 28 ~ 32HRC，属于中等硬度，加工性能好，蓄能器连接块主要加工内容见表 3-4-1。

此蓄能器连接块的主要加工难点为 ϕ54f7 外圆直径和 G2 螺纹。外圆和方头需要使用不同的机床类型加工，需要车铣复合加工。

（2）制定工艺路线　此零件分五次装夹，选用锻件为毛坯。

1）备料，毛坯为 42CrMo 锻件。

2）单动卡盘夹毛坯外形，车端面，钻孔，粗车外圆。

3）自定心卡盘夹外圆，车端面，内孔，端面槽。

4）自定心卡盘夹外圆，铣 90mm×140mm 方块，加工 4 个 ϕ22mm 通孔，为了保证后期加工，4 个 ϕ22mm 的孔要作为定位基准用，所以要提高加工精度，要求加工至 ϕ22H7。

5）专用夹具装夹，精车螺纹，沟槽，外圆。

6）平口钳夹 90mm×140mm 方块，铣 70mm×70mm 方块。

（3）选用加工设备　本零件需要选用数控车床和加工中心两种加工设备。

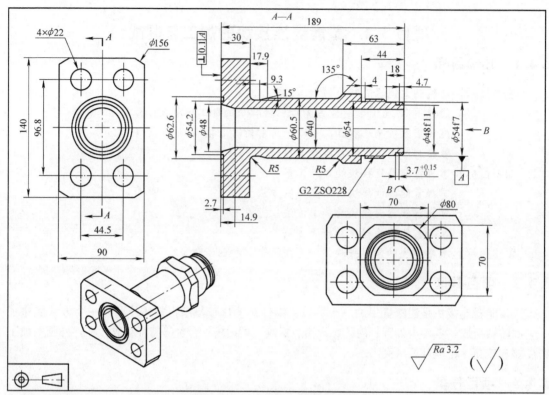

图 3-4-1　蓄能器连接块零件图

表 3-4-1　加工内容

内　容	要　求	备　注
ϕ54f7 外圆	外圆直径 $\phi 54 _{-0.06}^{-0.03}$ mm	
G2　ISO228 螺纹	查表可知该螺纹为 55° 非密封管螺纹，螺距为 2.309mm，大径为 59.614mm，牙高为 1.479mm，小径为 56.656mm	
ϕ60.5 外圆	外圆直径 ϕ60.5 ± 0.25mm	
外沟槽	槽底直径为 $\phi 48 _{-0.16}^{0}$ mm，槽宽为 $3.7_{0}^{+0.15}$ mm	
ϕ40 内孔	孔径为 ϕ40 ± 0.25mm	
端面槽	大直径为 $\phi 62.6_{0}^{+0.16}$ mm，宽度为 $4.2_{0}^{+0.2}$ mm，深度为 $2.7_{0}^{+0.15}$ mm	
4 × ϕ22 内孔	孔直径为 ϕ22 ± 0.25mm	
90 × 140 方块	长度为 140 ± 0.25mm，宽度为 90 ± 0.25mm	
70 × 70 方块	长度为 70 ± 0.25mm，宽度为 70 ± 0.25mm	
粗糙度	底面粗糙度 Ra1.6μm，其他加工面粗糙度为 Ra3.2μm	
几何精度	底面相对螺纹轴线垂直度为 0.1	

　　数控车床选用杭州友佳集团生产的 FTC – 10 斜床身数控车床作为加工设备，此机床为斜床身，转塔刀架，液压卡盘，刚性好，加工精度高，适合小型零件的大批量生产。

　　加工中心选用杭州友佳集团生产的 HV – 40A 立式铣削加工中心作为加工设备，此机床为水平床身，机械手换刀，刚性好，加工精度高，适合小型零件的大批量生产。

　　（4）选用毛坯　零件材料为 42CrMo。材料硬度要求为 28 ~ 32HRC，属于中等硬度，加工性能好，此零件由于形状不规则，无法选用棒材或者板材作为毛坯，所以采用锻件毛坯，毛坯如图 3-4-2 所示。

　　（5）选用夹具

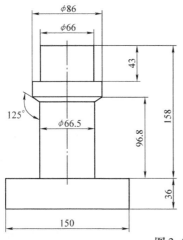
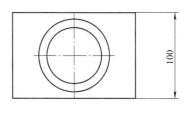

图 3-4-2　毛坯

1）钻孔、粗车：以锻件毛坯 100mm×150mm 方块为基准，采用单动卡盘装夹，如图 3-4-3 所示。

2）车内孔、端面：自定心卡盘夹粗车过的外圆，如图 3-4-4 所示。

3）铣 90mm×140mm 方块：自定心卡盘夹粗车过的外圆，如图 3-4-5 所示。

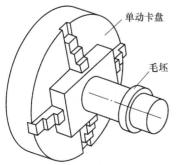
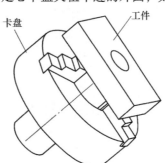
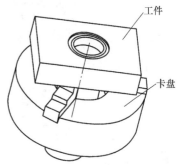

图 3-4-3　钻孔、粗车装夹　　　图 3-4-4　车内孔、端面装夹　　　图 3-4-5　铣方块装夹

4）精车螺纹和外圆：采用专用夹具装夹，以底面以及 2 个 φ22mm 的通孔为定位基准，如图 3-4-6 所示。

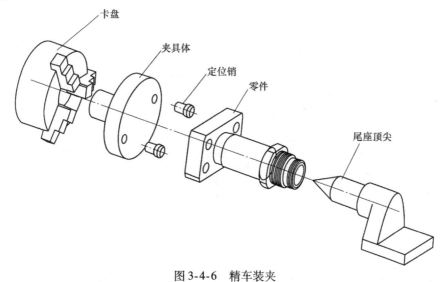

图 3-4-6　精车装夹

5）铣 70mm × 70mm：以已经加工完毕的 90mm × 140mm 方块为基准，采用平口钳装夹，平口钳侧面安装一个定位块，如图 3-4-7 所示。

（6）选用刀具和切削用量　选用 SANDVIK 刀具系统，查阅 SANDVIK 刀具手册，选用刀具和切削用量如表 3-4-2 所示。

（7）制定工艺卡　以一次装夹作为一个工序，制定加工工艺卡如表 3-4-3、表 3-4-4、表 3-4-5、表 3-4-6、表 3-4-7、表 3-4-8 所示。

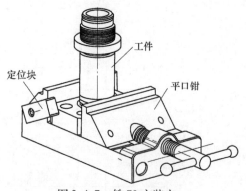

图 3-4-7　铣 70 方装夹

表 3-4-2　刀具和切削用量

工序	刀号	刀具规格	加工内容	转速/ （r/min）	切深/ mm	进给速度/ 进给量
车端面、外圆和钻孔	T01	DCLNL2020M09　CCMT090408 – PF	车端面	800		0.1 /（mm/r）
	T02	SDJCR2020M15　DNMG150408 – PR	粗车外圆	800	2	0.2 /（mm/r）
	T03	R840 – 3500 – 30 – A0A	钻孔	400		0.1 /（mm/r）
车内孔端面槽	T01	DCLNL2020M09　CCMT090408 – PF	车端面	800	0.5	0.1 /（mm/r）

（续）

工序	刀号	刀具规格		加工内容	转速/ （r/min）	切深 /mm	进给速度/ 进给量
车内孔端面槽	T04	S20M－SCLCR06	CNMG060408－PR	车内孔	800	1	0.1 /（mm/r）
	T12	RF151.37－2525－024B25	N151.3－300－25－7G	车端面槽	500		0.1 /（mm/r）
铣方块、钻孔	T05	R390－020C5－11M095	R390－11T308E－PL	粗铣外形	4500	1.5	1800 /（mm/min）
	T06	R215.3G－16030－AC32H		精铣外形	5000	5	1500 /（mm/min）
	T07	R840－2170－30－A0A		钻孔	800	3	200 /（mm/min）
	T08	830B－E06D2200H7S12		铰 ϕ22H7 孔	600		60 /（mm/min）

（续）

工序	刀号	刀具规格	加工内容	转速/（r/min）	切深/mm	进给速度/进给量
精车外圆和螺纹	T11	DNMX150404 – WF SDJCR2020M15	精车外圆	1200	2	0.1/（mm/r）
	T09	N123E2 – 0200 – 0002 – GF C3 – RF123E15 – 22055B	切槽	1200		0.1/（mm/r）
	T10	266RG – 22VM02A250E 266RFG – 2525 – 22	车螺纹	800		2.309/（mm/r）
铣方块	T05	R390 – 11T308E – PL R390 – 020C5 – 11M095	粗铣外形	4500	1.5	1800/（mm/min）
	T06	R215.3G – 16030 – AC32H	精铣外形	5000	5	1500/（mm/min）

2. 编制加工程序

（1）编制粗车和钻孔的 NC 程序

1）点击【开始】、【所有应用模块】、【加工】，弹出加工环境设置对话框，CAM 会话配置选择 cam_general；要创建的 CAM 设置选择 turning，然后点击【确定】，进入加工模块。

2）在加工操作导航器空白处，点击鼠标右键，选择【几何视图】。

3）双击操作导航器中的【MCS_SPINDLE】，弹出加工坐标系对话框，指定平面为 XM – YM，如图 3-4-8 所示，将 MCS_SPINDLE 更名为 MCS_SPINDLE_R。

表3-4-3 工序清单

零件号: 2309208-7		工艺版本号: 3		工艺流程卡_工序清单		
工序号	工序内容	工位	页码: 1		页数:	
001	备料(锻件)	外协	零件号: 2309208		版本: 7	
002	粗车、钻孔	数车	零件名称: 蓄能器连接块			
003	调质(28~32HRC)	外协	材料: 42CrMo			
004	车孔、车端面	数车	材料尺寸: 锻件			
005	铣方块、钻孔	加工中心	更改号	更改内容	批准	日期
006	精车螺纹、外圆、槽	数车				
007	铣70mm×70mm方块	加工中心	01			
008						
拟制:	日期:	审核:	日期:	批准:	日期:	

表3-4-4 粗车、钻孔工艺卡

零件号: 2309208-7			工序名称: 粗车、钻孔		工艺流程卡_工序单	
材料: 42CrMo		页码: 3		工序号: 02		版本号: 3
夹具: 单动卡盘		工位: 数车		数控程序号: 2309208-1.NC		

刀具及参数设置				
刀具号	刀具规格	加工内容	主轴转速(r/min)	进给量(mm/r)
T01	DCLNL2020M09, CCMT090408-PF	车端面	800	0.1
T02	SDJCR2020M15, DNMG150408-PR	粗车外圆	800	0.2
T03	R840-3500-30-A0A	钻孔	400	0.1

02			
01			
更改号	更改内容	批准	日期
拟制:	日期:	审核:	日期:	批准:	日期:

表 3-4-5　车孔端面工艺卡

零件号: 2309208-7		工序名称: 车孔、端面			工艺流程卡_工序单	
材料: 42CrMo	页码: 4		工序号: 04		版本号: 3	
夹具: 自定心卡盘	工位: 数控车床		数控程序号: 2309208-2.NC			

刀具及参数设置					
刀具号	刀具规格	加工内容	主轴转速 (r/min)	进给量 (mm/r)	
T01	DCLNL2020M09, CCMT090404-PF	车端面	800	0.1	
T04	S20M-SCLCR06, CNMG060408-PR	车内孔	800	0.1	
T12	RF151.37-2525- 024B25, N151.3- 300-25-7G	车端面槽	500	0.1	

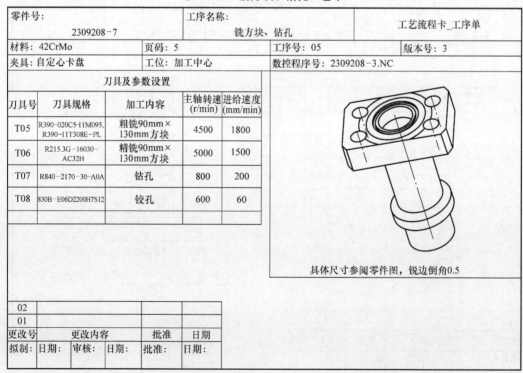

其余尺寸参阅零件图, 锐边倒角0.5

02			
01			
更改号	更改内容	批准	日期
拟制: 日期:	审核: 日期:	批准: 日期:	

表 3-4-6　铣方块、钻孔工艺卡

零件号: 2309208-7		工序名称: 铣方块、钻孔			工艺流程卡_工序单	
材料: 42CrMo	页码: 5		工序号: 05		版本号: 3	
夹具: 自定心卡盘	工位: 加工中心		数控序号: 2309208-3.NC			

刀具及参数设置					
刀具号	刀具规格	加工内容	主轴转速 (r/min)	进给速度 (mm/min)	
T05	R390-020C5-11M095, R390-11T308E-PL	粗铣90mm× 130mm方块	4500	1800	
T06	R215.3G-16030- AC32H	精铣90mm× 130mm方块	5000	1500	
T07	R840-2170-30-A0A	钻孔	800	200	
T08	830B-E06D2200H7S12	铰孔	600	60	

具体尺寸参阅零件图, 锐边倒角0.5

02			
01			
更改号	更改内容	批准	日期
拟制: 日期:	审核: 日期:	批准: 日期:	

表 3-4-7　精车工艺卡

零件号：2309208-7		工序名称：精车螺纹、外圆、槽			工艺流程卡_工序单	
材料：42CrMo		页码：6		工序号：06	版本号：3	
夹具：专用夹具		工位：数车		数控程序号：2309208-4.NC		
刀具及参数设置						
刀具号	刀具规格	加工内容	主轴转速(r/min)	进给量(mm/r)		
T11	SDJCR2020M15,DNMX150404-WF	精车外圆	1200	0.1		
T09	C3-RF123E15-22055B, N123E2-0200-0002-GF	切槽	800	0.1		
T10	266RFG-2525-22,266RG-22VM02A250E	车螺纹	800	2.309		

具体尺寸参阅零件图，锐边倒角0.5

02				
01				
更改号	更改内容		批准	日期
拟制：日期：	审核：日期：		批准：日期：	

表 3-4-8　铣 70mm×70mm 方块工艺卡

零件号：2309208-7		工序名称：铣70mm×70mm方块			工艺流程卡_工序单	
材料：42CrMo		页码：7		工序号：07	版本号：3	
夹具：平口钳		工位：加工中心		数控程序号：2309208-5.NC		
刀具及参数设置						
刀具号	刀具规格	加工内容	主轴转速(r/min)	进给速度(mm/min)		
T05	R390-020C5-11M095,R390-11T308E-PL	粗铣70mm×70mm方块	4500	1800		
T06	R215.3G-16030-AC32H	精铣70mm×70mm方块	5000	1500		

具体尺寸参阅零件图，锐边倒角0.5

02				
01				
更改号	更改内容		批准	日期
拟制：日期：	审核：日期：		批准：日期：	

4）点击【指定 MCS】，弹出对话框，然后选择参考坐标系中的选定的 CSYS，选择 71 图层中的参考坐标系，点击【确定】，使加工坐标系和参考坐标系重合。如图 3-4-9 所示。再点击【确定】完成加工坐标系设置。

图 3-4-8　加工坐标系设置

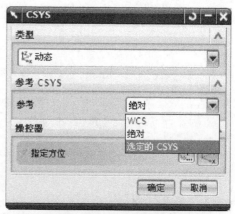

图 3-4-9　加工原点设置

5）双击操作导航器中的 WORKPIECE，弹出 WORKPIECE 设置对话框，如图 3-4-10 所示，将 WORKPIECE 更名为 WORKPIECE_R。

6）点击【指定部件】，弹出部件选择对话框，选择如图 3-4-11 所示为部件几何体（在建模中预先建好，在图层 2 中），点击【确定】，完成指定部件。

7）点击【指定毛坯】，弹出毛坯几何体对话框，选择如图 3-4-12 所示毛坯（该毛坯在建模中预先建好，在图层 3 中）。点击【确定】完成毛坯设置，点击【确定】完成 WORKPIECE 设置。

8）双击操作导航器中的 TURNING _ WORK-PIECE，自动生成车加工截面和毛坯截面，如图 3-4-13 所示，将 TURNING _ WORKPIECE 更名为 TURNING_ WORKPIECE_R。

图 3-4-10　WORKPIECE 设置

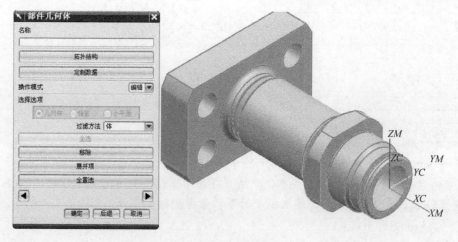

图 3-4-11　指定部件

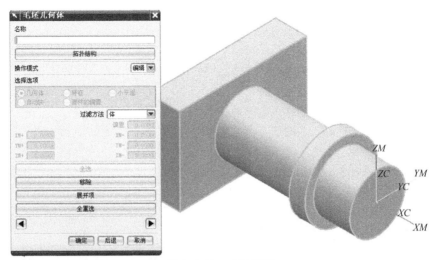

图 3-4-12　毛坯设置

9) 点击【创建几何体】按钮,类型选择 turning,几何体子类型选择 MCS_SPIN-DLE,位置选择 GEOMETRY,名称为 MCS_SPINDLE_L,如图 3-4-14 所示。

10) 指定平面为 XM – YM,如图 3-4-15 所示。

11) 点击【指定 MCS】,弹出对话框,然后选择参考坐标系中的选定的 CSYS,选择 72 图层中的参考坐标系,点击【确定】,使加工坐标系和参考坐标系重合。如图 3-4-16 所示。再点击【确定】完成加工坐标系设置。

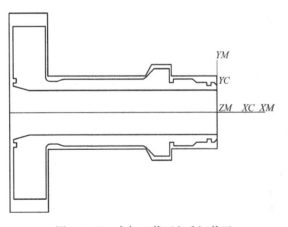

图 3-4-13　车加工截面和毛坯截面

图 3-4-14　创建几何体

图 3-4-15　加工坐标系设置

12）更改 WORKPIECE 为 WORKPIECE_L，更改 TURNING_WORKPIECE 为 TURNING_WORKPIECE_L，结果如图 3-4-17 所示。

13）双击操作导航器中的 WORKPIECE_L，弹出 WORKPIECE 设置对话框，如图 3-4-18 所示。

14）点击【指定部件】，弹出部件选择对话框，选择部件（在建模中预先建好，在图层 2 中），如图 3-4-19 所示，点击【确定】，完成指定部件。

15）点击【指定毛坯】，弹出毛坯选择对话框，选择如图 3-4-20 所示毛坯（该毛坯在建模中预先建好，在图层 3 中）。点击【确定】完成毛坯设置，点击【确定】完成 WORKPIECE 设置。

图 3-4-16　加工原点设置

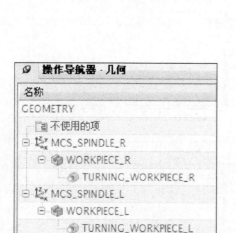

图 3-4-17　设置几何体

图 3-4-18　WORKPIECE 设置

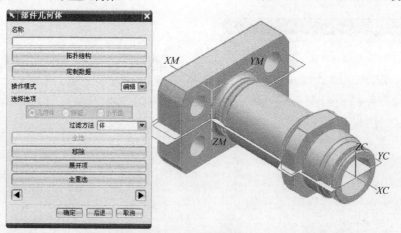

图 3-4-19　指定部件

16）双击 TURNING_WORKPIECE_L，选择指定毛坯边界按钮，弹出选择毛坯对话框，如图 3-4-21 所示。选择从工作区按钮，选择参考位置为左端面中心，目标位置为右端面中心，点击【确定】按钮，几何体结果如图 3-4-22 所示。

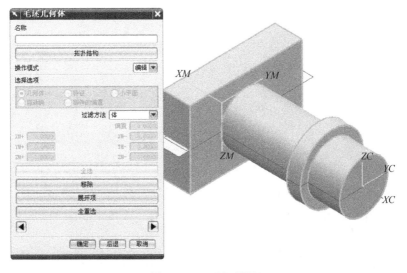

图 3-4-20　毛坯设置

图 3-4-21　选择毛坯

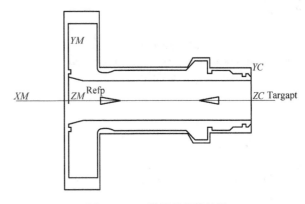

图 3-4-22　设置几何体结果

17）在加工操作导航器空白处，点击鼠标右键，选择【机床视图】，点击菜单条【插入】，点击【刀具】，弹出创建刀具对话框，如图 3-4-23 所示。类型选择为 turning，刀具子类型选择为 OD_80_L，刀具位置为 GENERIC_MACHINE，刀具名称为 OD_FINISH_TOOL_1，点击【确定】，弹出刀具参数设置对话框。设置刀具参数如图 3-4-24 所示，刀尖半径为 0.8，方向角度为 5，刀具号为 1，点击【确定】，完成创建刀具。

18）点击菜单条【插入】，点击【刀具】，弹出创建刀具对话框，如图 3-4-25 所示。类型选择为 turning，刀具子类型选择为 OD_55_L_1，刀具位置为 GENERIC_MACHINE，刀具名称为 OD_ROUGH_TOOL，点击【确定】，弹出刀具参数设置对话框。设置刀具参数如图 3-4-26 所示，刀片形状为菱形 35，刀尖半径为 0.8，方向角度为 45，刀具号为 2，点击【确定】，完成创建刀具。

19）点击菜单条【插入】，点击【刀具】，弹出创建刀具对话框，如图 3-4-27 所示。类型选择为 turning，刀具子类型选择为 DRILLING_TOOL_1，刀具位置为 GENERIC_MACHINE，刀具名称为 DRILLING_TOOL_35，点击【确定】，弹出刀具参数设置对话框。设置刀具参数如图 3-4-28 所示，直径为 35，刀具号为 3，长度补偿为 3，点击【确定】，完成创建刀具。

图 3-4-23 创建刀具

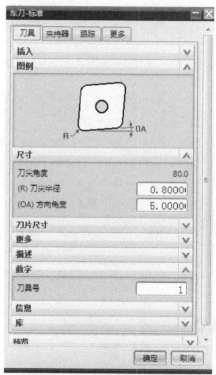

图 3-4-24 刀具参数设置

图 3-4-25 创建刀具

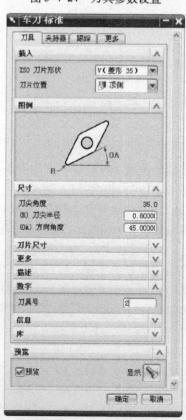

图 3-4-26 刀具参数设置

图 3-4-27　创建刀具

图 3-4-28　刀具参数

20）点击菜单条【插入】，点击【刀具】，弹出创建刀具对话框，如图 3-4-29 所示。类型选择为 turning，刀具子类型选择为 ID_55_L，刀具位置为 GENERIC_MACHINE，刀具名称为 ID_FINISH，点击【确定】，弹出刀具参数设置对话框。设置刀具参数如图 3-4-30 所示。刀片形状为菱形 35，刀尖半径为 0.4，方向角度为 275，刀具号为 4，点击【确定】，完成创建刀具。

21）点击菜单条【插入】，点击【刀具】，弹出创建刀具对话框，类型选择为 turning，子类型选择为 FACE_GROOVE_L，刀具位置为 GENERIC_MACHINE，刀具名称为 FACE_GROOVE，点击【确定】，弹出刀具参数设置对话框。设置刀具方向角度为 0，刀片长度为 12，刀片宽度为 2，半径为 0.2，侧角为 2，尖角为 0，刀号为 12，点击【确定】，完成刀具创建。

22）在加工操作导航器空白处，点击鼠标右键，选择【程序视图】，点击菜单条【插入】，点击【操作】，弹出创建操作对话框，类型为 turning，操作子类型为 FACING，程序为 PROGRAM，刀具为 OD_FINISH_TOOL_1，几何体为 TURNING_WORKPIECE_R，方法为 LATHE_FINISH，名称为 FACING_R，如图 3-4-31 所示，点击【确定】，弹出操作设置对话框，如图 3-4-32所示。

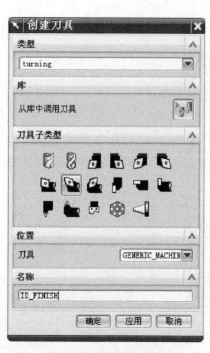

图 3-4-29　创建刀具

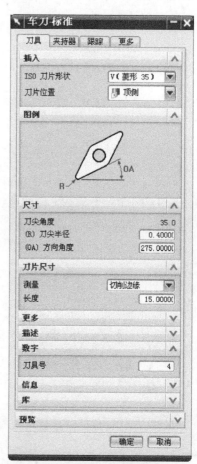

图 3-4-30　刀具参数

图 3-4-31　创建操作

图 3-4-32　粗车 OD 操作设置

23）点击【切削区域】，设置轴向修剪平面如图 3-4-33 所示。

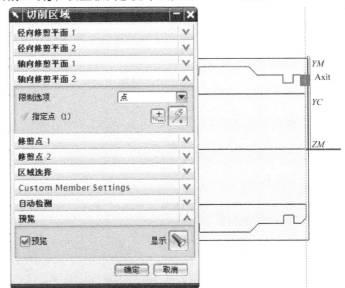

图 3-4-33　设置修剪平面

24）点击【刀轨设置】，水平角度为 270，方向为向前，切削深度为变量平均值，最大值为 2，最小值为 1，变换模式为根据层，清理为全部，如图 3-4-34 所示。

25）点击【切削参数】，点击【策略】，设置最后切削边缘为 5，如图 3-4-35 所示，设置面余量为 0，径向余量为 0，如图 3-4-36 所示，点击【确定】，完成切削参数设置。

26）点击【非切削移动】，弹出对话框，进刀设置如图 3-4-37 所示；退刀设置如图 3-4-38 所示。点击【确定】，完成操作。

图 3-4-34　刀轨设置

图 3-4-35　策略设置

图 3-4-36　余量设置

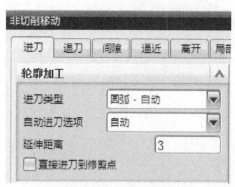

图 3-4-37 进刀设置

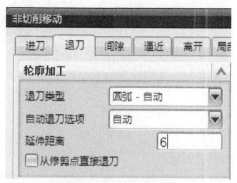

图 3-4-38 退刀设置

27）设置出发点为（250，100，0），如图 3-4-39 所示；设置回零点为（250，100，0），如图 3-4-40 所示。点击【确定】，完成操作。

图 3-4-39 出发点设置

图 3-4-40 回零点设置

28）点击【进给和速度】，弹出对话框，设置主轴速度为 800，设置进给率为 0.1，如图 3-4-41 所示。点击【确定】完成进给和速度设置。点击【生成刀轨】，得到零件的加工刀轨，如图 3-4-42 所示。

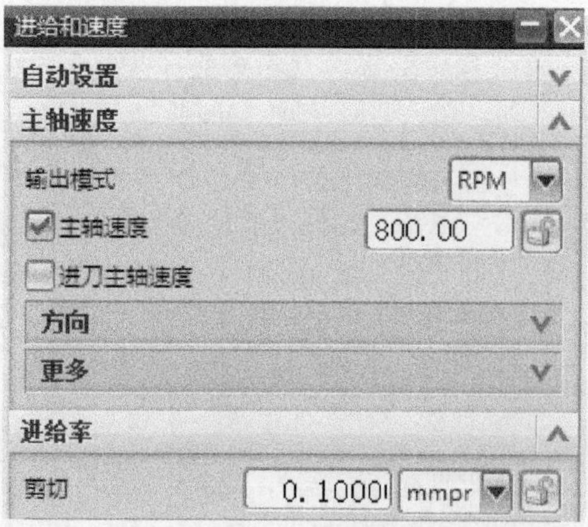

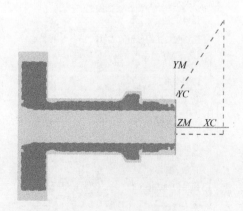

图 3-4-41 进给和速度

图 3-4-42 加工刀轨

29）点击菜单条【插入】，点击【操作】，弹出创建操作对话框，类型为 turning，操作子类型为 ROUGH_TURN_OD_1，程序为 PROGRAM，刀具为 OD_ROUGH_TOOL，几何体为 TURN-ING_WORKPIECE_R，方法为 LATHE_ROUGH，名称为 ROUGH_OD_L，如图 3-4-43 所示。点击【确定】，弹出操作设置对话框，如图 3-4-44 所示。

图 3-4-43　创建操作

图 3-4-44　粗车 OD 操作设置

30）点击【切削区域】，设置轴向修剪平面如图 3-4-45 所示。

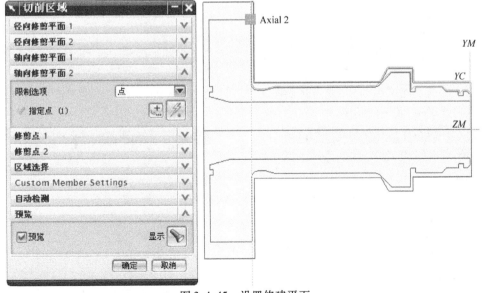

图 3-4-45　设置修建平面

31）切削策略设置为单向轮廓切削，如图 3-4-46 所示。

32）点击【刀轨设置】，层角度为 180，方向为前进，切削深度为 2，如图 3-4-47 所示。

图 3-4-46　设置切削策略

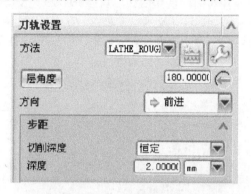

图 3-4-47　刀轨设置

33）点击【切削参数】，点击【策略】，设置最后切削边缘为 5，如图 3-4-48 所示，设置面余量为 0.2，径向余量为 0.5，如图 3-4-49 所示，点击【确定】，完成切削参数设置。

图 3-4-48　策略设置

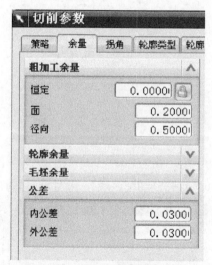

图 3-4-49　余量设置

34）点击【非切削移动】，弹出对话框，进刀设置如图 3-4-50 所示；退刀设置如图 3-4-51 所示。点击【确定】，完成操作。

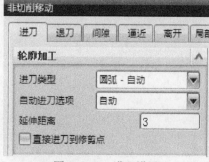

图 3-4-50　进刀设置

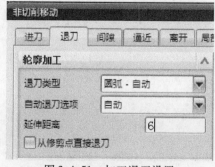

图 3-4-51　加工退刀设置

35）设置出发点为（250，100，0），如图 3-4-52 所示；设置回零点为（250，100，0），如图 3-4-53 所示。点击【确定】，完成操作。

图 3-4-52　出发点设置

图 3-4-53　回零点设置

36）点击【进给和速度】，弹出对话框，设置主轴速度为 800，设置进给率为 0.2，如图 3-4-54 所示。点击【确定】完成进给和速度设置。点击【生成刀轨】，得到零件的加工刀轨，如图 3-4-55 所示。

图 3-4-54　进给和速度

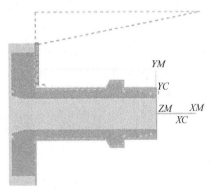

图 3-4-55　加工刀轨

37）点击菜单条【插入】，点击【操作】，弹出创建操作对话框，类型为 turning，操作子类型为 CENTERLINE_PECKDRILL_1，程序为 PROGRAM，刀具为 DRILLING_TOOL_D35，几何体为 TURNING_WORKPIECE_R，方法为 LATHE_FINISH，名称为 DRILLING_R，如图 3-4-56 所示。点击【确定】，弹出操作设置对话框，如图 3-4-57 所示。

38）设置进刀距离为 3，如图 3-4-58 所示。

39）设置深度距离为 220，如图 3-4-59 所示。

40）点击【进给和速度】，弹出对话框，设置主轴速度为 400，设置进给率为 0.1，如图 3-4-60 所示。点击【确定】完成进给和速度设置。点击【生成刀轨】，得到零件的加工刀轨，如图 3-4-61 所示。

（2）编制车孔和端面的 NC 程序

1）点击菜单条【插入】，点击【操作】，弹出创建操作对话框，类型为 turning，子类型为 FACING，程序为 PROGRAM，刀具为 OD_FINISH_TOOL_1，几何体为 TURNING_WORKPIECE_L，方法为 LATHE_FINISH，名称为 FACING_L，如图 3-4-62 所示，点击【确定】，弹出操作设置对话框，如图 3-4-63 所示。

图 3-4-56　创建操作

图 3-4-57　中心钻啄钻操作设置

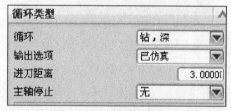

图 3-4-58　设置进刀距离

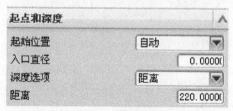

图 3-4-59　设置进刀距离

图 3-4-60　进给和速度

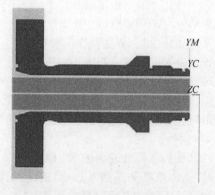

图 3-4-61　加工刀轨

2）点击【切削区域】，设置轴向修剪平面如图3-4-64所示。

3）点击【刀轨设置】，角度为270，方向为向前，切削深度为变量平均值，最大值为2，最小值为1，变换模式为根据层，清理为全部，如图3-4-65所示。

4）点击【切削参数】，点击【策略】，设置最后切削边缘为5，如图3-4-66所示，设置面余量为0，径向余量为0，如图3-4-67所示，点击【确定】，完成切削参数设置。

图3-4-62 创建操作

图3-4-63 粗车OD操作设置

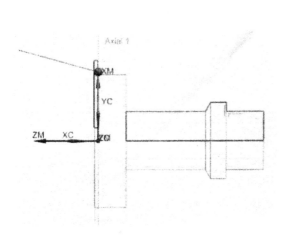

图3-4-64 设置修剪平面

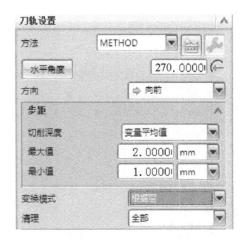

图3-4-65 刀轨设置

5）点击【非切削移动】，弹出对话框，进刀设置如图3-4-68所示；退刀设置如图3-4-69所示。点击【确定】，完成操作。

6）设置出发点为（250，100，0），如图3-4-70所示；设置回零点为（250，100，0），如图3-4-71所示。点击【确定】，完成操作。

图 3-4-66　策略设置

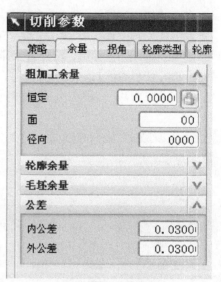

图 3-4-67　余量设置

7）点击【进给和速度】，弹出对话框，设置主轴速度为 800，设置进给率为 0.1，如图 3-4-72 所示。点击【确定】完成进给和速度设置。点击【生成刀轨】，得到零件的加工刀轨，如图 3-4-73 所示。

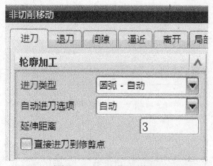

图 3-4-68　进刀设置

图 3-4-69　退刀设置

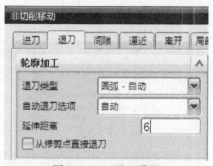

图 3-4-70　出发点设置

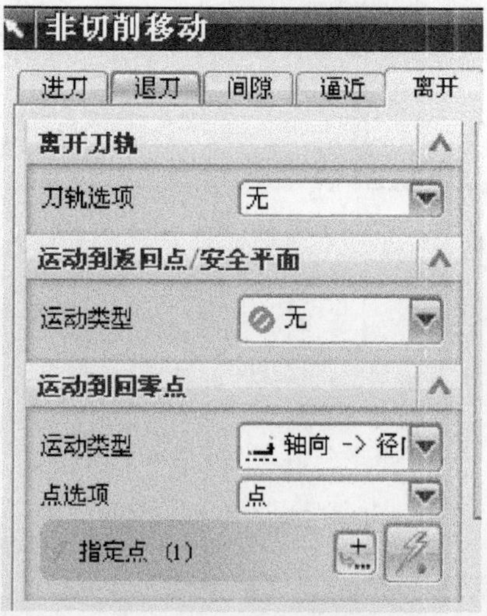

图 3-4-71　回零点设置

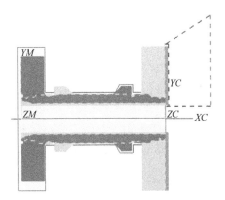

图 3-4-72　进给和速度　　　　　　　　　图 3-4-73　加工刀轨

8）点击菜单条【插入】，点击【操作】，弹出创建操作对话框，类型为 turning，操作子类型为 FINISH_BORE_ID_1，程序为 PROGRAM，刀具为 ID_FINISH，几何体为 TURNING_WORK-PIECE_L，方法为 LATHE_FINISH，名称为 FINISH_BORE_ID_L，如图 3-4-74 所示，点击【确定】，弹出操作设置对话框，如图 3-4-75 所示。

图 3-4-74　创建操作

图 3-4-75　精镗 ID 操作设置

9）点击【刀轨设置】，层角度为0，方向为前进，深度为1，精加工刀路为变换切削方向，如图3-4-76所示。

10）点击【切削参数】，点击【策略】，设置最后切削边缘为5，如图3-4-77所示，设置轴向余量为0，径向余量为0，如图3-4-78所示，点击【确定】，完成切削参数设置。

11）点击【非切削移动】，弹出对话框，进刀设置如图3-4-79所示；退刀设置如图3-4-80所示。点击【确定】，完成操作。

图 3-4-76　刀轨设置

图 3-4-77　策略设置

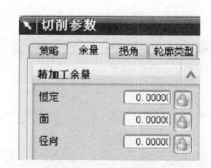

图 3-4-78　余量设置

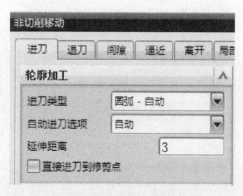

图 3-4-79　进刀设置　　　　　图 3-4-80　退刀设置

12）设置出发点为（290，-30，0），如图 3-4-81 所示；设置回零点为（290，-30，0），如图 3-4-82 所示。点击【确定】，完成操作。

13）点击【进给和速度】，弹出对话框，设置主轴速度为 800，设置进给率为 0.1，如图 3-4-83 所示。点击【确定】完成进给和速度设置。点击【生成刀轨】，得到零件的加工刀轨，如图 3-4-84 所示。

14）点击菜单条【插入】，点击【操作】，弹出创建操作对话框，类型为 turning，子类型为 GROOVE_FACE，程序为 PROGRAM，刀具为 FACE_GROOVE，几何体为 TURNING_WORK-PIECE_L，方法为 LATHE_FINISH，名称为 FACE_GROOVE_L，如图 3-4-85 所示，点击【确定】，弹出操作设置对话框，如图 3-4-86 所示。

图 3-4-81　出发点设置

图 3-4-82　回零点设置

图 3-4-83　进给和速度

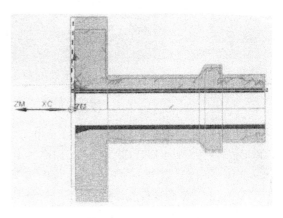

图 3-4-84　加工刀轨

15）设置切削区域如图 3-4-87 所示。

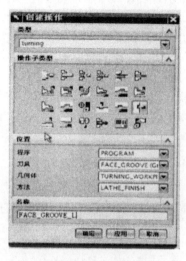

图 3-4-85　创建操作

图 3-4-86　切槽

16）点击非切削移动，弹出对话框，设置进刀延伸距离为 3，退刀延伸距离为 3，点击【确定】，完成操作。设置出发点为（100，50，0），设置回零点为（100，50，0），点击【确定】，完成操作。

17）设置主轴转速为 500，设置进给速度为 0.1。点击生成刀轨，得到零件的加工刀路，如图 3-4-88 所示。

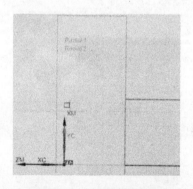

图 3-4-87　车端面槽区域

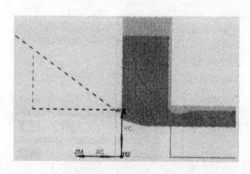

图 3-4-88　车端面槽刀轨

（3）编制铣方块和钻孔的 NC 程序

1）选择插入—几何体，类型选择 mill_planar，几何体子类型选择 WORK-PIECE，名称为 WORKPIECE_MILL，如图 3-4-89 所示。点击【确定】，弹出铣削几何体对话框，如图 3-4-90 所示。

2）点击【指定部件】，选择如图 3-4-91 所示为部件几何体（在建模中已经建好，在图层 2 中），点击【确定】，完成指定部件。

3）点击【指定毛坯】，弹出毛坯选择对话框，选择几何体，选择毛坯（在建模中已经建好，在图层 4 中），如图 3-4-92 所示。点击【确定】完成毛坯设置，点击【确定】完成 WORKPIECE 设置。

图 3-4-89　创建几何体

图 3-4-90　WORKPIECE 设置

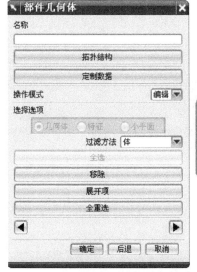

图 3-4-91　指定部件

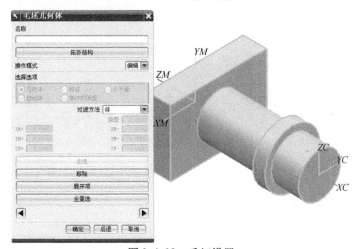

图 3-4-92　毛坯设置

4）选择插入—几何体，类型选择 mill_ planar，几何体子类型选择 MCS，位置为 WORK-PIECE_ MILL，名称为 MCS_ MILL_ L，如图 3-4-93 所示。点击【确定】，弹出加工坐标系对话框，设置安全距离为 50，如图 3-4-94 所示。

5）点击零件左端面，点击【确定】，如图 3-4-95 所示。点击【确定】。

6）用同样的方法在零件的左端面创建坐标系，名称为 MCS_ MILL_ L。

7）点击菜单条【插入】，点击【刀具】，弹出创建刀具对话框，如图 3-4-96 所示。类型选择为 mill_ planar，刀具子类型选择为 MILL，刀具位置为 GENERIC_ MACHINE，刀具名称为 T5D20，点击【确定】，弹出刀具参数设置对话框。

图 3-4-93　创建坐标系

图 3-4-94　加工坐标系设置

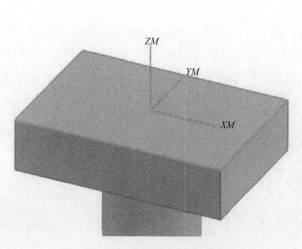

图 3-4-95　加工坐标系设置

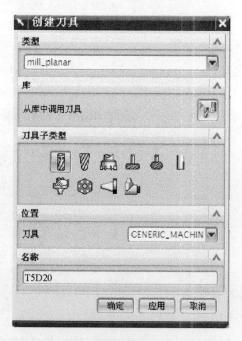

图 3-4-96　创建刀具

8）设置刀具参数如图 3-4-97 所示。直径为 20，底圆角半径为 0，刀刃为 2，长度为 75，刀刃长度为 50，刀具号为 5，长度补偿为 5，刀具补偿为 5，点击【确定】，完成创建刀具。

9）用同样的方法设置 6 号刀具，刀具名称为 T6D16，直径为 16，底圆角半径为 0，刀刃为 2，长度为 75，刀刃长度为 50，刀具号为 6，长度补偿为 6，刀具补偿为 6。

10）用同样的方法设置 8 号刀具，刀具名称为 T8D22，直径为 22，底圆半径为 0，刀刃为 2，长度为 75，刀刃长度为 50，刀具号为 8，长度补偿为 8，刀具补偿为 8。

11）点击菜单条点击菜单条【插入】，点击【刀具】，弹出创建刀具对话框，如图3-4-98所示。类型选择为 drill，子类型选择为 DRILLING_TOOL，刀具位置为 GENERIC_MACHINE，刀具名称为 T7D21，点击【确定】，弹出刀具参数设置对话框。

图 3-4-97 刀具参数设置

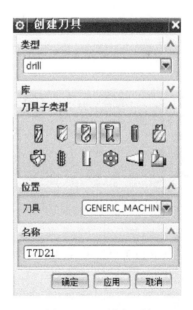

图 3-4-98 创建刀具

12）设置刀具参数如图 3-4-99 所示。直径为 21，长度为 50，刀刃为 2，刀具号为 7，长度补偿为 7，点击【确定】，完成创建刀具。

13）点击菜单条【插入】，点击【操作】，弹出创建操作对话框，类型为 mill_planar，操作子类型为 PLANAR_MILL_1，程序为 PROGRAM，刀具为 T5D20，几何体为 MCS_MILL_L，方法为 METHOD，名称为 MILL_ROUGH_L，如图 3-4-100 所示，点击【确定】，弹出操作设置对话框，如图 3-4-101 所示。

14）点击【指定部件边界】，弹出边界几何体对话框，如图 3-4-102 所示。在模式中选择"曲线/边"，弹出对话框，类型为封闭的，平面选择用户定义，弹出平面对话框，如图 3-4-103 所示。选择对象平面方式，选取如图 3-4-104 所示的平面，系统回到指定面几何体对话框，选择底部面的四条边，如图 3-4-105 所示。点击【确定】，完成指定面边界。

15）点击【指定底面】，弹出对话框，选择如图 3-4-106 所示平面做为此操作的加工底面。

16）如图 3-4-107 所示，设置切削模式为轮廓，步距为%直径，平面直径百分比为 50，附加刀路为 0。点击【切削层】，弹出对话框，如图 3-4-108 所示，类型为固定深度，最大值为 1.5，点击【确定】，完成切削层设置。

17）点击【切削参数】，选择余量，设置部件余量为 0.3，如图 3-4-109 所示。点击【确定】，完成切削参数设置。

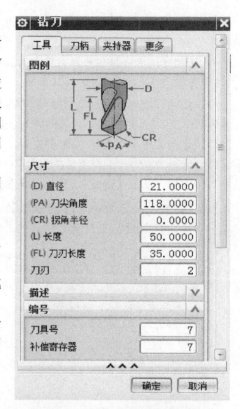

图 3-4-99　刀具参数设置

图 3-4-100　创建操作

图 3-4-101　平面铣操作设置

图 3-4-102　边界几何体

图 3-4-103　平面定义

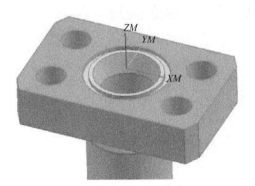

图 3-4-104　选择平面

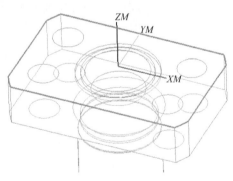

图 3-4-105　选择曲线

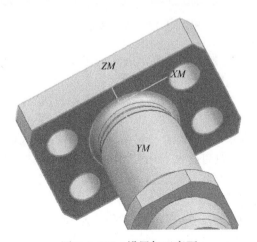

图 3-4-106　设置加工底面

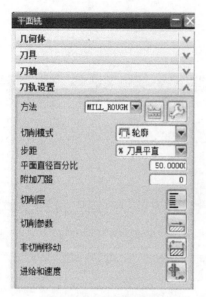

图 3-4-107 刀轨设置

图 3-4-108 切削深度设置

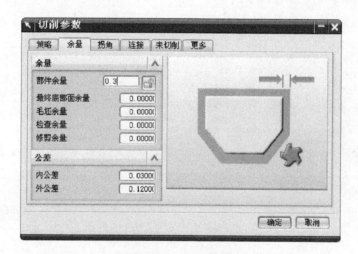

图 3-4-109 切削参数设置

18）点击【进给和速度】，弹出对话框，设置主速度为 4500，设置进给率为 1800，如图 3-4-110 所示。点击【确定】完成进给和速度设置。

19）点击【生成刀轨】，如图 3-4-111 所示，得到零件的加工刀轨，如图 3-4-112 所示。点击【确定】，完成零件侧面粗加工刀轨。

20）复制 MILL_ROUGH_L，然后粘贴，将 MILL_ROUGH_L_COPY 更名为 MILL_FINISH_L，双击 MILL_FINISH_L，将刀具更改为 T6D16，切削深度更改为 5，部件余量更改为 0，主轴速度更改为 5000，进给率更改为 1500，生成刀轨，如图 3-4-113 所示。

21）点击菜单条【插入】，点击【操作】，弹出创建操作对话框，类型为 DRILL，子类型为 DRILLING，程序为 PROGRAM，刀具为 T7D21，几何体为 MCS_L，方法为 DRILL_METHOD，名称为 DRILL_L。点击【指定孔】，点击【确定】，选择如图 3-4-114 所示孔。点击【确定】，完成操作。

图 3-4-110　进给和速度

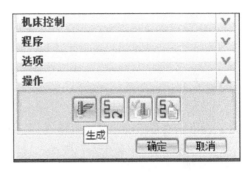

图 3-4-111　生成刀轨

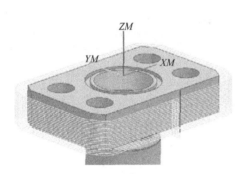

图 3-4-112　加工刀轨

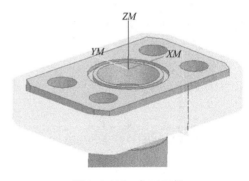

图 3-4-113　加工刀轨

22）选择循环类型为啄钻，如图 3-4-115，弹出对话框，输入距离为 3，点击【确定】，弹出对话框，输入 1，点击【确定】，弹出对话框，设置钻孔深度为刀尖深度，输入 34，设置进给为 200。

23）点击【进给和速度】，设置主轴速度为 800，点击【确定】，完成操作。点击【生成刀轨】，得到零件的加工刀轨，如图 3-4-116 所示。点击【确定】，完成钻孔刀轨。

24）复制 DRILL_L，然后粘贴 DRILL_L，将 DRILL_L 更名为 DRILL_FINISH_L，双击 DRILL_FINISH_L，将刀具更改为 T8D22，更改主轴转速为 600，进给量为 60。点击【确定】，完成铰孔刀轨。

（4）编制精车螺纹、外圆和槽的 NC 程序

1）点击菜单条【插入】，点击【刀具】，弹出创建刀具对话框，如图 3-4-25 所示。类型选择为 turning，子类型选择为 OD_55_L_1，刀具位置为 GENERIC_MACHINE，刀具名称为 OD_FINISH_TOOL_2，点击【确定】，弹出刀具参数设置对话框。设置刀具参数如图 3-4-26 所示，刀片形状为菱形 35，刀尖圆角为 0.4，方向角度为 45，刀号为 11，点击【确定】，完成刀具创建。

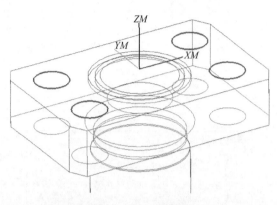

图 3-4-114 孔选择

图 3-4-115 循环类型

2）点击菜单条【插入】，点击【刀具】，弹出创建刀具对话框，如图 3-4-117 所示。类型选择为 turning，刀具子类型选择为 OD_GROOVE_L，刀具位置为 GENERIC_MACHINE，刀具名称为 OD_GROOVE_TOOL，点击【确定】，弹出刀具参数设置对话框。设置刀具参数如图 3-4-118 所示。方向角度为 90，刀片长度为 12，刀片宽度为 2，半径为 0.2，侧角为 2，尖角为 0，刀具号为 9，点击【确定】，完成创建刀具。

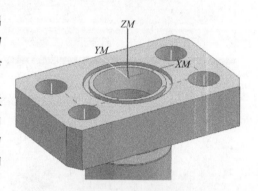

图 3-4-116 钻孔刀轨

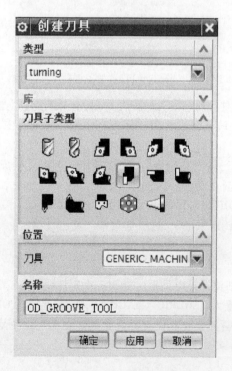

图 3-4-117 创建刀具

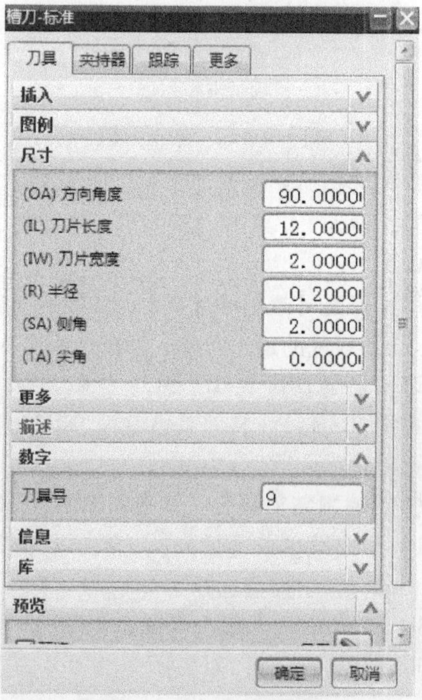

图 3-4-118 刀具参数

3) 点击菜单条【插入】，点击【刀具】，弹出创建刀具对话框，如图 3-4-119 所示。类型选择为 turning，刀具子类型选择为 OD_THREAD_L，刀具位置为 GENERIC_MACHINE，刀具名称为 OD_THREAD_TOOL，点击【确定】，弹出刀具参数设置对话框。设置刀具参数如图 3-4-120 所示，方向角度为 90，刀片长度为 20，刀片宽度为 10，左角为 27.5，右角为 27.5，尖角半径为 0，刀具号为 10，点击【确定】，完成创建刀具。

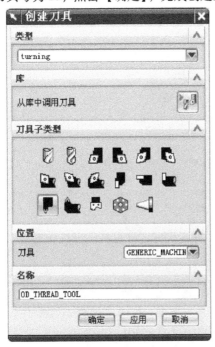

图 3-4-119　创建刀具

图 3-4-120　刀具参数

4) 复制操作 ROUGH_OD_L 并粘贴，更改 ROUGH_OD_L_COPY 为 FINISH_OD_L，双击 FINISH_OD_L，更改刀具为 OD_FINISH_TOOL_2，更改切削深度为层数，设置层数为 1，如图 3-4-121 所示。更改面余量为 0，径向余量为 0，更改主轴转速为 1200，进给率为 0.1。点击生成刀轨，得到零件左端精车加工刀轨，如图 3-4-122 所示。

图 3-4-121　刀轨设置

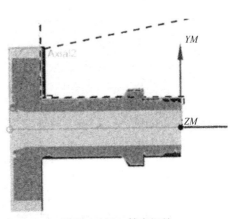

图 3-4-122　精车刀轨

5）点击菜单条【插入】，点击【操作】，弹出创建操作对话框，类型为 turning，操作子类型为 GROOVE_OD，程序为 PROGRAM，刀具为 OD_GROOVE_TOOL，几何体为 TURNING_WORK-PIECE_R，方法为 LATHE_FINISH，名称为 GROOVE_OD_1_R，如图 3-4-123 所示。点击【确定】，弹出操作设置对话框，如图 3-4-124 所示。

图 3-4-123　创建操作

图 3-4-124　切槽操作设置

6）点击【指定切削区域】，弹出对话框，分别指定轴向修剪平面 1 和轴向修剪平面 2，指定如图 3-4-125 所示点。点击确定，完成操作。

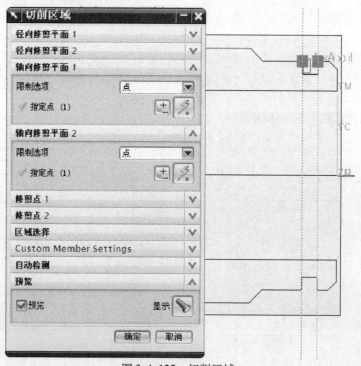

图 3-4-125　切削区域

7）点击【非切削移动】，弹出对话框，进刀设置如图 3-4-126 所示；退刀设置如图3-4-127 所示。点击【确定】，完成操作。

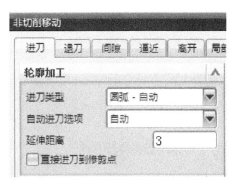

图 3-4-126　进刀设置

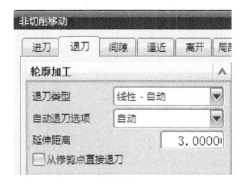

图 3-4-127　退刀设置

8）设置出发点为（250，100，0），如图 3-4-128 所示。设置回零点为（250，100，0），如图 3-4-129 所示。点击【确定】，完成操作。

图 3-4-128　出发点设置

图 3-4-129　回零点设置

9）点击【进给和速度】，弹出对话框，设置主轴速度为 1200，设置进给率为 0.1，如图 3-4-130所示。点击【确定】，完成进给和速度设置。点击【生成刀轨】，得到零件的加工刀轨，如图 3-4-131 所示。

10）复制 GROOVE_OD_1_R，然后粘贴 GROOVE_OD_1_R，将 GROOVE_OD_1_R_COPY 更名为 GROOVE_OD_2_R，双击 GROOVE_OD_2_R，设置切削区域如图 3-4-132 所示。生成加工刀轨如图 3-4-133 所示。

11）点击菜单条【插入】，点击【操作】，弹出创建操作对话框，类型为 turning，操作子类型为 THREAD_OD，程序为 PROGRAM，刀具为 OD_THREAD_L，几何体为 TURNING_WORK-PIECE_R，方法为 LATHE_FINISH，名称为 THREAD_OD_R，如图 3-4-134 所示。点击【确

定】，弹出操作设置对话框，如图 3-4-135 所示。

图 3-4-130　进给和速度

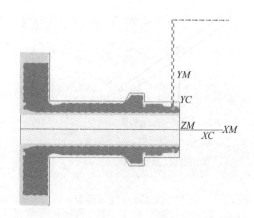

图 3-4-131　加工刀轨

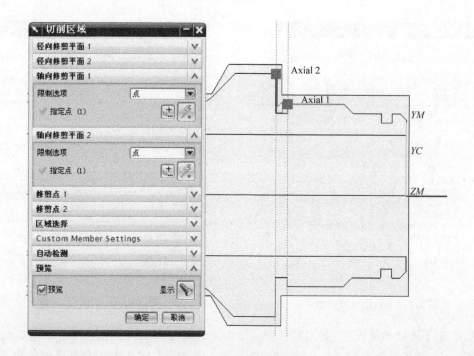

图 3-4-132　切削区域设置

12）在螺纹参数设置中，分别设定螺纹顶线和终止线，深度选项为深度和角度，设置深度为 0.9，螺旋角为 180，起始偏置为 5，终止偏置为 2，如图 3-4-136 所示。

13）点击【刀轨设置】，切削深度为恒定，深度为 0.2，切削深度公差为 0.01，螺纹头数为 1，如图 3-4-137 所示。

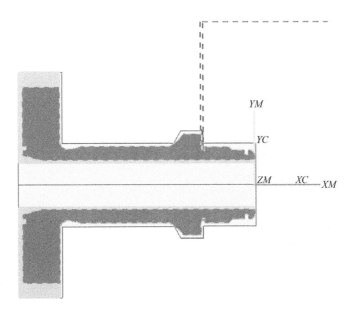

图 3-4-133　加工刀轨

图 3-4-134　创建操作

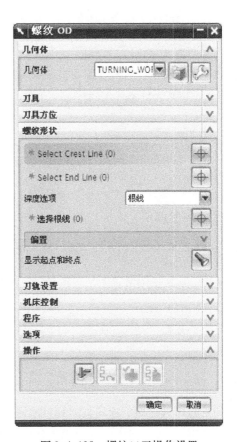

图 3-4-135　螺纹口刀操作设置

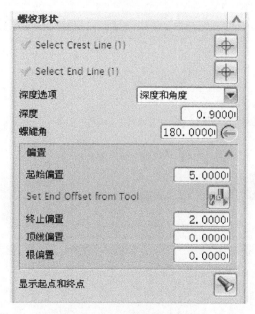

图 3-4-136　螺纹参数设置

图 3-4-137　刀轨设置

14）设置出发点为（250，100，0），如图 3-4-138 所示；设置回零点为（250，100，0），如图 3-4-139 所示。点击【确定】，完成操作。

图 3-4-138　出发点设置

图 3-4-139　回零点设置

15）点击【进给和速度】，弹出对话框，设置主轴速度为 800，设置进给率为 2.309，如图 3-4-140 所示。点击【确定】完成进给和速度设置。点击【生成刀轨】，得到零件的加工刀轨，如图 3-4-141 所示。

（5）编制铣 70×70 方块的 NC 程序

1）点击菜单条【插入】，点击【操作】，弹出创建操作对话框，类型为 mill_planar，操作子类型为 PLANAR_MILL_1，程序为 PROGRAM，刀具为 T5D20，几何体为 MCS_MILL_R，方法为 METHOD，名称为 MILL_ROUGH_R，如图 3-4-142 所示。点击【确定】，弹出操作设置对话框，如图 3-4-143 所示。

图 3-4-140　进给与速度

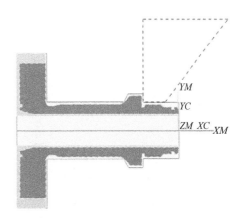

图 3-4-141　加工刀轨

图 3-4-142　创建操作

图 3-4-143　平面铣操作设置

2）点击【指定部件边界】，弹出边界几何体对话框，如图 3-4-144 所示。在模式中选择"曲线/边"，弹出对话框，类型为开放的，平面选择用户定义，弹出平面对话框，如图 3-4-145 所示。选择对象平面方式，选取如图 3-4-146 所示的平面，系统回到指定面几何体对话框，选择顶部面的 4 条边，如图 3-4-147 所示。点击【确定】，完成指定面边界。

3）点击【指定底面】，弹出对话框，选择 YX 平面，偏置为 -64，如图 3-4-148 所示。

图 3-4-144　边界几何体

图 3-4-145　平面定义

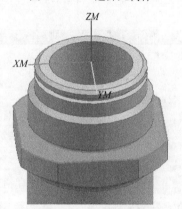

图 3-4-146　选择平面

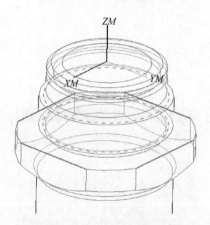

图 3-4-147　选择曲线

4）如图 3-4-149 所示，设置切削模式为轮廓，步距为％直径，平面直径百分比为 50，附加刀路为 0。点击切削层，弹出对话框，如图 3-4-150 所示。类型为固定深度，最大值为 1.5，点击【确定】，完成切削层设置。

5）点击【切削参数】，选择余量，设置部件余量为 0.3，如图 3-4-151 所示，点击【确定】，完成切削参数设置。

6）点击【进给和速度】，弹出对话框，设置主轴速度为 4500，设置进给率为 1800，如图 3-4-152 所示。点击【确定】完成进给和速度设置。

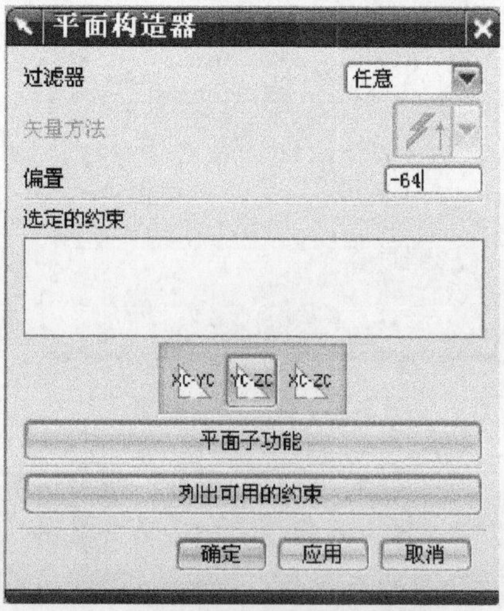

图 3-4-148　设置加工底面

图 3-4-149　刀轨设置

图 3-4-150　切削深度设置

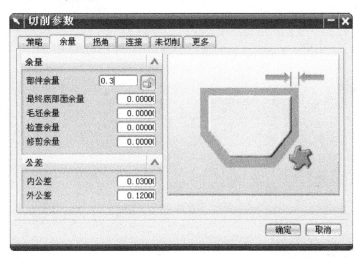

图 3-4-151　切削参数设置

7）点击【生成刀轨】，如图 3-4-153 所示。得到零件的加工刀轨，如图 3-4-154 所示。点击【确定】，完成零件侧面粗加工刀轨。

8）复制 MILL_ROUGH_R，然后粘贴，将 MILL_ROUGH_R_COPY 更名为 MILL_FINISH_R，双击 MILL_FIN-ISH_R，将刀具更改为 T6D16，切削深度更改为 0.5，部件余量更改为 0，主轴速度更改为 5000，进给率更改为 1500，生成刀轨，如图 3-4-155 所示。

（6）仿真加工与后处理

1）在操作导航器中选择所有车削加工操作，点击鼠标右键，选择刀轨，选择确认，弹出刀轨可视化对话框，选择 3D 动态，如图 3-4-156 所示。点击【确定】，开始仿真加工。

图 3-4-152　进给和速度

图 3-4-153　生成刀轨

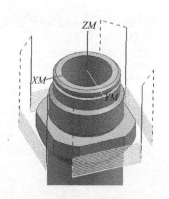

图 3-4-154　加工刀轨

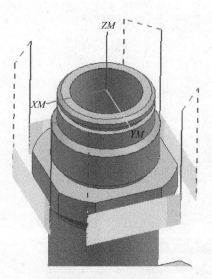

图 3-4-155　加工刀轨

图 3-4-156　刀轨可视化

2）后处理得到加工程序。在刀轨操作导航器中选中粗车的加工操作，点击【工具】、【操作导航器】、【输出】、【NX Post 后处理】，如图 3-4-157 所示，弹出后处理对话框。

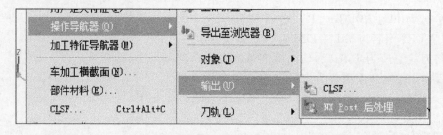

图 3-4-157　后处理命令

3）后处理器选择 LATH_2_ AXIS_TOOL_TIP，指定合适的文件路径和文件名，单位设置为公制，勾选列出输出，如图 3-4-158 所示，点击【确定】完成后处理，得到粗车的 NC 程序，如

图 3-4-159 所示。使用同样的方法后处理得到其他车削的 NC 程序。

　　4）后处理得到加工程序。在刀轨操作导航器中选中铣方块及钻孔的加工操作，点击【工具】、【操作导航器】、【输出】、【NX Post 后处理】，如图 3-4-160 所示，弹出后处理对话框。

　　5）后处理器选择 MILL_3_ AXIS，指定合适的文件路径和文件名，单位设置为定义了后处理，勾选列出输出，如图 3-4-161 所示。点击【确定】完成后处理，得到铣方块和钻孔的 NC 程序，如图 3-4-162 所示。使用同样的方法后处理得到其他铣削的 NC 程序。

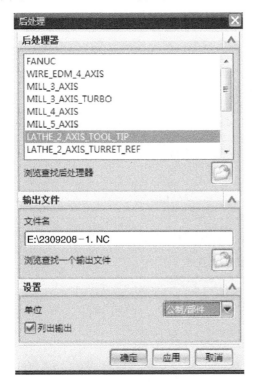

图 3-4-158　后处理

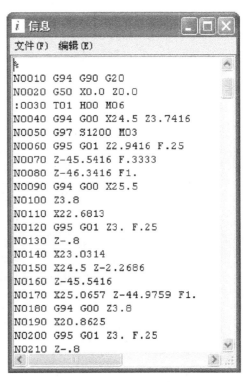

图 3-4-159　加工程序

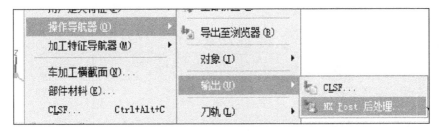

图 3-4-160　后处理命令

3. 零件加工

　　（1）加工准备　按照设备管理要求，对加工中心和数控车床进行检查，确保设备完好，特别注意气压油压是否正常。对设备通电开机，并将机床各坐标轴回零，然后对机床进行低转速预热。

　　在多工序加工时，要将每一道工序的工序卡粘贴在工位上，严格按照工艺卡上的要求装夹刀具、夹具和零件，并按要求进行对刀和校验。

　　对于蓄能器连接块这样相对复杂的零件，在加工前就要准备好自检报告，以便在加工时检测使用。

（2）程序传输 在关机状态使用 RS232 通信线连接机床系统与电脑，打开电脑和数控机床系统，进行相应的通信参数设置，要求数控系统内的通信参数与电脑通信软件内的参数一致。

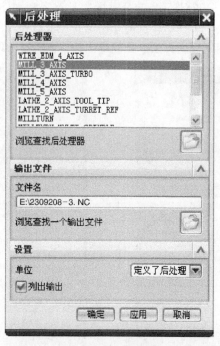

图 3-4-161 后处理

图 3-4-162 加工程序

（3）零件加工及注意事项 对于多工序加工的零件，要对每道工序加工完成的半成品进行检测，防止不良品流入下道工序加工。在大批量生产时要对螺纹规进行定期校验，防止螺纹规磨损后，造成零件测量不准，产生批量性不良品出现。

（4）零件检测 零件检测是零件整个生产过程的重要环节，是保证零件质量。优化加工工艺的主要依据。零件检测主要步骤：制作检测用的 LAYOUT 图如图 3-4-163 所示，也就是对所有需要检测的项目进行编号的图样；制作检测用空白检测报告如图 3-4-164 所示，报告包括检测项目、标准、所用量具、检测频率；对零件进行检测并填写报告。

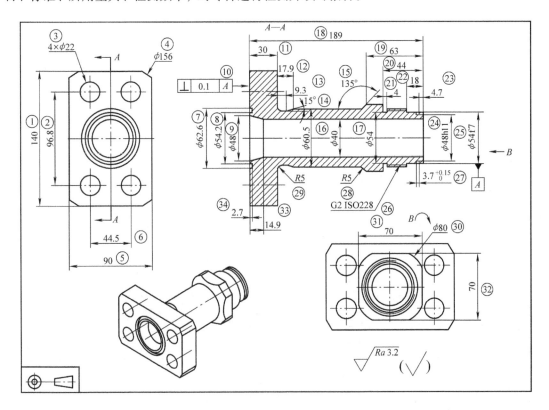

图 3-4-163　蓄能器连接块 LAYOUT 图

（5）编制及完善相关工艺文件　根据加工中的实际情况和检测结果，对零件加工工艺和加工程序进行优化，最大限度的缩短加工时间，提高效率。并根据调整结果，更新相关技术文件并进行归档。

3.4.4　专家点拨

1）在使用液压卡盘装夹零件时，要注意调整夹紧力。粗加工时，由于切削力比较大，所以夹紧力也要相应的调大，以防零件在加工过程中松动甚至飞出；精加工时，由于切削力比较小，所以夹紧力也要相应的调小，以减少装夹变形。

2）在加工复杂零件时，为了装夹和定位的需要，经常要把零件图样上加工要求不高的孔加工成高精度的孔，以用作后续工序的定位基准。

3）在大批量生产时，为了保证零件质量，可以对刀具进行寿命管理，当刀具到达设定的使用寿命时，无论刀具有没有损坏，都必须更换。

3.4.5　课后训练

完成图 3-4-165 所示零件的加工工艺编制并制作工艺卡，完成零件的加工程序编制并仿真。

检验报告 (Inspection Report)									
零件名: 蓄能器连接块			零件材料:			送检数量:			
零件号: 2309287-2			表面处理:			送检日期:			
DIM No	图样尺寸			测量 (Measurement)					备注 (Remark)
				测量尺寸 (Measuring size)				测量工具 (Measurement Tool)	
	公称尺寸	上极限偏差	下极限偏差	1#	2#	3#	4#		
1	140.00	+0.25	−0.25					游标卡尺	
2	96.80	+0.25	−0.25					游标卡尺	
3	φ22	+0.25	−0.25					游标卡尺	
4	φ156	+0.25	−0.25					游标卡尺	
5	90.00	+0.25	−0.25					游标卡尺	
6	44.50	+0.25	−0.25					游标卡尺	
7	φ62.6	+0.25	−0.25					游标卡尺	
8	φ54.2	+0.25	−0.25					游标卡尺	
9	φ48	+0.25	−0.25					游标卡尺	
10	垂直度0.1	/	/					CMM	
11	30.00	+0.25	−0.25					游标卡尺	
12	17.90	+0.25	−0.25					游标卡尺	
13	9.30	+0.25	−0.25					游标卡尺	
14	15°	+0.25	−0.25					万能角度尺	
15	135°	+0.25	−0.25					万能角度尺	
16	φ40	+0.25	−0.25					游标卡尺	
17	φ54	+0.25	−0.25					游标卡尺	
18	189.00	+0.25	−0.25					游标卡尺	
19	63.00	+0.25	−0.25					游标卡尺	
20	44.00	+0.25	−0.25					游标卡尺	
21	4.00	+0.25	−0.25					游标卡尺	
22	18.00	+0.25	−0.25					游标卡尺	
23	4.70	+0.25	−0.25					游标卡尺	
24	φ48h11	0	−0.16					游标卡尺	
25	φ54f7	−0.03	−0.06					游标卡尺	
26	G2 ISO228	/	/					螺纹规	
27	3.70	+0.15	0					游标卡尺	
28	R5	+0.25	−0.15					R规	
29	R5	+0.25	−0.25					R规	
30	φ80	+0.25	−0.25					游标卡尺	
31	70.00	+0.25	−0.25					游标卡尺	
32	70.00	+0.25	−0.25					游标卡尺	
33	14.90	+0.25	−0.25					游标卡尺	
34	2.70	+0.25	−0.25					游标卡尺	
外观 碰伤 毛刺								目测	
是/否 合格									
测量员:			批准人:			页数:			

图 3-4-164 蓄能器连接块检测报告

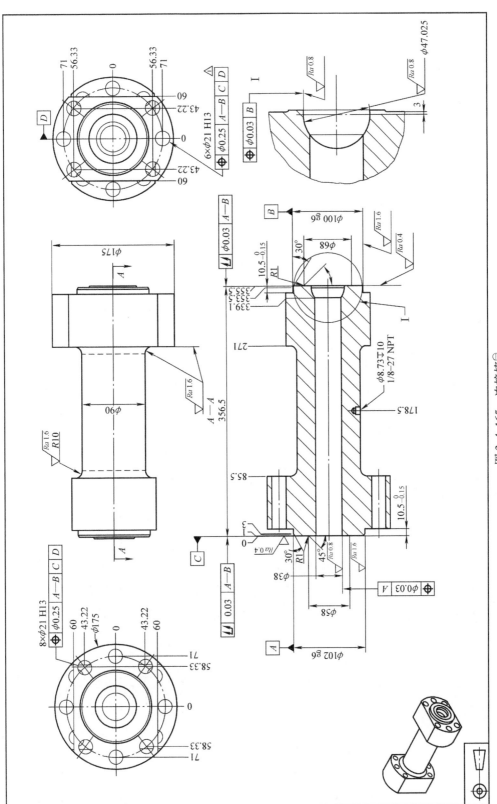

图 3-4-165 连接棒①

① 图样中有不尽符合国家标准之处，系企业引进技术内容，仅供参考。

【项目拓展】

螺旋桨多轴编程与加工

分流叶轮多轴编程与加工